高等职业教育数控技术专业系列教材

数控加工设备

主　编　吴瑞莉
副主编　陈雪云　王　昊
参　编　相付阳　赵金凤　陈秋霞　杨光芒
　　　　李占峰　鲍同军　刘　杰
主　审　梁东明

机 械 工 业 出 版 社

本书是根据高等职业教育数控技术专业教学指导方案编写的，在编写过程中参考了国家职业标准《数控车床操作工（高级工）》对数控设备装调与维修的要求和国家职业标准《数控机床装调维修工》中中级工和高级工对数控机床机械装调与维修的要求。本书共分六个项目，包括常用数控设备认知、数控机床主传动系统结构与维护、数控机床进给传动系统结构与维护、数控机床自动换刀装置结构与维护、数控机床液压与气动系统结构与维护和数控机床辅助装置结构与维护的内容。本书采用“校企合作”模式，同时运用了“互联网+”形式，在重要知识点嵌入二维码，方便读者理解相关知识，进行更深入的学习。

本书可作为职业院校数控及机械相关专业的教学用书，也可以作为岗位培训和短期培训用书。

为便于教学，本书配套有电子课件、视频等教学资源，凡选用本书作为授课教材的教师可登录 www.cmpedu.com 注册后免费下载。

图书在版编目（CIP）数据

数控加工设备/吴瑞莉主编. —北京：机械工业出版社，2020.6（2024.7重印）

高等职业教育数控技术专业系列教材

ISBN 978-7-111-65778-1

Ⅰ.①数… Ⅱ.①吴… Ⅲ.①数控机床-高等职业教育-教材 Ⅳ.①TG659

中国版本图书馆 CIP 数据核字（2020）第 094121 号

机械工业出版社（北京市百万庄大街 22 号 邮政编码 100037）
策划编辑：齐志刚 责任编辑：齐志刚 黎 艳 杨 璇
责任校对：张 征 封面设计：张 静
责任印制：常天培
固安县铭成印刷有限公司印刷
2024 年 7 月第 1 版第 4 次印刷
184mm×260mm · 13.25 印张 · 323 千字
标准书号：ISBN 978-7-111-65778-1
定价：42.00 元

电话服务 网络服务
客服电话：010-88361066 机 工 官 网：www.cmpbook.com
010-88379833 机 工 官 博：weibo.com/cmp1952
010-68326294 金 书 网：www.golden-book.com

机工教育服务网：www.cmpedu.com

编审委员会

前言

为了更好地服务山东省职业教育，深化教学改革，保证高质量教材进课堂，全面提高教育教学质量，依据《山东省中职与五年制高职教材开发说明》要求，机械工业出版社和山东职业学院于2016年9月共同举办了山东省高等职业院校“机械制造与自动化专业”和“数控技术专业”教材建设研讨会。在会上，来自全省的骨干教师、企业专家研讨了新的职业教育形势下课程的体系和内容。本书就是根据山东省五年制高职教学指导方案和会议精神，结合专业培养目标以及现阶段的教学实际进行编写的。在编写过程中参考了国家职业标准《数控车床操作工（高级工）》对数控设备装调与维修的要求。

党的二十大报告中指出“实施科教兴国战略，强化现代化建设人才支撑”，将“大国工匠”和“高技能人才”纳入国家战略人才行列，为贯彻党的二十大精神，在本次重印过程中将新技术、新工艺、新规范标准纳入教学内容，以企业真实生产过程为载体，科学、规范，注重理论和实践的有机结合，具有系统性、实用性和先进性的特点；取材实用，图文并茂，实例丰富；运用了“互联网+”技术，在部分知识点附近设置了二维码，使用者可以用智能手机进行扫描，便可在手机屏幕上显示和教学资源相关的多媒体内容，方便读者理解相关知识，进行更深入的学习；增加了学习的趣味性，能够激发学生的学习兴趣；内容由浅及深、循序渐进，符合学生的认知规律。

本书对应课程可以采用理实一体化教学，使学生掌握数控加工设备的运动、组成、典型机构的结构和工作原理的专业知识，具备对数控机床进行调整、使用和维护的能力。在任务实施过程中培养学生爱岗敬业、争创一流、艰苦奋斗、勇于创新、甘于奉献的劳模精神，崇尚劳动、热爱劳动、辛勤劳动、诚实劳动的劳动精神，执着专注、精益求精、一丝不苟、追求卓越的工匠精神。

本书建议学时分配见下表。

序号	项　　目	建议学时
1	项目一　常用数控设备认知	14
2	项目二　数控机床主传动系统结构与维护	14
3	项目三　数控机床进给传动系统结构与维护	16
4	项目四　数控机床自动换刀装置结构与维护	10
5	项目五　数控机床液压与气动系统结构与维护	12
6	项目六　数控机床辅助装置结构与维护	12
合计学时		78

本书由德州职业技术学院吴瑞莉任主编，德州职业技术学院陈雪云、王昊任副主编，德州职业技术学院相付阳、赵金凤、陈秋霞，烟台职业学院李占峰，博兴县职业中等专业学校鲍同军，山东轻工工程学校刘杰，格瑞德集团有限公司杨光芒参与编写。

本书经山东省职业教育教材审定委员会审定，由梁东明主审，济南科明数码技术股份有限公司技术人员、山东辰榜数控装备有限公司技术人员在评审及审稿过程中对本书内容及体系提出了很多中肯的、宝贵的建议，在此对他们表示衷心的感谢！

由于编者水平有限，书中不妥之处在所难免，恳请读者批评指正。

编　者

二维码索引

名称	图形	页码	名称	图形	页码
1-1 检测主轴和尾座垂直面内的等高精度		27	1-2 工作台平行度		30
1-3 机床三轴垂直度检测		31	1-4 检测机床主轴对工作台垂直度		32
1-5 数控铣床主轴回转精度检验		33	2-1 通过带传动的主传动		45
2-2 内装电动机主轴变速		47	2-3 滚动轴承运动仿真动画		48
2-4 主轴部件的拆卸		67	3-1 滚珠丝杠的工作原理		80
3-2 齿轮齿条传动		112	3-3 直线电动机驱动平台		121
4-1 四方回转刀架的结构与工作原理		131	4-2 无机械手换刀		143
4-3 有机械手换刀		144	4-4 换刀过程动画		150

（续）

名称	图形	页码	名称	图形	页码
4-5　加工中心刀库拆卸		151	6-1　数控回转工作台工作原理		175
6-2　自定心卡盘的工作原理		179	6-3　自定心卡盘的拆卸		181

目　录

前言
二维码索引
项目一　常用数控设备认知……1
任务一　认识常用的数控设备……1
任务二　数控机床的安装与检验……18
项目二　数控机床主传动系统结构与维护……42
任务一　数控机床主传动系统认知……43
任务二　数控车床主传动系统结构与维护……56
任务三　数控铣床/加工中心主传动系统结构与维护……65
项目三　数控机床进给传动系统结构与维护……78
任务一　滚珠丝杠螺母副结构与维护……79
任务二　导轨副结构与维护……91
任务三　齿轮传动副结构与维护……106
任务四　齿轮齿条传动结构与维护……111
任务五　静压蜗杆-蜗轮条传动结构与维护……115
任务六　直线电动机结构与维护……119
项目四　数控机床自动换刀装置结构与维护……128
任务一　数控车床自动换刀装置结构与维护……128
任务二　加工中心自动换刀系统结构与维护……137
项目五　数控机床液压与气动系统结构与维护……154
任务一　数控机床液压系统结构与维护……154
任务二　数控机床气动系统结构与维护……162
项目六　数控机床辅助装置结构与维护……170
任务一　工作台结构与维护……170
任务二　卡盘结构与维护……179
任务三　分度头结构与维护……186
任务四　尾座结构与维护……192
任务五　数控机床自动排屑装置结构与维护……195
附录　数控加工设备常用术语中英文对照表……200
参考文献……201

项目一 常用数控设备认知

在机械制造行业中并不是所有产品零件都有很大的批量，单件与小批量生产的零件（批量在 10~100 件）约占机械加工总量的 80%以上，尤其是在造船、航天、航空、机床、重型机械以及国防领域更是如此。

为了满足多品种、小批量的自动化生产，需要一种灵活的、通用的、能够适用产品频繁变化的柔性自动化机床。数控机床就是在这样的背景下诞生并发展起来的。它为单件、小批量生产的精密复杂零件提供了自动化的加工手段。

国家标准 GB/T 8129—2015 对机床数字控制的定义为，用数字控制的装置（简称为数控装置），在运行过程中，不断引入数值数据，从而对某一生产过程实现自动控制，称为数字控制，简称为数控。用计算机控制加工功能，称为计算机数控（Computerized Numerical Control，CNC）。数控机床即采用了数控技术的机床，或者说装备了数控系统的机床。从应用来说，数控机床就是将加工过程所需的各种操作（如主轴变速、装夹工件、进刀与退刀、开车与停车、选择刀具、供给切削液等）和步骤，以及刀具与工件之间的相对位移量都用数字化的代码来表示，通过控制介质将数字信息送入专用或通用的计算机，计算机对输入的信息进行处理与运算，发出各种指令来控制机床的伺服系统或其他执行元件，使机床自动加工出所需要的零件。

任务一　认识常用的数控设备

任务目标

知识目标：

1. 熟悉数控机床的产生与发展。
2. 掌握数控机床的组成与工作原理。
3. 掌握数控机床的种类与特点。
4. 了解数控机床的布局结构。

能力目标：

知道数控机床的组成、工作原理，能正确区分数控机床的种类。

任务描述

由于数控技术的广泛应用，普通机械逐渐被高效率、高精度的数控设备所替代。目前机械加工中常用的数控设备有数控车床、数控铣床、加工中心等。下面我们就来认识一下常用的数控设备。

一、数控机床的产生与发展

数控机床是在机械制造技术和控制技术的基础上发展起来的。

1948 年，美国帕森斯公司接受美国空军委托，研制直升机螺旋桨叶片轮廓检验用样板的加工设备。由于样板形状复杂多样，精度要求高，一般加工设备难以适应，于是提出了采用计算机对加工轨迹进行控制和数据处理的设想，后来得到美国空军的支持。

1949 年，该公司与美国麻省理工学院（MIT）开始共同研究，并于 1952 年试制成功第一台三坐标数控铣床，帕森斯公司的设想，本身就考虑到刀具直径对加工路径的影响，使得加工精度达到±0.0015in[㊀](±0.0381mm)，这在当时加工水平是相当高的，因而帕森斯公司获得了专利。

1954 年底，美国本迪克斯公司在帕森斯公司专利的基础上生产出了第一台工业用的数控机床。

从第一台数控机床问世后，数控系统已经先后经历了两个阶段和六代的发展。第一代数控机床的数控装置采用电子管元件。1959 年，数控装置采用了晶体管元件和印制电路板，出现带自动换刀装置的数控机床，称为加工中心（Machining Center，MC），使数控装置进入了第二代。1965 年，出现了第三代的集成电路数控装置，它不仅体积小，功率消耗少且可靠性提高，价格进一步下降，促进了数控机床品种和产量的发展。20 世纪 60 年代末，先后出现了由一台计算机直接控制多台机床的直接数控系统（简称为 DNC），又称为群控系统；采用小型计算机控制的计算机数控系统（简称为 CNC），使数控装置进入了以小型计算机化为特征的第四代。1974 年，研制成功使用微处理器和半导体存储器的微型计算机数控装置（简称为 MNC），这是第五代数控系统。20 世纪 80 年代初，随着计算机软、硬件技术的发展，出现了能进行人机对话式自动编制程序的数控装置；数控装置越趋于小型化，可以直接安装在机床上；数控机床的自动化程度进一步提高，具有自动监控刀具破损和自动检测工件等功能。20 世纪 90 年代后期，出现了 PC+CNC 智能数控系统，即以 PC 为控制系统的硬件部分，在 PC 上安装数控软件系统，此为第六代数控系统，这种系统维护方便，易于实现网络化制造。

二、数控机床的组成与工作原理

1. 数控机床的组成

数控机床一般由输入和输出装置、数控装置（CNC）、伺服单元、驱动装置（或称为执行机构）、可编程序控制器（PLC）、电气控制装置、辅助装置、机床本体及测量装置等组成，如图 1-1 所示。

（1）输入和输出装置　输入和输出装置是机床数控系统和操作人员进行信息交流、实

㊀ 1in = 25.4mm

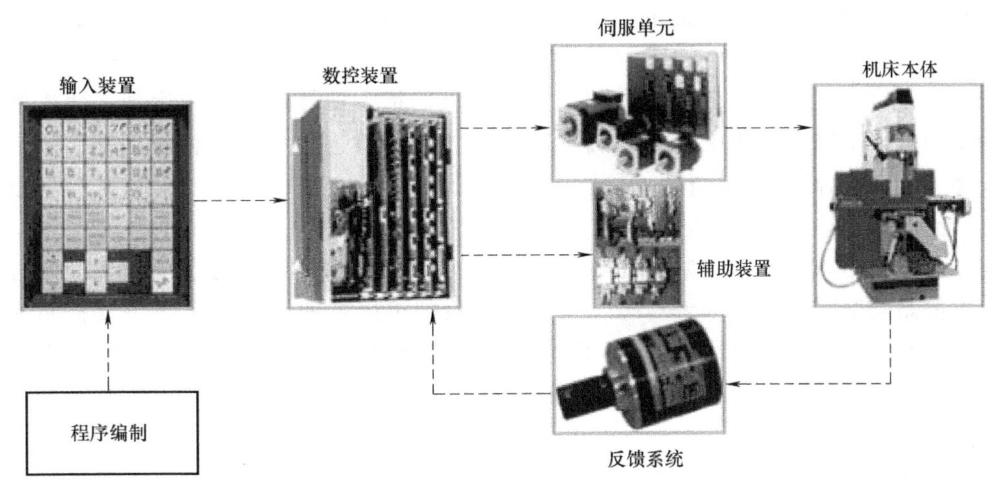

图 1-1　数控机床的组成

现人机对话的交互设备。

输入装置的作用是将程序载体上的数控代码变成相应的电脉冲信号，传送并存入数控装置内。目前，数控机床的输入装置有键盘、磁盘驱动器、光电阅读机等，其相应的程序载体为磁盘、穿孔纸带。输出装置是显示器，有 CRT 显示器和彩色液晶显示器两种。输出装置的作用是数控系统通过显示器为操作人员提供必要的信息。显示的信息可以是正在编辑的程序、坐标值以及报警信号等。

（2）数控装置（CNC）　数控装置是计算机数控系统的核心，由硬件和软件两部分组成。它接受的是输入装置送来的脉冲信号，信号经过数控装置的系统软件或逻辑电路进行编译、运算和逻辑处理后，输出各种信号和指令，控制机床的各个部分，使其进行规定的、有序的动作。这些控制信号中最基本的信号是各坐标轴（即做进给运动的各执行部件）的进给速度、进给方向和位移量指令（送到伺服驱动系统驱动执行部件做进给运动），主轴的变速、换向和起停信号，选择和交换刀具的刀具指令信号，控制切削液和润滑油开关、工件和机床部件松开、夹紧、分度工作和转位的辅助指令信号等。

数控装置主要包括微处理器（CPU）、存储器、局部总线、外围逻辑电路以及与数控系统其他组成部分联系的接口等。

（3）可编程序控制器（PLC）　数控机床通过 CNC 和 PLC 共同完成控制功能，其中 CNC 主要完成与数字运算和管理等有关的功能，如零件程序的编辑、插补运算、译码、刀具运动的位置伺服控制等；而 PLC 主要完成与逻辑运算有关的一些动作，其接收 CNC 的控制代码 M（辅助功能）、S（主轴转速）、T（选刀、换刀）等开关量动作信息，对开关量动作信息进行译码，转换成对应的控制信号，控制辅助装置完成机床相应的开关动作，如工件的装夹、刀具的更换、切削液的开关等一些辅助动作。它还接收机床操作面板的指令，一方面直接控制机床的动作（如手动操作机床），另一方面将一部分指令送往数控装置用于加工过程的控制。

（4）伺服单元　伺服单元接收来自数控装置的速度和位移指令。这些指令经伺服单元变换和放大后，通过驱动装置转变成机床进给运动的速度、方向和位移。因此，伺服单元是数控装置与机床本体的联系环节，其把来自数控装置的微弱指令信号放大成控制驱动装置的大功率信号。伺服单元分为主轴单元和进给单元等，伺服单元就其系统而言，又有开环系统、半闭环系统和闭环系统之分。

(5) 驱动装置　驱动装置把经过伺服单元放大的指令信号变为机械运动，通过机械连接部件驱动机床工作台，使工作台精确定位或按规定的轨迹做严格的相对运动，加工出形状、尺寸与精度符合要求的零件。目前常用的驱动装置有直流伺服电动机和交流伺服电动机，且交流伺服电动机正逐渐取代直流伺服电动机。

伺服单元和驱动装置合称为伺服驱动系统。它是机床工作的动力装置，计算机数控装置的指令要依靠伺服驱动系统付诸实施。伺服驱动系统包括主轴驱动单元（主要控制主轴的速度），进给驱动单元（主要控制进给系统的速度和位置）。伺服驱动系统是数控机床的重要组成部分。从某种意义上说，数控机床的功能主要取决于数控装置，而数控机床的性能主要取决于伺服驱动系统。

(6) 机床本体　机床本体即数控机床的机械部件，数控机床的机床本体与传统机床相似，由主轴传动装置、进给传动装置、床身、工作台以及辅助运动装置、液压气动系统、润滑系统、冷却装置等组成。但数控机床在整体布局、外观造型、传动系统、刀具系统的结构以及操作机构等方面都已发生了很大的变化。这种变化的目的是为了满足数控机床的要求和充分发挥数控机床的特点。

2. 数控机床的工作原理

数控机床的工作原理如图 1-2 所示。

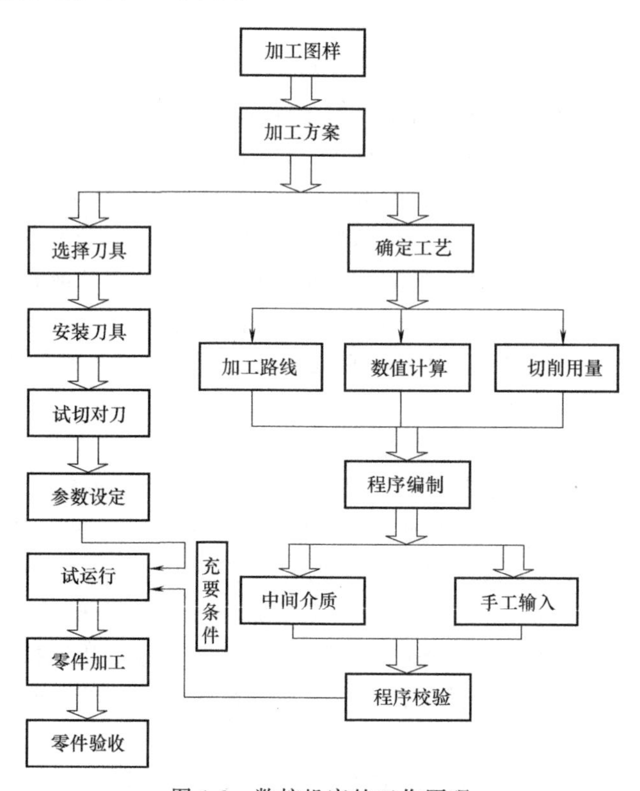

图 1-2　数控机床的工作原理

1) 分析零件图，了解零件的大致情况（几何形状、材料、工艺要求等）。

2）确定零件的数控加工工艺（加工内容和加工路线）。

3）进行必要的数值计算（基点、节点的坐标计算）。

4）编写程序单（不同机床会有所不同，遵守机床使用手册）。

5）程序校验（将程序输入机床并进行图形模拟，验证程序的正确性）。

6）对零件进行加工（好的过程控制能很好地节约时间和提高加工质量）。

7）零件验收和质量误差分析（对零件进行检验，合格就进入下一道环节，不合格则通过质量误差分析找出产生误差原因和纠正方法）。

三、数控机床的种类与特点

1. 数控车床的种类

数控车床品种繁多，规格不一，通常可按如下方法进行分类。

（1）按车床主轴位置分类

1）卧式数控车床。卧式数控车床的主轴水平布置，又分为数控水平导轨卧式车床和数控倾斜导轨卧式车床。倾斜导轨结构使车床具有更大的刚性，并易于排除切屑。图 1-3 所示为卧式数控车床。

图 1-3 卧式数控车床

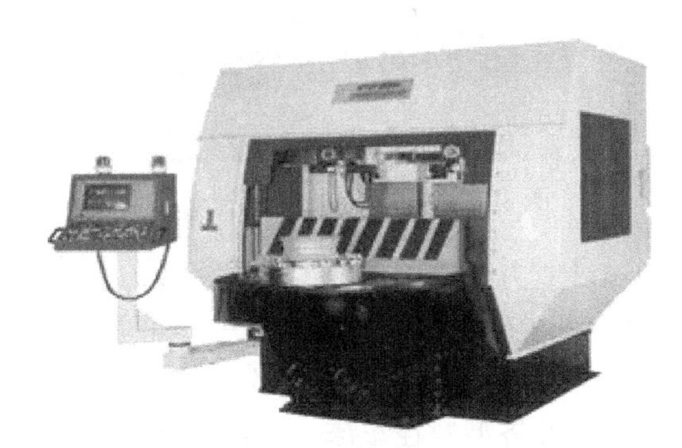

图 1-4 立式数控车床

2）立式数控车床。立式数控车床简称为数控立车，其车床主轴垂直于水平面，有一个直径很大的圆形工作台用来装夹工件。这类机床主要用于加工径向尺寸大、轴向尺寸相对较小的大型复杂零件。图 1-4 所示为立式数控车床。

（2）按刀架和主轴的数目分类

1）单刀架单主轴数控车床。数控车床一般都配置有各种形式的单刀架，如四工位卧动转位刀架或多工位转塔式自动转位刀架，还有一个主轴，这是最常用的机床。图 1-5 所示为单刀架单主轴数控车床。

2）双刀架单主轴数控车床。这类数控车床的双刀架可以是平行分布，也可以是相互垂直分布，可同时加工一个零件的不同部分。图 1-6 所示为双刀架单主轴数控车床。

3）单刀架双主轴数控车床。具有两个主轴的数控车床，称为双主轴数控车床，如图 1-7 所示。

这种数控车床配备有一个副主轴，工件在前主轴上加工完毕，副主轴可以前移，将工件交换转移至副主轴上，对工件进行完整加工。

图 1-5　单刀架单主轴数控车床

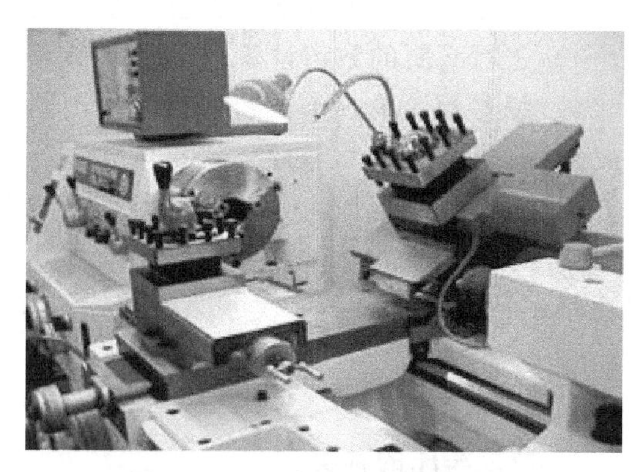

图 1-6　双刀架单主轴数控车床

图 1-7　单刀架双主轴数控车床

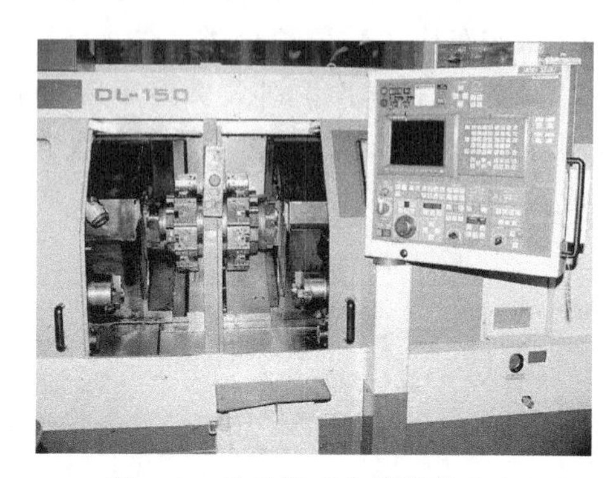

图 1-8　双刀架双主轴数控车床

4）双刀架双主轴数控车床。双刀架双主轴数控车床如图 1-8 所示。这种数控车床有两个独立的主轴和两个独立的刀架，可实现四轴联动，加工方式灵活多样，加工效率高。

（3）按数控系统的功能分类

1）经济型数控车床。一般指具有步进电动机驱动的开环伺服系统，控制系统采用单片机或单板机的数控车床，或者是对普通车床的进给系统进行改造后形成的简易型数控车床。此类车床的特点是成本较低，结构简单，价格低廉，自动化程度低和功能较小，车削加工精度也不高，适用于要求不高的回转体零件的车削加工。图 1-9 所示为经济型数控车床。

2）全功能型数控车床。全功能型数控车床是指根据车削加工要求在结构上进行专门设计并配备通用数控系统而形成的数控车床，其数控系统功能强，采用闭环或半闭环控制的伺服系统，自动化程度和加工精度比较高，带有高分辨率的 CRT 显示器，带有各种显示、图形模拟、刀具补偿等功能，带有通信或网络接口，具有高刚度、高精度和高效率的特点。这种数控车床可同时控制两个坐标轴，即 X 轴和 Z 轴，适用于一般回转体零件的车削加工。图 1-10 所示为全功能型数控车床。

3）车削加工中心。车削加工中心如图 1-11 所示，是在全功能型数控车床的基础上，增加了 C 轴控制功能和动力头，更高级的数控车削加工中心带有刀库和换刀机械手等部件，可控制 X、Z 和 C 三个坐标轴，联动控制轴可以是（X、Z）、（X、C）或（Z、C）。由于增加了 C 轴控制和铣削动力头，这种数控车床的加工功能大大增强，除可以进行一般车削加工外，还可以进行径向和轴向铣削、曲面铣削、中心线不在零件回转中心的孔和径向孔的钻

图 1-9 经济型数控车床

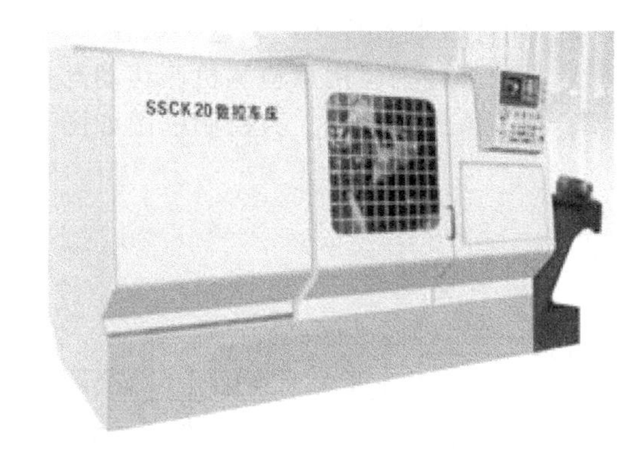

图 1-10 全功能型数控车床

削等加工。车削加工中心功能全面，加工质量和加工效率都很高，但价格较高。

4）FMC 车床。FMC 车床如图 1-12 所示。这种车床是由数控车床、机器人等构成的柔性加工单元，能实现工件搬运、装卸的自动化和加工、调整、准备的自动化。

图 1-11 车削加工中心

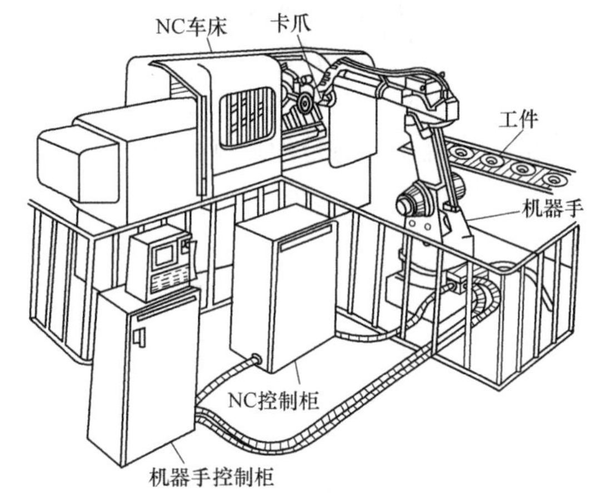

图 1-12 FMC 车床

（4）按数控系统的不同控制方式分类 按数控系统的不同控制方式分类，数控车床可以分为开环控制数控车床、闭环控制数控车床和半闭环控制数控车床。

1）开环控制数控车床。这类数控车床不带有位置检测反馈装置。数控装置输出的指令脉冲经驱动电路的功率放大，驱动步进电动机转动，再经传动机构带动工作台移动。开环控制数控车床工作比较稳定，反应快，调试方便，维修简单，但控制精度低，这类数控车床多为经济型数控车床。开环控制数控车床控制框图如图 1-13 所示。

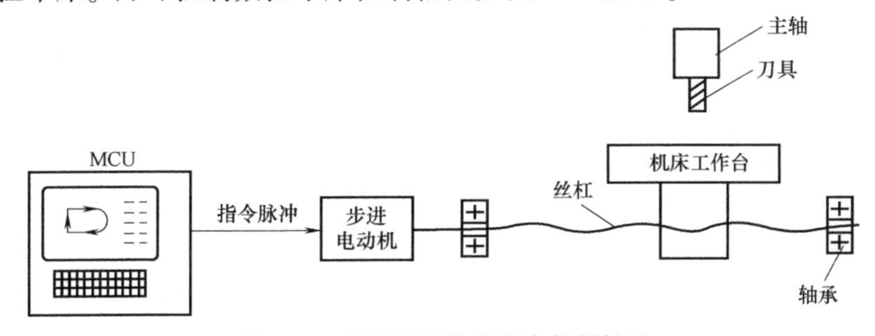

图 1-13 开环控制数控车床控制框图

2）闭环控制数控车床。这类数控车床带有位置检测反馈装置。位置检测反馈装置安装在机床移动部件上，用以检测机床移动部件的实际运行位置，并与数控装置的指令位置进行比较，用差值进行控制，其控制框图如图 1-14 所示。

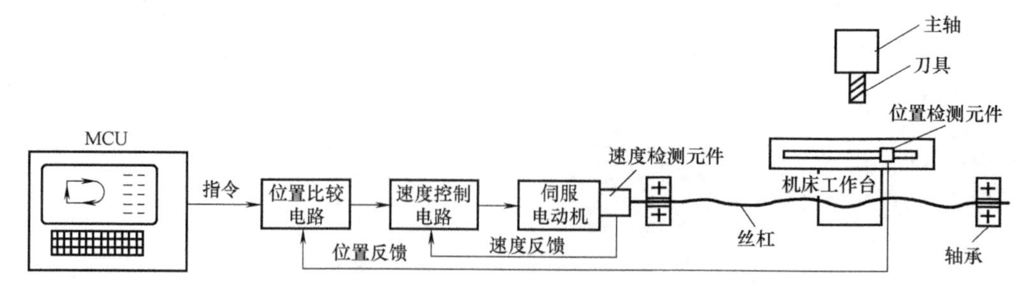

图 1-14　闭环控制数控车床控制框图

闭环控制系统的特点是精度高、速度快、技术上要求高、成本较高。闭环控制系统的调试和维修比较复杂，其关键是系统的稳定性，系统调试不好容易产生振荡。闭环控制系统主要应用于一些高档精密车床，价格昂贵。

3）半闭环控制数控车床。半闭环控制数控车床是将检测元件安装在电动机输出轴或丝杠端头，可检测角位移，其控制框图如图 1-15 所示。由于环路内不包括丝杠螺母副及床鞍，所以可以获得比较稳定的控制特性，其控制精度虽不如闭环控制系统高，但调试比较方便，因此目前应用比较广泛。

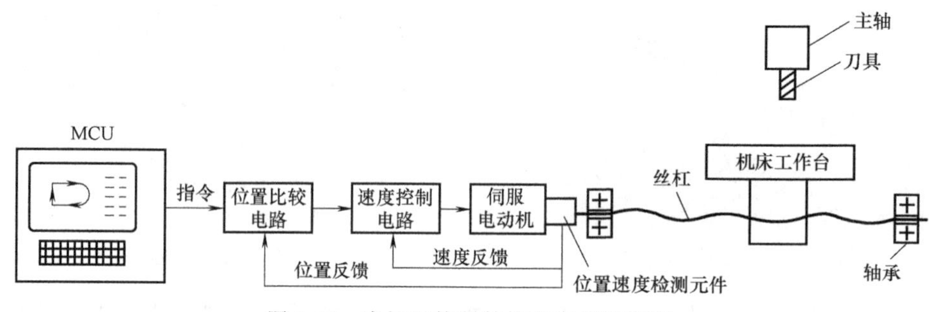

图 1-15　半闭环控制数控车床控制框图

2. 数控铣床的种类

（1）立式数控铣床　立式数控铣床是数控铣床中数量最多、应用最广的一类。立式数控铣床的主轴与工作台垂直，主要用于水平面内的型面加工。它适用于加工平面凸轮、样板、形状复杂的平面或立体零件以及模具的内、外型腔等。

立式数控铣床多为三坐标联动机床，可同时控制三个坐标轴运动。也有一些只能同时控制三个坐标轴中的两个坐标轴联动，第三个坐标轴只能沿一个方向做等距离的周期移动，称为两轴半控制铣床。还有机床主轴可以绕 *X*、*Y*、*Z* 坐标轴中一个或两个轴做数控摆角运动的四坐标和五坐标立式数控铣床。数控铣床上控制的坐标轴越多，机床的功能、加工范围及可选择的加工对象也越多，机床的结构更复杂，对数控系统的要求更高，编程的难度更大，设备价格也更高。

小型立式数控铣床如图 1-16 所示，*X* 轴、*Y* 轴、*Z* 轴方向的移动一般都由工作台完成，主运动由主轴完成，即小型立式数控铣床一般都采用工作台移动、升降及主轴不动等方式，其结构与普通立式升降台铣床相似；中型立式数控铣床如图 1-17 所示，机床的纵向和横向移动一般由工作台完成，且工作台还可手动升降，主轴除完成主运动外，还能沿垂直方向伸缩，即主轴沿垂直溜板上下运动；大型立式数控铣床，因要考虑到扩大行程，缩小占地面积及刚性好等技术问题，往往采用龙门架移动式，其主轴可以在龙门架的横向与垂直溜板上运动，而龙门架则沿床身做纵向运动。

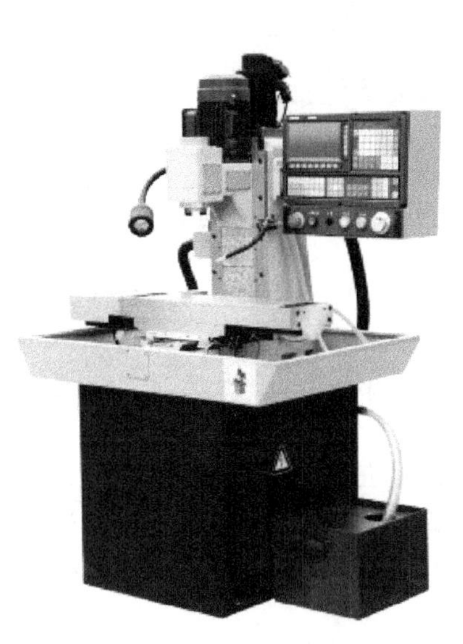

图 1-16　小型立式数控铣床

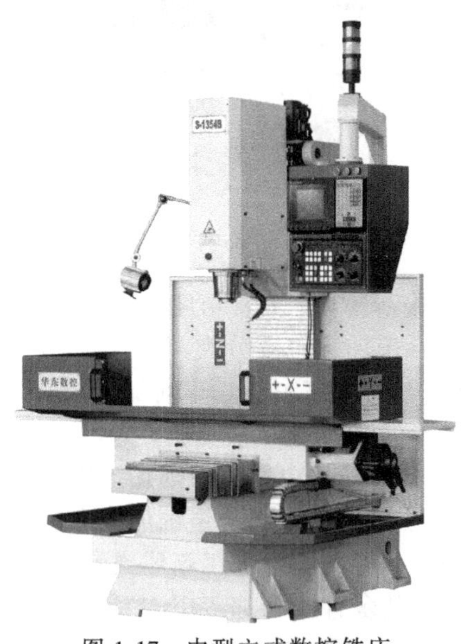

图 1-17　中型立式数控铣床

（2）卧式数控铣床　卧式数控铣床如图 1-18 所示，机床的主轴轴线平行于水平线。它主要用于垂直平面内的各种型面的加工。为了扩大加工范围和扩充功能，卧式数控铣床通常采用增加数控转盘或万能数控转盘来实现四、五坐标轴加工。这样不但工件侧面上的连续回转轮廓可以加工出来，而且可以实现在一次安装中，通过转盘改变工位，进行“四面加工”。尤其是万能数控转盘可以把工件上各种不同角度或空间角度的加工面摆成水平面来加工，可以省去许多专用夹具或专用角度成形铣刀。对箱体类零件或需要在一次安装中改变工位的工件，选择带数控转盘的卧式铣床进行加工是非常合适的。

（3）立、卧两用数控铣床　立、卧两用数控铣床如图 1-19 所示，主轴方向可更换，在一台机床上既可进行立式加工又可进行卧式加工。它功能全、加工对象广泛，特别适合加工复杂的箱体类零件。这类铣床目前正在逐渐增多。选择该机床加工的余地很大，特别是当生产批量小，品种较多，又需要立、卧两种方式加工时，只需买一台这样的机床就可以。立、卧两用数控铣床主轴方向的更换方法有手动和自动两种，采用数控万能主轴头的立、卧两用数控铣床，其主轴头可以任意转换方向，可以加工出与水平面呈各种不同角度的工件表面。当立、卧两用数控铣床采用数控回转工作台，就可以实现对工件的“五面加工”，即除了工件与转台贴合的定位面外，其他表面都可以在一次安装中进行加工，因此，其加工性能非常优越。

3. 加工中心的种类

加工中心是在数控铣床的基础上发展起来的，是带有刀库和自动换刀装置的数控机床，其特点是数控系统能控制机床自动地更换刀具，连续地对工件各加工表面自动进行钻削、扩孔、铰孔、镗孔、攻螺纹、铣削等多种工序的加工，工序高度集中。加工中心主要适用于加

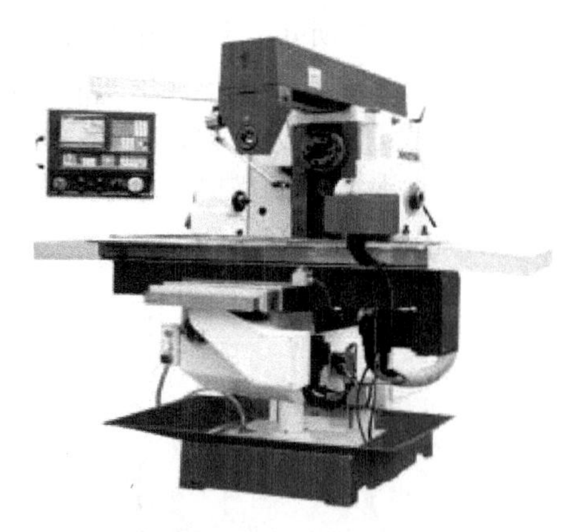

图 1-18　卧式数控铣床

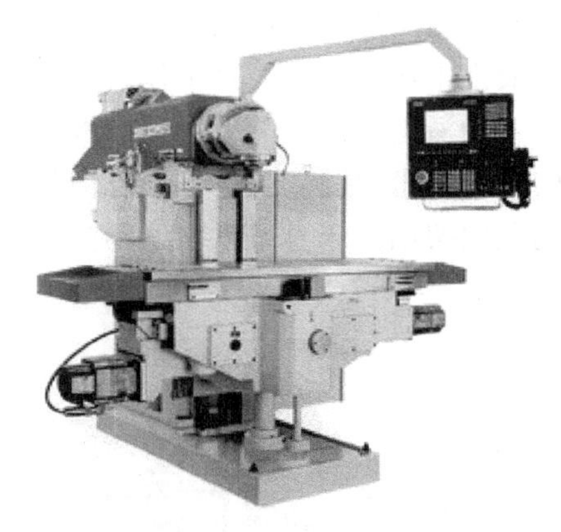

图 1-19　立、卧两用数控铣床

工形状复杂、工序多、精度要求高的工件。

（1）按加工范围分类

1）车削加工中心。车削加工中心除用于车削加工外，还可以进行铣削、钻削等工序的加工，并可以实现 C 轴功能。

2）钻削加工中心。钻削加工中心主要用于钻孔，也可进行小面积的端铣加工。

3）镗铣加工中心。镗铣加工中心主要用于镗削、铣削、钻孔、扩孔、铰孔及攻螺纹等工序加工，特别适合加工箱体类及形状复杂、工序集中的零件。一般镗铣加工中心简称为加工中心，其余种类的加工中心要有前面的定语。

（2）按加工中心的布局方式分类

1）立式加工中心。立式加工中心如图 1-20 所示，主轴轴线呈垂直状态，结构多为固定中空立柱，方形截面框架，米字形或井字形肋板，主轴箱吊在立柱一侧，工作台为长方形十字滑台，可实现 X、Y 两个坐标轴移动。主轴箱沿立柱导轨运动实现 Z 坐标轴运动。在工作台上安装一个水平轴的数控回转台，就可用于加工螺旋线类零件。立式加工中心适合加工盘类零件，其结构简单，占地面积小，价格低。

2）卧式加工中心。卧式加工中心如图 1-21 所示，主轴轴线呈水平状态，常采用移动立柱形式和 T 形床身，带正方形分度工作台，有 3～5 个运动坐标，能一次装夹完成除安装面和顶面以外的其余四个面的加工，适合加工箱体类零件。卧式加工中心结构复杂、占地面积大、质量大、价格高。卧式加工中心有多种形式，如固定立柱式和固定工作台式。固定立柱式的卧式加工中心的立柱固定不动，主轴箱沿立柱做上下运动，而工作台可在水平面内做前后、左右 4 个方向的移动；固定工作台式的卧式加工中心，安装工件的工作台是固定不动的（不做直线运动），沿坐标轴 3 个方向的直线运动由主轴箱和立柱的移动来实现。

3）龙门式加工中心。龙门式加工中心主轴多呈垂直设置，如图 1-22 所示，数控装置的软件功能较齐全，能一机多用。龙门式布局具有结构刚性好的特点，容易实现热对称性设计，适合加工大型或复杂零件。

4）万能加工中心。万能加工中心如图 1-23 所示，它具有立式和卧式加工中心的功能，工件一次装夹后可完成除安装面外的侧面和顶面的五面加工。常用的万能加工中心有两种形式，一种形式是主轴可以旋转 90°；另外一种形式是主轴不改变方向，工作台可以带着工件旋转 90°，完成五面加工。万能加工中心结构复杂、占地面积大、造价高，适用于加工具有复杂外观和复杂曲线的小型工件。

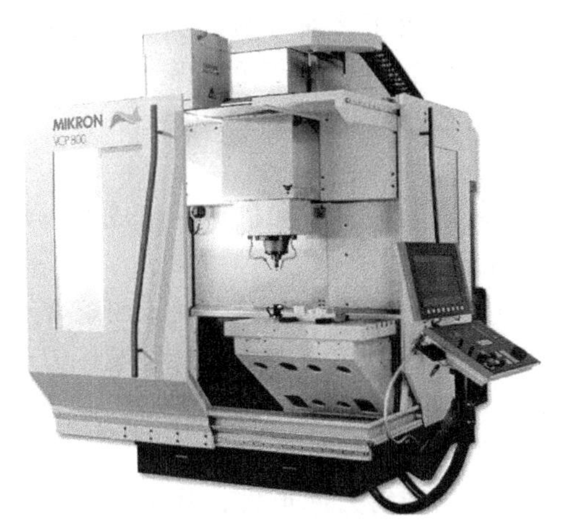

图 1-20　立式加工中心

图 1-21　卧式加工中心

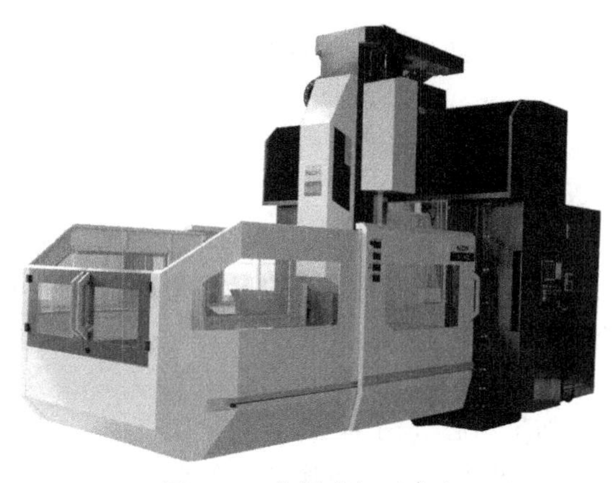

图 1-22　龙门式加工中心

图 1-23　万能加工中心

5）虚拟轴加工中心。虚拟轴加工中心如图 1-24 所示，它是由一个动平台、一个定平台和六根长度可变的连杆构成。动平台上装有机床主轴和刀具，定平台（或者与定平台固连的工作台）上安装工件，六根杆实际是六个滚珠丝杠螺母副，它们将两个平台连在一起，同时将伺服电动机的旋转运动转换为直线运动，从而不断改变六根杆的长度，带动动平台产生六自由度的空间运动，使刀具在工件上加工出复杂的三维曲面。由于这种机床上没有导轨、转台等表征坐标轴方向的实体构件，故称为虚拟轴机床；由于其结构特点，又称为并联运动机床；同时由于其奇异的外形，还常称之为六足虫。六根杆均为二力杆，只承受拉、压载荷，所以其应力、变形显著减小，刚性大大提高。由于不必要采用大截面的构件，运动部件的质量减小，从而可采用较高的运动速度和加速度。虚拟轴加工中心的刚性约为传统加工中心的五倍，同时又降低了工件的装卸高度，提高了操作性能。其次，*Z* 轴的移动在后床身上进行，进给力与轴向切削力在

图 1-24　虚拟轴加工中心

同一平面内，承受的扭曲力小，镗孔和铣削精度高。此外，由于 Z 轴导轨的承重是固定不变的，其不随工件质量改变而改变，所以有利于提高 Z 轴的定位精度和精度的稳定性。但是，由于 Z 轴承载较重，对提高 Z 轴的快速性不利，这是其不足之处。

（3）按换刀形式分类

1）带刀库、机械手的加工中心。加工中心的换刀装置是由刀库和机械手组成的，并由机械手来完成换刀工作，这是加工中心普遍采用的一种形式。

2）无机械手的加工中心。无机械手的加工中心的换刀是通过刀库和主轴箱的配合动作来完成的，一般是采用把刀库放在主轴箱可以运动到的位置，或者是整个刀库或某一刀位能移动到主轴箱可以到达的位置的办法。采用 40 号以下刀柄的小型加工中心多为这种无机械手的加工中心。

3）转塔刀库式加工中心。小型立式加工中心一般采用转塔刀库形式，其主要以孔加工为主。ZH5120 型立式钻削加工中心就是转塔刀库式加工中心。

（4）按加工精度分类

1）普通加工中心。普通加工中心的分辨率为 1μm，最大进给速度为 15~25m/min，定位精度为 10μm 左右。

2）高精度加工中心。高精度加工中心的分辨率为 0.1μm，最大进给速度为 15~100m/min，定位精度为 2~10μm 之间，以 5μm 较多，称为精密级加工中心。

（5）按数控系统功能分类　分为三轴二联动、三轴三联动、四轴三联动、五轴四联动、六轴五联动等类型。三轴、四轴等是指加工中心具有的运动坐标轴数，联动是指控制系统可以同时控制运动的坐标轴数。可控轴数越多，加工中心的加工和适应能力越强。一般的加工中心为三轴联动，三轴以上的为高档加工中心，价格昂贵。

（6）按工作台的数量和功能分类　有单工作台加工中心（图 1-25）、双工作台加工中心（图 1-26）和多工作台加工中心。多工作台加工中心有两个以上可更换的工作台，通过运送轨道可把加工完的工件连同工作台（托盘）一起移出加工部位，然后把装有待加工工件的工作台（托盘）送到加工部位。

图 1-25　单工作台加工中心

图 1-26　双工作台加工中心

4. 数控机床的特点

与其他机床相比，数控机床具有以下特点。

1）自动化程度高。除了准备过程需要人工参与以外，全部加工过程都由机床自动完成，减轻了劳动强度，改善了劳动条件。

2）加工精度高。尺寸精度一般为0.005~0.1mm，不受工件形状复杂度的影响。

3）加工稳定性好。自动化操作消除了操作人员的技术水平、工作状态等主观因素的限制，无论在任何时间或地点，能够保证在同样的条件下以同样的数控程序加工出来的零件的一致性。

4）生产率高。加工过程中省去了划线、多次装夹定位、检测等工序，有效地提高了生产率。

5）生产准备周期短。数控加工过程一般采用通用的工装夹具，省去了专用工装夹具、样板和标准样件的制作，节省了大量的准备时间。

6）便于实现网络化制造。利用数控机床的数字化特性，很容易和CAD/CAM系统结合起来实现设计、制造过程一体化，实现由计算机对多台机床的直接控制，建立制造过程的网络化管理。

四、数控机床的布局结构

机床总体布局的内容包括确定机床各主要部件间的相对运动和相对位置关系两方面。它是机床设计中具有全局性的重要因素，其取决于被加工零件的结构类型和加工工艺，影响机床的使用性能。特别是数控机床，要求高精度、高效率、高刚度、高自动化，数控装置及其他辅助装置多，各部件如何合理配置协调更应引起足够的重视。设计中应首先确定加工对象和加工方法，而后考虑机床必备的运动和相应部件，结合机床性能要求确定这些部件的相对位置和运动。

1. 影响数控机床总体布局的因素

（1）工件形状、尺寸和重量对运动分配的影响　加工工件需要刀具、工件的相对运动，运动执行件的运动分配可以有多种方案。例如：刨削加工由工件来完成主运动而由刀具来完成进给运动，如龙门刨床，或者相反的，由刀具完成主运动而由工件完成进给运动，如牛头刨床；又如铣削加工时，进给运动由工件运动也可以由刀具运动来完成，或者部分由工件运动、部分由刀具运动来完成，应遵循“谁轻便、谁运动”的原则，其中加工工件的尺寸、形状和重量起着决定作用。

如图1-27所示，同是用于铣削加工的机床，根据工件的重量和尺寸的不同，有四种不同的布局方案。图1-27a所示为用于加工工件较轻的升降台铣床，三个方向的进给运动分别由工作台、滑鞍和升降台来实现。当加工工件较重或者尺寸较大时，则不宜由升降台带着工件做垂直方向的进给运动，而是改由铣头带着刀具来完成垂直进给运动，如图1-27b所示。这种布局方案，机床的尺寸参数即加工尺寸范围可以取得大一些。图1-27c所示的龙门式数控铣床，工作台载着工件做一个方向的进给运动，其他两个方向的进给运动由多个刀架即铣头部件在立柱与横梁上移动来完成。这样的布局不仅适用于重量重的工件加工，而且由于增多了铣头，使机床的生产率得到很大的提高。加工更大、更重的工件时，由工件做进给运动，在结构上是难于实现的，因此，采用图1-27d所示的布局方案，全部进给运动均由铣头运动来完成，这种布局形式可以减小机床的结构尺寸和重量。车床类的机床有卧式车床、端面车床、单立柱立式车床和龙门框架式立式车床的布局方案，加工长轴类零件可用卧式车床，加工短而径向尺寸大的盘类零件可用端面车床，加工重且轴向尺寸不太大的零件可用立式车床，为提高机床的刚度可采用龙门框架式立式车床。

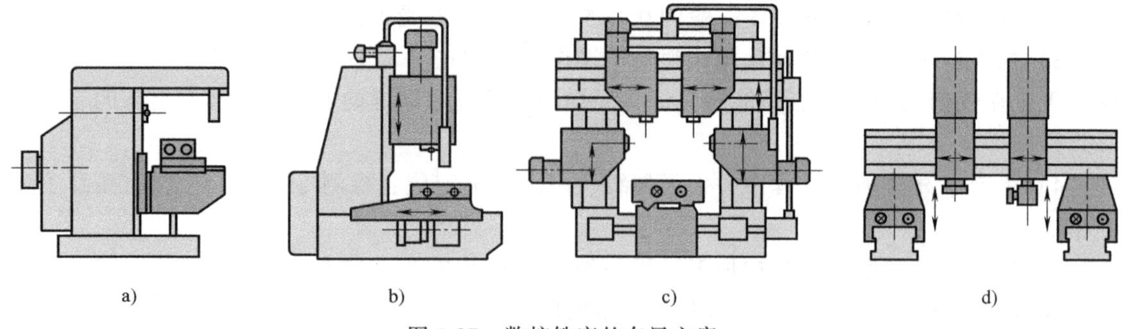

图 1-27　数控铣床的布局方案

（2）加工功能与运动数目对机床部件的布局影响　运动数目尤其是进给运动数目的多少，直接与表面成形运动和机床的加工功能有关，它们也影响着机床总布局。以数控镗铣床为例，一般都有四个进给运动的部件，要根据加工的需要来配置这四个进给运动部件。如果需要对工件的顶面进行加工，则机床主轴应布局成立式的，如图 1-28a 所示。在三个直线进给坐标轴之外，再在工作台上加一个既可立式安装也可卧式安装的数控转台或分度工作台作为附件。如果需要对工件的多个侧面进行加工，则主轴应布局成卧式的，同样是在三个直线进给坐标轴之外再加一个数控转台，以便在一次装夹时集中完成多面的铣削、镗削、钻孔、铰孔、攻螺纹等多工序加工，如图 1-28b、c 所示。而且数控卧式镗铣床与普通卧式镗铣床的一个很大差异是：没有镗杆也没有后立柱。因为在自动定位镗孔时要将镗杆装调到后立柱中是很难实现的。对于跨距较大的多壁孔的镗削，只有依靠数控转台或分度工作台转动工件进行调头镗削来解决。因此，对分度精度和直线坐标的定位精度都要提出较高的要求，以便保证调头镗孔时轴孔的同轴度要求。

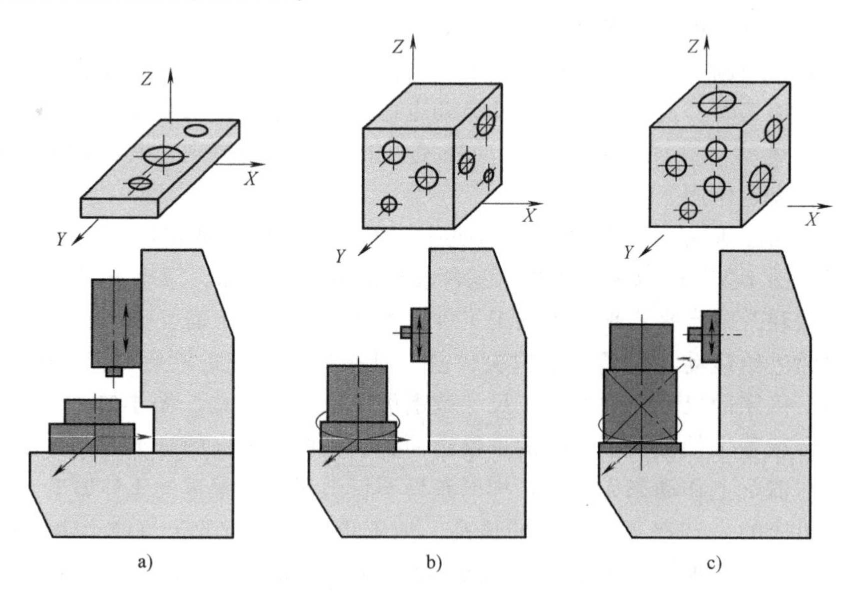

图 1-28　数控镗铣床的布局方案

在数控镗铣床上用端铣刀加工像水轮机叶轮等具有空间曲面的工件是最复杂的加工情况，除主运动以外，一般需要有三个直线进给坐标轴 X、Y、Z 以及两个回转进给坐标轴

(即圆周进给)，以保证刀具轴线向量处处与被加工表面的法线重合，这就是所谓的五轴联动数控镗铣床。由于进给运动的数目较多，而且加工工件的形状、大小、重量和工艺要求差异也很大。因此，这类数控机床的布局形式更是多种多样，很难有某种固定的布局模式。在布局时可以遵循的原则是：获得较好的加工精度、表面质量和较高的生产率；转动坐标的摆动中心到刀具端面的距离不要过大，这样可使坐标轴摆动引起的刀具切削点直角坐标的改变量小，最好是能布局成摆动时只改变刀具轴线向量的方位，而不改变切削点的坐标位置；工件尺寸较大并且重量较重时，摆角进给运动由装有刀具的部件来完成，反之由装夹工件的部件来完成，这样做的目的是要使摆动坐标部件的结构尺寸较小，重量较轻；两个摆角坐标的合成矢量应能在半个空间范围的任意方位变动；同样，布局方案应保证机床各部件或总体上有较好的结构刚度、抗振性和热稳定性；由于摆动坐标带着工件或刀具摆动的结果，将使加工工件的尺寸范围有所减少，这一点也是在总布局时需要考虑的问题。

图 1-29 所示为五轴联动数控镗铣床的几种布局方案。图 1-29a 所示的方案是通过机床主轴的摆动，在回转坐标轴 *C* 之外增加了一个回转坐标轴 *A*，由三个直线进给运动和两个回转运动，实现刀具轴线向量与工件表面法向矢量在半球空间内处处重合的要求。图 1-29b 所示的方案是由既可以回转又可以摆动的工作台带动工件实现两个回转坐标轴 *C* 和 *A* 的运动，以使刀具轴线向量和工件表面法向矢量相重合。图 1-29c 所示的方案则是通过主轴的摆动实现 *B* 轴回转运动，由数控回转工作台实现 *C* 轴回转运动，实现刀具轴线向量与工件表面法向矢量相重合。

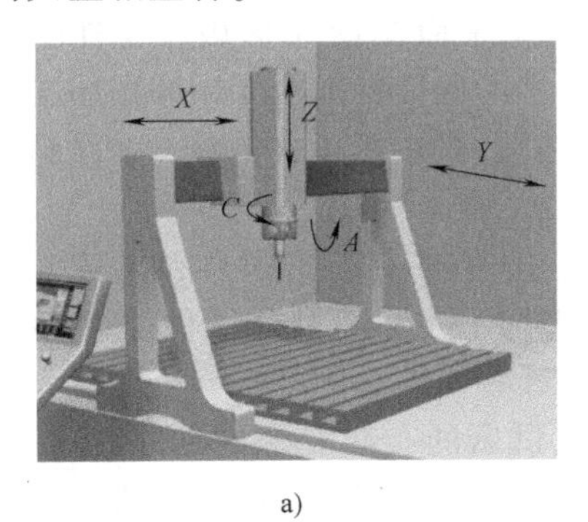

a)

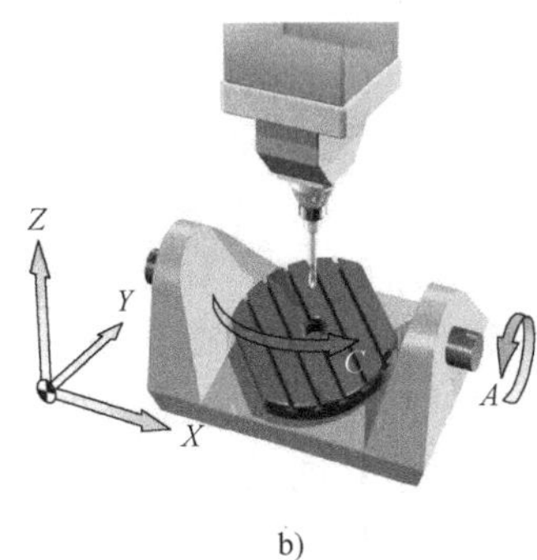

b)

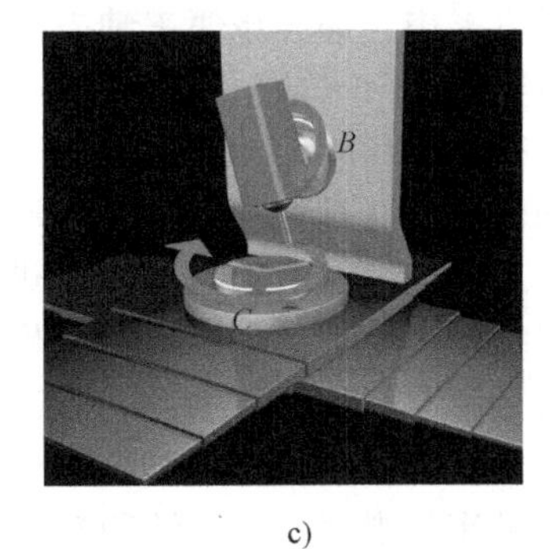

c)

图 1-29　五轴联动数控镗铣床的几种布局方案

2. 机床的结构性能与总体布局的关系

数控机床的结构性能较普通机床要求高，总体布局更应兼顾良好的精度、刚度、抗振性和热稳定性等结构性能。图 1-30 所示的几种数控卧式镗铣床，其运动要求与加工功能是相同的，但是结构的总体布局却各不相同，因而其结构性能是有差异的。

图 1-30a、b 所示的方案采用了 T 形床身布局，前床身横置与主轴轴线垂直，立柱带着主轴箱一起做 *Z* 轴进给运动，主轴箱在立柱上做 *Y* 轴进给运动。T 形床身布局的优点是：工作台沿前床身方向做沿坐标轴进给运动，在全部行程范围内工作台均可支承在床身上，故刚性较好，提高了工作台的承载能力，易于保证加工精度，而且可有较长的工作行程；床身、工作台及数控转台为三层结构，在相同的台面高度下，相比图 1-30c 所示的十字形工作台的四层结构，更易保证大件的结构刚性；而且在图 1-30c 所示的十字形工作台的布局方案中，当工作台带着数控转台在横向（即 *X* 轴）做大距离移动和下拖板做 *Z* 轴进给时，*Z* 轴床身的一条导轨要承受很大的偏载荷，在图 1-30a、b 所示的方案中就没有这一问题。

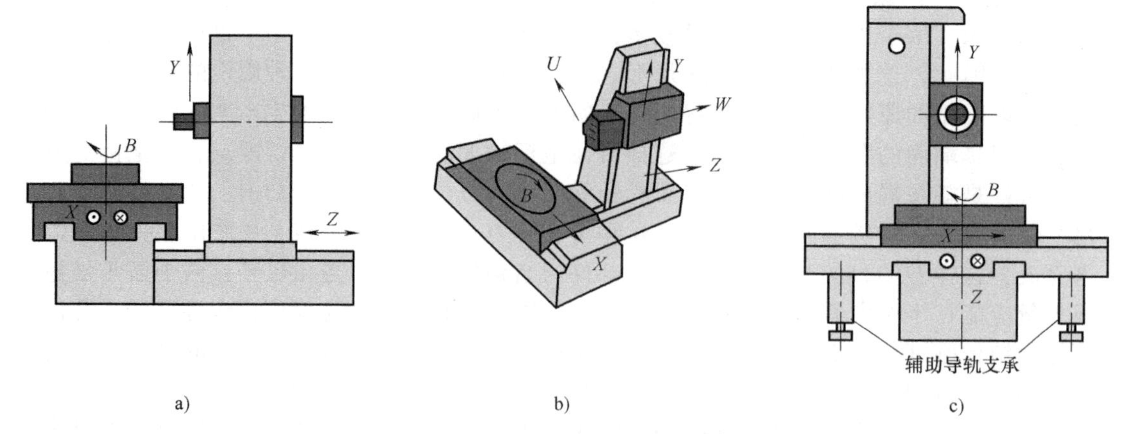

图 1-30 数控卧式镗铣床的布局方案

在图 1-30a 中，主轴箱装在框式立柱中间，设计成对称结构；在图 1-30b、c 中，主轴箱悬挂在单立柱的一侧，从受力变形和热稳定性的角度分析，这两种方案是不同的。框式立柱布局要比单立柱布局少承受一个扭转力矩和一个弯曲力矩，因而受力后变形小，有利于提高加工精度；框式立柱布局的受热与热变形是对称的，因此，热变形对加工精度的影响小。所以，一般数控镗铣床和自动换刀数控镗铣床大都采用这种框式立柱的结构形式。在这三种布局方案中，都应该使主轴中心线与 *Z* 轴进给丝杠布置在同一个平面 *YOZ* 平面内，丝杠的进给驱动力与主切削抗力在同一平面内，因而扭曲力矩很小，容易保证铣削精度和镗孔加工的平行度。在图 1-30b、c 中，立柱将偏在 *Z* 轴拖板中心的一侧；而在图 1-30a 中，立柱和 *X* 轴横床身是对称的。

立柱带着主轴箱做 *Z* 轴进给运动的方案，其优点是能使数控转台、工作台和床身为三层结构。但是当机床的尺寸规格较大，立柱较高、较重，再加上主轴箱部件，将使 *Z* 轴进给运动的驱动功率增大，而且立柱过高时，部件移动的稳定性将变差。

综上所述，在加工功能与运动要求相同的条件下，数控机床的布局方案是多种多样的，以机床的刚度、抗振性和热稳定性等结构性能作为评价指标，可以判别出布局方案的优劣。

任务实施

到数控实训基地调查数控加工设备的种类、数量，观察各类数控机床的结构特点、加工项目等，写一篇调查报告。

考核评价（表 1-1）

表 1-1 任务完成评价表

<table>
<tr><td>姓名</td><td></td><td>班级</td><td></td><td>任务</td><td colspan="4">任务一 认识常用的数控设备</td></tr>
<tr><td rowspan="2">项目</td><td rowspan="2">序号</td><td rowspan="2">内容</td><td rowspan="2">配分</td><td rowspan="2">评分标准</td><td colspan="2">检查记录</td><td rowspan="2">得分</td></tr>
<tr><td>互查</td><td>教师复查</td></tr>
<tr><td rowspan="4">基础知识（40 分）</td><td>1</td><td>数控机床的产生与发展</td><td>5</td><td>根据掌握情况评分</td><td></td><td></td><td></td></tr>
<tr><td>2</td><td>数控机床组成与工作原理</td><td>10</td><td>根据掌握情况评分</td><td></td><td></td><td></td></tr>
<tr><td>3</td><td>数控机床的种类与特点</td><td>20</td><td>根据掌握情况评分</td><td></td><td></td><td></td></tr>
<tr><td>4</td><td>数控机床的布局结构</td><td>5</td><td>根据掌握情况评分</td><td></td><td></td><td></td></tr>
</table>

（续）

姓名			班级		任务	任务一 认识常用的数控设备		
项目	序号	内容	配分	评分标准	检查记录		得分
					互查	教师复查	
技能训练（30分）	1	调查报告	25	根据完成情况和完成质量评分			
	2	安全文明生产	5	违反安全操作规程全扣			
综合能力（20分）	1	自主学习、分析并解决问题、有创新意识	7	根据个人表现评分			
	2	团队合作、协调沟通、语言表达、竞争意识	7	根据个人表现评分			
	3	作业完成	6	根据完成情况和完成质量评分			
其他（10分）		出勤方面、纪律方面、回答问题、知识掌握	10	根据个人表现评分			
合计							
综合评价							

课后测评

一、填空题

1. 按数控系统的功能分类，数控车床分为______、______、______和______四类。

2. ______即采用了数控技术的机床，或者说装备了数控系统的机床。

3. 数控机床一般由输入和输出设备、______、伺服单元、________、______、电气控制装置、辅助装置、________及测量装置等组成。

4. 数控装置是计算机数控系统的核心，是由____和______两部分组成的。

5. ______数控铣床的主轴与工作台垂直，主要用于加工水平面内的型面。

二、选择题

1. 第一代工业用数控机床产生于（　　）年。

A. 1951　　B. 1952　　C. 1954

2. （　　）控制数控车床是将检测元件安装在电动机输出轴或丝杠端头，可检测角位移。

A. 开环　　B. 半闭环　　C. 全闭环

3. （　　）是数控装置与机床本体的联系环节，其把来自数控装置的微弱指令信号放大成控制驱动装置的大功率信号。

A. 伺服单元　　B. 辅助装置　　C. 测量装置

4. (　　) 数控铣床在工件一次装夹后可完成除安装面外的侧面和顶面的五面加工。

A. 立式　　B. 卧式　　C. 立、卧两用

5. 高精度加工中心的分辨率为 (　　)。

A. 1μm　　B. 0.1μm　　C. 0.01μm

三、判断题

1. 第三代数控机床产生于1960年，研制出了小规模集成电路。(　　)
2. 开环控制系统的结构简单，但工作稳定性不好。(　　)
3. 加工长轴类零件可用卧式车床，加工短而径向尺寸大的盘类零件可用端面车床。(　　)
4. T形床身布局的优点是工作台沿前床身方向做沿坐标轴进给运动，在全部行程范围内工作台均可支承在床身上，故刚性较好。(　　)
5. 大型数控立式铣床的纵向和横向移动一般由工作台完成，且工作台还可手动升降，主轴除完成主运动外，还能沿垂直方向伸缩。(　　)

四、简答题

1. 数控机床由哪几部分组成?
2. 简述数控车床的分类。
3. 简述数控铣床的分类。
4. 简述加工中心的分类。

任务二　数控机床的安装与检验

任务目标

知识目标：

1. 熟悉数控机床的安装流程。
2. 掌握数控车床的精度检验方法。
3. 掌握数控铣床/加工中心的精度检验方法。
4. 熟悉数控机床的维护保养要求。

能力目标：

1. 会检验数控车床的精度。
2. 会检验数控铣床的精度。

任务描述

数控机床的安装质量直接影响到数控机床的精度。数控机床几何精度检验是机床验收、检验的主要项目，请按照数控机床精度检验标准检验数控机床的几何精度，记录检验结果，根据检验结果分析数控机床的安装质量是否合格，并对几何精度不合格的部位进行调整。

一、数控机床的安装

1. 机床的运输与存放

数控机床应采用防雨包装，并在关键零部件上涂有防锈油，包装箱应采用一定的防振和抗冲击措施，能保障在-25~55℃的温度范围内安全运输和存放。但包装箱绝对不允许倒置或倾斜超过15°，不允许剧烈撞击和振动，以免损坏内部器件。

2. 安装前的准备工作

（1）机床放置的环境要求　机床不应放置在以下位置。

1）温度有明显变化的环境，如光线直射或附近有较大热源。

2）湿度大的地方。

3）灰尘太大、太脏的地方。

4）机床周围有压力机等类型振动源的地方。

5）安装地面软而不坚实的地方。

如果机床安装的位置附近有振源，必须在机床周围挖防振沟或类似的措施防振。如果机床必须在软而不坚实的地面上安装，必须采用打桩或类似的措施以增强土层的支承能力，以防止机床下沉或倾斜。

（2）数控系统的环境要求　环境温度5~40℃；相对湿度低于75%。

（3）动力接口　电源线接线端子位于机床电气柜外侧。

（4）总电源　根据数控机床《电气设备与机床操作说明书》中参数表规定的总电源线和接地线要求进行连接。

3. 安装

（1）吊装　数控车床吊装示意图如图1-31所示，角度 α 不得大于60°。最好用叉车运输来调整安装位置，机床底座底部的凹裆专为此设计，方便且安全。

（2）地基安装　安装机床的位置应该平整，然后根据规定的环境要求和地基图决定安装空间，并做好地基，如有必要挖出防振沟。占地面积包括机床本身占地、维修占地、操作占地，如图1-32所示。

（3）临时水平调整

1）吊起或叉起机床，将调整垫铁的螺栓穿入底座的地脚螺栓孔（P 孔），然后将机床慢慢放下，并确保接触均匀。

2）旋动调整垫铁的螺栓，对机床进行粗调水平。

（4）内部装置连接的检查　完成临时调水平后，在接通机床电源之前，应做以下工作。

1）确保接地线连接无误，安装电阻小于10Ω。

2）拧紧端子上的螺钉。

3）重新检查各连接器是否连接可靠。

4）确保数控系统安装牢固。

5）检查并确保接入电源相位正确，如电源为反相位，请立即调换。

（5）操作前的检查

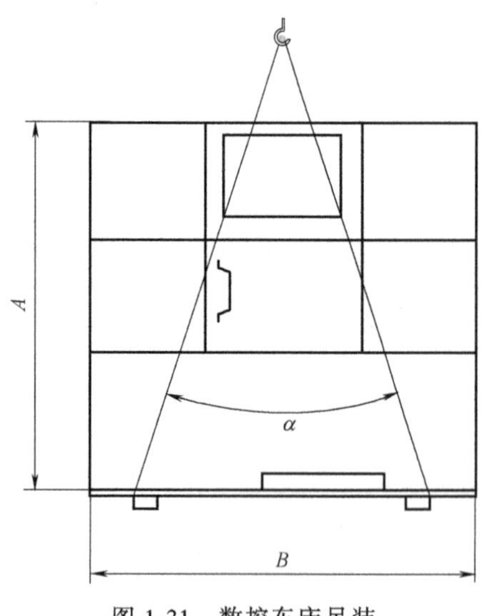

图 1-31　数控车床吊装

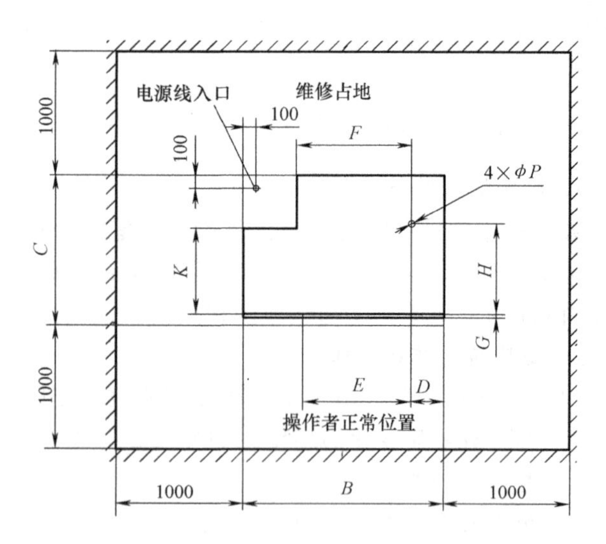

图 1-32　数控车床地基安装

1）清理。为了防锈，机床的滑动表面和一些金属件表面已涂上了一层防锈油，在运输过程中受到环境的污染，防锈油在使用前必须清理干净，否则有损伤滑动表面的危险。清理时应用布蘸上机床清洗剂擦洗，清理后按照要求进行润滑。

2）机床检查。检查机床各部位是否有损坏，是否遗失零件或附件，润滑是否良好，液压管路是否连接可靠。

3）接通电气设备前应进行电气系统检查。

4）机床长期停机后再次起动机床，必须先启动润滑系统进行充分润滑。

（6）床身水平的最终调整　利用水平仪在纵向和横向重新调整机床的水平，调整的步骤和公差请参阅每台机床所附的《精度检验单》。所用水平仪的分度值为 0.02mm。

水平调整好后，应将减振垫铁的螺母拧紧，对于普通机床垫铁需浇灌水泥进行固定。

（7）安装初期的维护　机床安装以后的最初阶段，由于地基面的变化和地基的不稳定固化等因素影响，机床水平会有明显变化，会极大地影响机床的精度。另一方面，机床最初磨损，以及机床受到的污染，都极易引发机床性能的变化。所以，应按照以下方法进行初期的维护。

1）试车。机床安装完成后，地基完全固化后，最初的试车要非常谨慎。试车时间约为 1h，在整个试车期间不得进行重载切削和加工质量过大的零件。

2）检查最初阶段床身水平情况。从安装机床算起 6 个月时，应检查一次床身的水平情况，如发现有任何不正常的现象，应及时纠正，以保证达到床身要求的水平精度。

3）6 个月后，可视变化情况适当延长检查期，等到变化稳定到一定程度，一年可进行一到两次的检查。

二、数控机床几何精度检验量具

1. 平尺

1）平尺是具有一定精度的平直基准线的实体，参照它可以测定表面的直线度或平面度的偏差。

2）分类。平尺有单一面的桥形平尺（图 1-33a）和两个平行面的平尺（图 1-33b）两种。

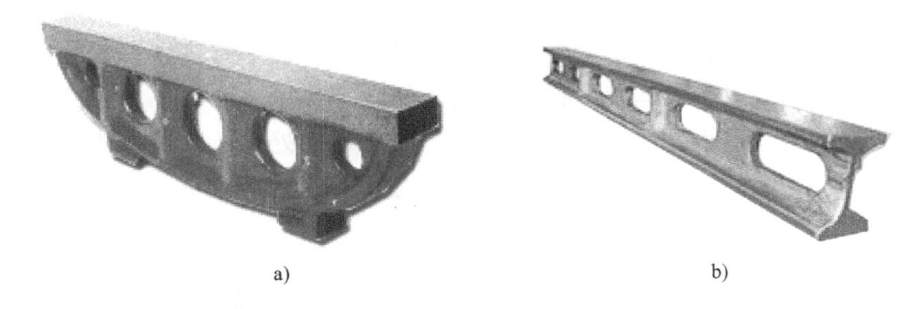

a)　　b)

图 1-33 平尺

2. 带锥柄的检验棒

1）检验棒代表在规定范围内所要检查的轴线，用它检查轴线的实际径向圆跳动，或者检查轴线相对机床其他部件的位置。

2）分类。

① 莫氏检验棒，如图 1-34a 所示，有 M0、1、2、3、4、5、6 号检验棒。

② 7 : 24 锥柄检验棒，如图 1-34b 所示，有 ISO、BT30、BT40、BT45、BT50 等类型。

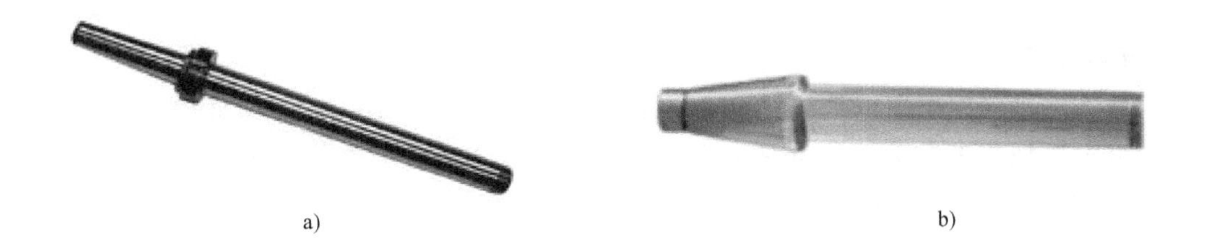

a)　　b)

图 1-34 检验棒

a）莫氏检验棒 b）7 : 24 锥柄检验棒

3）说明。

① 检验棒有一个为了插入被检机床锥孔用的锥柄和一个作为测量基准的圆柱。它们用淬火和经稳定性处理的钢制成。

② 对于比较小的莫氏圆锥和公制圆锥，如莫氏检验棒，检验棒在锥孔中是自锁的；带有一段螺纹，以供装上螺母从孔内抽出检验棒。

③ 对于锥度较大的检验棒，如 ISO 检验棒，则设置了一个螺孔，以便使用拉杆来固定检验棒（具有自动换刀的机床使用拉钉）。

4）使用事项。

① 检验棒的锥柄和机床主轴的锥孔必须清洁干净以保证接触良好。

② 测量径向圆跳动时，检验棒应在相应 90°的 4 个位置依次插入主轴，误差以 4 次结果的平均值计算。

③ 检查零部件侧向位置精度或平行度时，应将检验棒和主轴旋转 180°，依次在检验棒

圆柱表面两条相对的母线上进行检测。

④ 检验棒插入主轴后，应稍等一段时间，以消除操作者手传来的热量，使温度稳定。

3. 角尺

1）角尺主要用来测量轴线间的垂直度误差及轴线运动的平行度误差。

2）分类。角尺主要有普通角尺、圆柱角尺和矩形角尺。

3）说明。钢制角尺（图 1-35a）应经过淬火和稳定性处理；也有用花岗岩制造的矩形角尺（图 1-35b）。

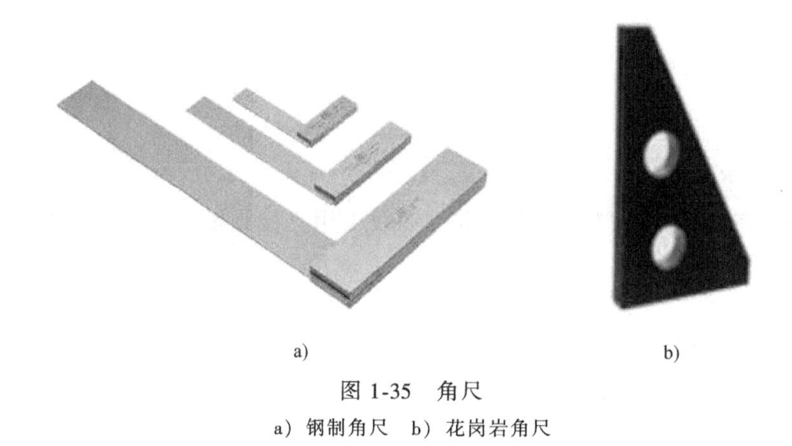

a)　　b)

图 1-35　角尺

a）钢制角尺　b）花岗岩角尺

4. 精密水平仪

1）精密水平仪用来测量机床的水平、扭曲、直线度、平面度等。

2）分类。如图 1-36 所示，精密水平仪主要有框式水平仪、合像水平仪、条式钳工水平仪、电子水平仪及激光镭射水平仪。

3）说明。

① 检查绝对水平时，要确保水平仪的平面与水平测量方向呈 90°俯角。水平仪读数两次，第一次读数后，将水平仪旋转 180°，再进行第二次读数，两次读数的代数值相加除以 2，以读数的平均值作为测量结果。

② 当测量表面形状时，如直线度、平面度等，了解水平仪支承点中部间的距离 L 是很重要的。在每次读数之间，以 L 的增量形式移动水平仪和它的支座进行读数，并确保后一个支脚所处的位置同前一个支脚在前一次读数时所处的位置一样。

5. 指示器

1）指示器用来测量移动部件间的相对线性位移，如主轴跳动、平行度、垂直度等。

2）分类。指示器一般有百分表（分度值 0.01mm）、千分表（分度值 0.001mm）、杠杆百分表（分度值 0.01、0.001mm）、电子测试器（由测头和放大器组成），如图 1-37 所示。

杠杆百分表是把杠杆测头的位移通过机械传动系统转变为指针在表盘上的角位移。它的体积小巧，测量杆能在 180°范围内旋转，并能在正反两个方向上测量，更适宜对孔、凹槽等难以测量的地方进行测量。

3）说明。

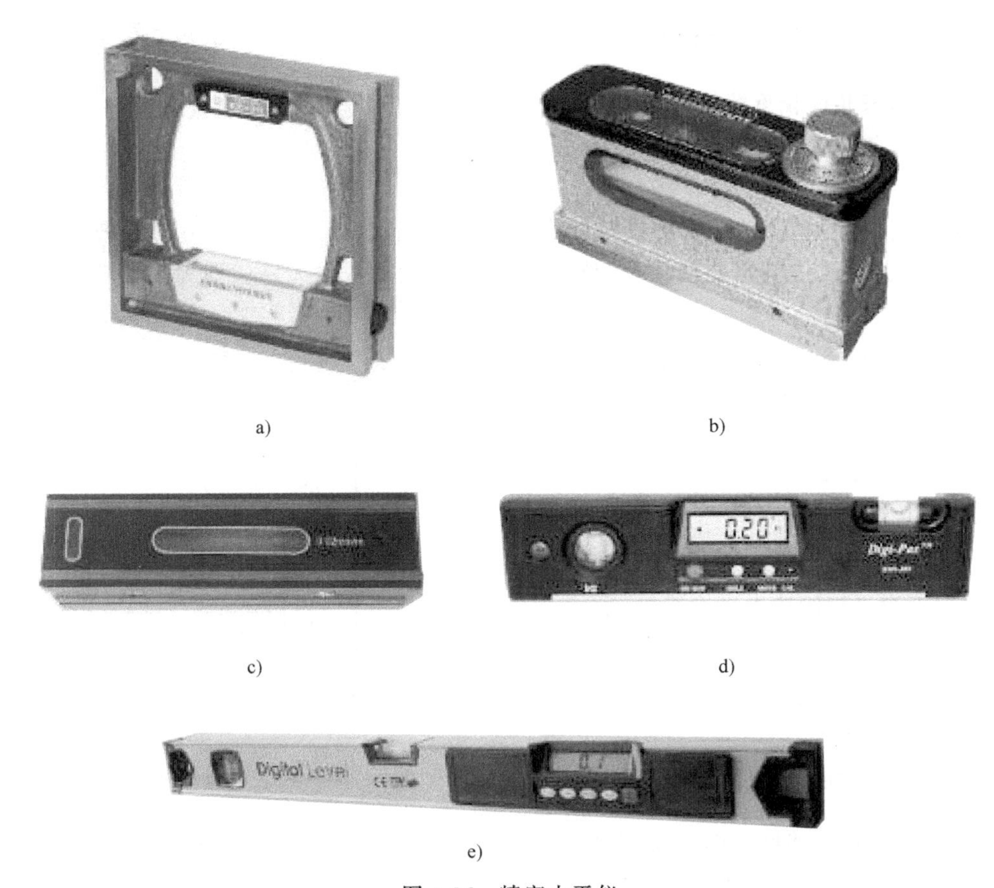

a)　b)　c)　d)　e)

图 1-36　精密水平仪

a）框式水平仪　b）合像水平仪　c）条式钳工水平仪　d）电子水平仪　e）激光镭射水平仪

① 一般用磁力表座作为测试支架，其必须具备足够的刚度。

② 指示器的测头应垂直于被检测面，以免产生误差。

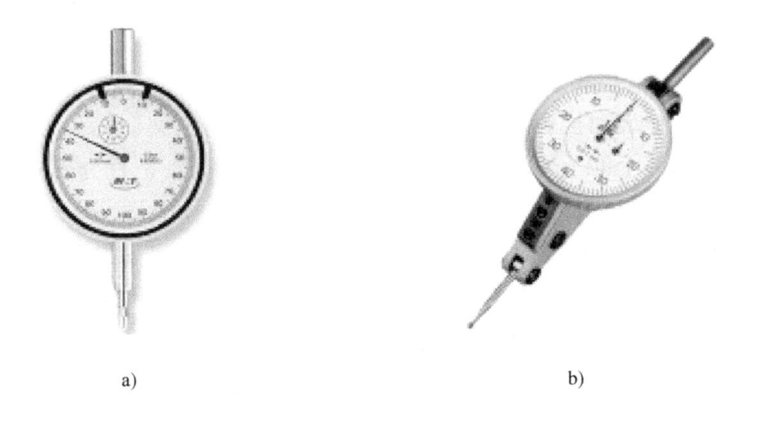

a)　b)

图 1-37　指示器

a）百分表　b）杠杆百分表

三、数控车床的精度检验

1. 数控车床几何精度检验

(1) 主轴定心轴颈的径向圆跳动量

1) 检验工具：百分表。

2) 检验方法。如图 1-38 所示，把百分表安装在机床固定部件上，使百分表测头垂直于主轴定心轴颈并触及主轴定心轴颈，旋转主轴，百分表读数最大差值即为主轴定心轴颈的径向圆跳动误差。

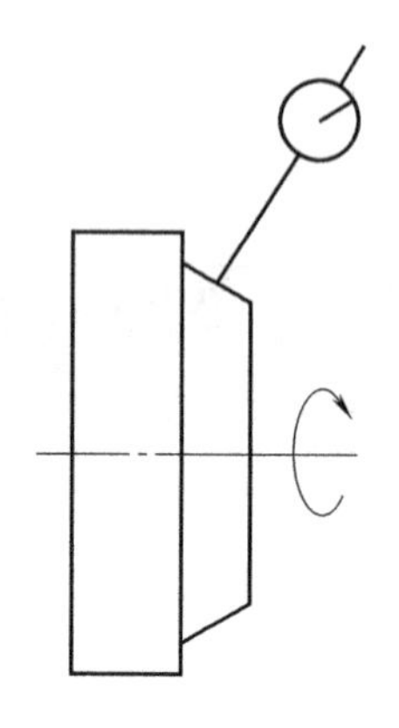

图 1-38 主轴定心轴颈的径向圆跳动

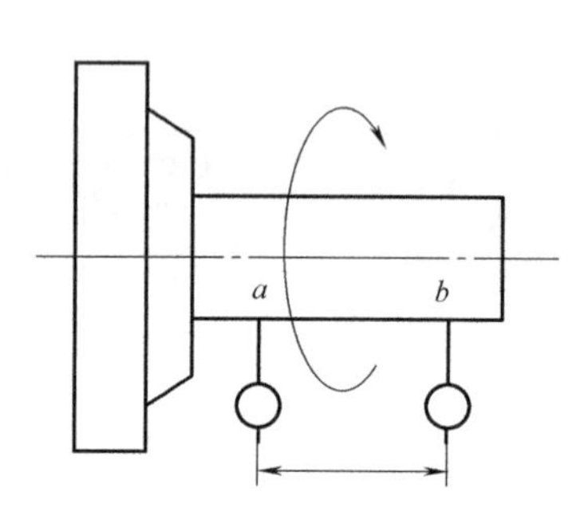

图 1-39 主轴锥孔轴线的径向圆跳动

(2) 主轴锥孔轴线的径向圆跳动量

1) 检验工具：百分表和检验棒。

2) 检验方法。如图 1-39 所示，将检验棒插入主轴锥孔内，把百分表安装在机床固定部件上，使百分表测头垂直触及被测表面，旋转主轴，在 a、b 处分别测量，记录百分表的最大读数差值。标记检验棒与主轴在圆周方向上的相对位置，取下检验棒，同向分别旋转检验棒 90°、180°、270°后重新插入主轴锥孔，在每个位置分别检验。取四次检验的平均值即为主轴锥孔轴线的径向圆跳动误差 。

(3) 主轴轴线（对溜板移动）的平行度

1) 检验工具：百分表和检验棒。

2) 检验方法。如图 1-40 所示，将检验棒插在主轴锥孔内，把百分表安装在溜板（或刀架）上，然后进行如下操作。

① 使百分表测头垂直触及被测表面（检验棒）（图 1-40 所示 a 位置），移动溜板，记录百分表的最大读数差值及方向；旋转主轴 180°，重复测量一次，取两次读数的算术平均值作为在垂直平面内主轴轴线对溜板移动的平行度误差。

② 使百分表测头在水平平面内垂直触及被测表面（检验棒）（图 1-40 所示 b 位置），按上述 1) 的方法重复测量一次，即得在水平平面内主轴轴线对溜板移动的平行度误差。

(4) 主轴顶尖的跳动量

1) 检验工具：百分表和专用顶尖。

2) 检验方法。如图 1-41 所示，将专用顶尖插在主轴锥孔内，把百分表安装在机床固定部件上，使百分表测头垂直触及被测表面，旋转主轴，记录百分表的最大读数差值。

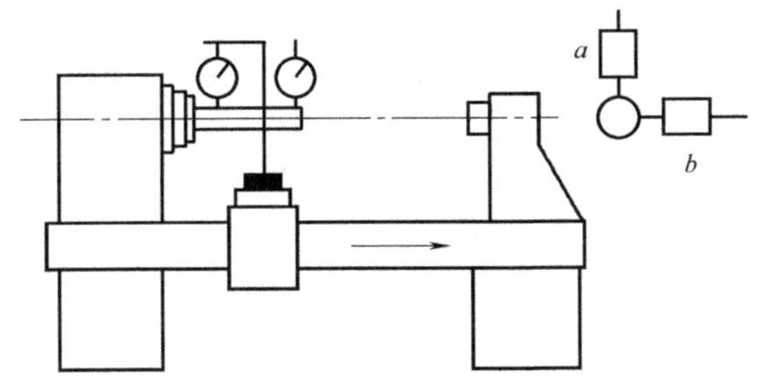

图 1-40　主轴轴线（对溜板移动）的平行度

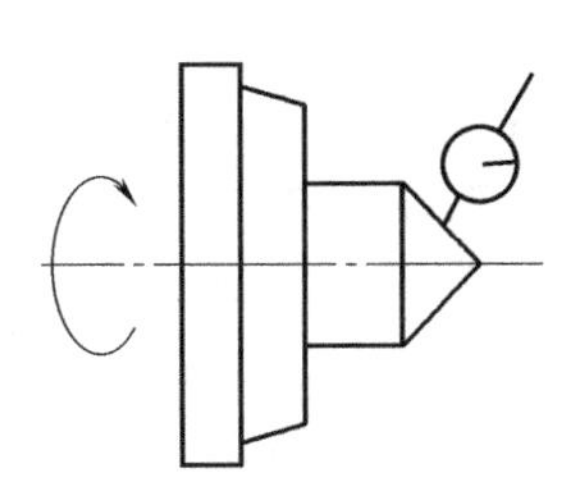

图 1-41　主轴顶尖的跳动

（5）床身导轨的直线度和平行度

1）纵向导轨调平后，床身导轨在垂直平面内的直线度。

① 检验工具：精密水平仪。

② 检验方法。如图 1-42 所示，精密水平仪沿 Z 轴放在溜板上，沿导轨全长等距离在各位置上检验，记录精密水平仪的读数，并用作图法计算出床身导轨在垂直平面内的直线度误差。

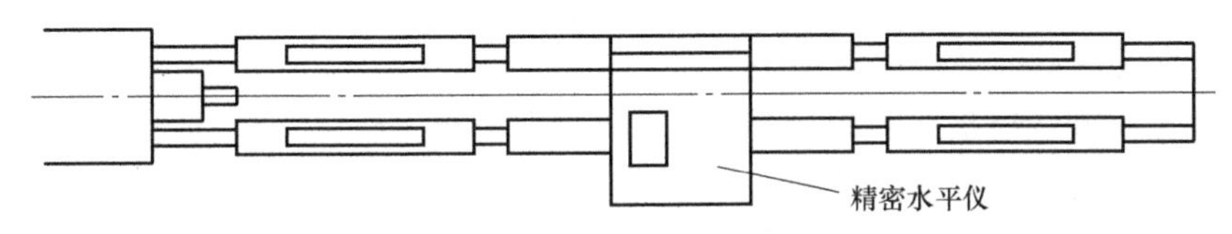

图 1-42　床身导轨的直线度

2）横向导轨调平后，床身导轨的平行度。

① 检验工具：精密水平仪。

② 检验方法。如图 1-43 所示，水平仪沿 X 轴放在溜板上，在导轨移动溜板，记录水平仪读数，其读数最大值即为床身导轨的平行度误差。

（6）溜板在水平平面内移动的直线度

1）检验工具：检验棒、百分表。

2）检验方法。如图 1-44 所示，将检验棒顶在主轴和尾座顶尖上；再将百分表固定在溜板上，百分表水平触及检验棒母线，调整尾座，使百分表在行程两端读数相等；全程移动溜板，百分表在行程上的最大读数差值，就是溜板移动在水平平面内的直线度误差。

（7）尾座移动对溜板移动的平行度

检验工具：百分表。

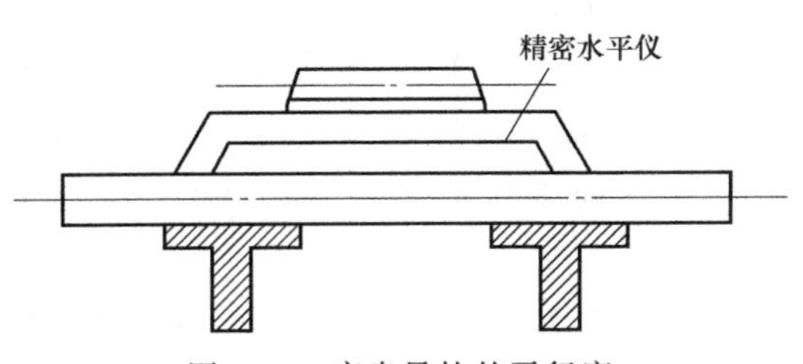

图 1-43　床身导轨的平行度

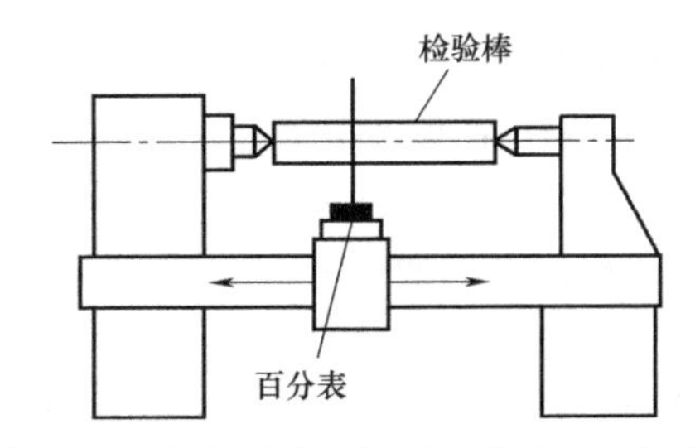

图 1-44　溜板在水平平面内移动的直线度

1）垂直平面内尾座移动对溜板移动的平行度。检验方法：如图 1-45 所示，将尾座套筒伸出后，按正常工作状态锁紧，同时使尾座尽可能地靠近溜板，使第一个百分表测头垂直触及尾座套筒（图 1-45 中 a 位置），把安装在溜板上的第二个百分表相对于尾座套筒的端面调整为零；溜板移动时也要手动移动尾座直至第二个百分表的读数为零，使尾座与溜板相对距离保持不变。按此法使溜板和尾座全行程移动，只要第二个百分表的读数始终为零，则第一个百分表相应指示出平行度误差；或沿行程在每隔 300mm 处记录第一个百分表读数，百分表读数的最大差值即得在垂直平面内尾座移动对溜板移动的平行度误差。

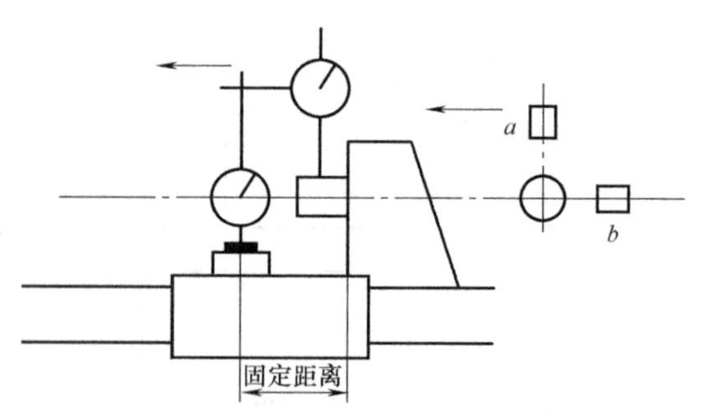

图 1-45　尾座移动对溜板移动的平行度

注：使用两个百分表，一个百分表作为基准，保持溜板和尾座的相对位置。

2）水平平面内尾座移动对溜板移动的平行度。检验方法：使百分表测头在水平平面内垂直（图 1-45 中 b 位置）触及尾座套筒，按上述 1）的方法重复测量一次，即得水平平面内尾座移动对溜板移动的平行度误差。

（8）尾座套筒轴线对溜板移动的平行度

1）检验工具：百分表。

2）检验方法。如图 1-46 所示，将尾座套筒伸出有效长度后，按正常工作状态锁紧。百分表安装在溜板或刀架上，然后进行如下操作。

1）使百分表测头在垂直平面内垂直触及被测表面（尾座套筒），移动溜板，记录百分表的最大读数差值及方向，即得在垂直平面内尾座套筒轴线对溜板移动的平行度误差。

2）使百分表测头在水平平面内垂直触及被测表面（尾座套筒），按上述 1）的方法重复测量一次，即得在水平平面内尾座套筒轴线对溜板移动的平行度误差。

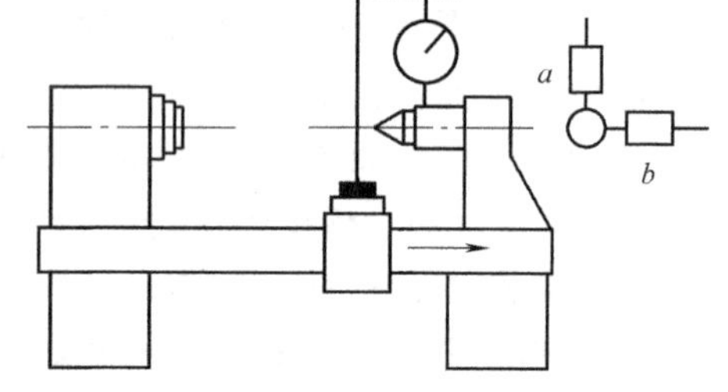

图 1-46　尾座套筒轴线对溜板移动的平行度

（9）尾座套筒锥孔轴线对溜板移动的平行度

1）检验工具：百分表和检验棒。

2）检验方法。如图 1-47 所示，尾座套筒不伸出并按正常工作状态锁紧，将检验棒插在尾座套筒锥孔内，百分表安装在溜板或刀架上，然后进行如下操作。

1）把百分表测头在垂直平面内垂直触及被测表面（尾座套筒），移动溜板，记录百分表的最大读数差值及方向；取下检验棒，旋转 180°后重新插入尾座套筒孔内，重复测量一次，取两次读数的算术平均值作为在垂直平面内尾座套筒锥孔轴线对溜板移动的平行度误差。

2）把百分表测头在水平平面内垂直触及被测表面，按上述 1）的方法重复测量一次，即得在水平平面内尾座套筒锥孔轴线对溜板移动的平行度误差。

（10）主轴和尾座两顶尖的等高度

1）检验工具：百分表和检验棒。

2）检验方法：如图 1-48 所示，将检验棒顶在主轴和尾座两顶尖上，把百分表安装在溜板（或刀架）上，使百分表测头在垂直平面内垂直触及被测表面（检验棒），然后移动溜板至行程两端，移动拖板（Z 轴），记录百分表在行程两端的最大读数差值，即为主轴和尾座两顶尖的等高度。测量时要注意方向。

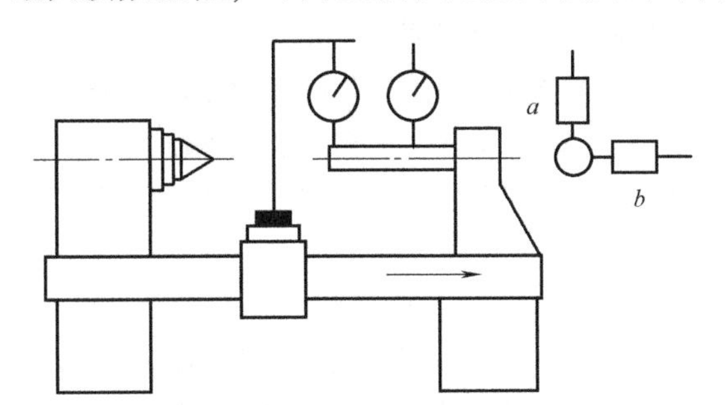

图 1-47　尾座套筒锥孔轴线对溜板移动的平行度

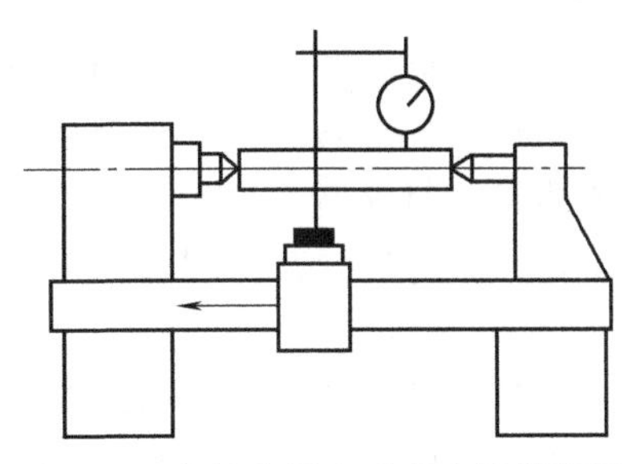

图 1-48　主轴和尾座两顶尖的等高度

（11）刀架横向移动对主轴轴线的垂直度

1）检验工具：百分表和圆盘。

2）检验方法。如图 1-49 所示，将圆盘安装在主轴锥孔内，百分表安装在刀架上，使百分表测头在水平平面内垂直触及被测表面（圆盘），再沿 X 轴移动刀架，记录百分表的最大读数差值及方向；将圆盘旋转 180°，重新测量一次，取两次读数的算术平均值作为刀架横向移动对主轴轴线的垂直度误差。

2. 数控车床定位精度检验

（1）刀架转位的重复定位精度

1）检验工具：百分表。

2）检验方法。如图 1-50 所示，把百分表安装在机床固定部件上，使百分表测头垂直触及被测表面（检具），在回转刀架的中心行程处记录读数，用自动循环程序使刀架退回，转位 360°，最后返回原来的位置，记录新的读数。误差以回转刀架至少回转三周的最大和最小读数差值计算。对回转刀架的每一个位置都应重复进行检验，在每一个位置百分表都应调到零。

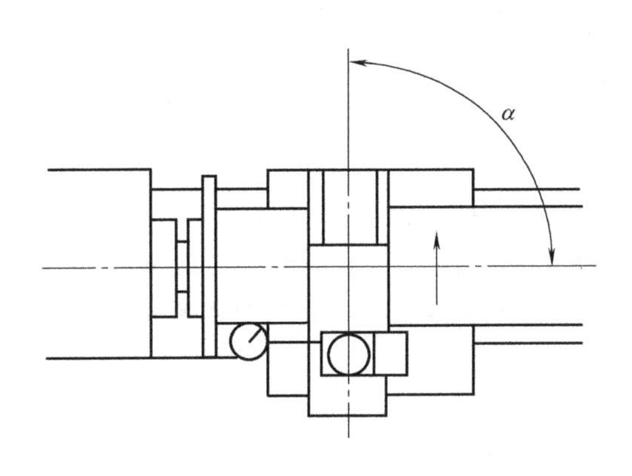

图 1-49　刀架横向移动对主轴轴线的垂直度

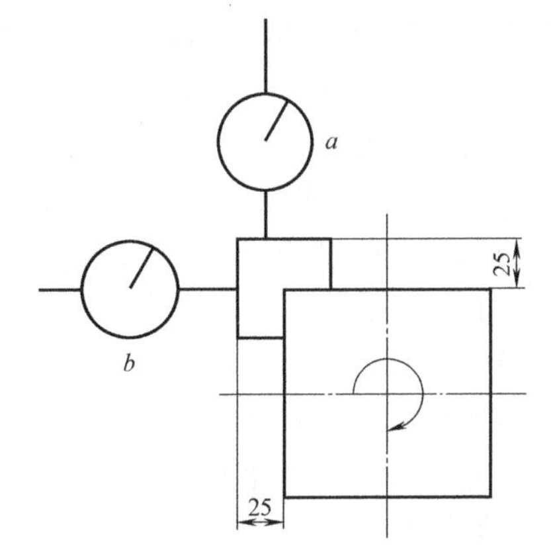

图 1-50　刀架转位的重复定位精度

（2）机床重复定位精度、反向差值和定位精度

1）重复定位精度是指在数控机床上反复运行同一程序代码所得到的位置精度的一致程度。

2）反向差值是指由于机床传动链中机械间隙的存在，机床执行件在运动过程中，从正向运动变为反向运动时，执行件的运动量与理论值（编程值）存在误差，最后反映为叠加至工件上的加工精度的误差。

3）定位精度是指机床各运动部位在数控装置控制下，运动所能达到的精度。

这三项精度的检验是在一个测量过程中完成的，在测量过程中采集到的数据经过分析会得到这三项精度。因为用步距规测量定位精度时操作简单，因而在批量生产中被广泛采用。无论采用哪种测量仪器，在全程上的测量点数应不少于 5 个目标位置，每个目标位置的数值可自由选择，一般应按下列公式确定。

$$p_i=(i-1)p+r \tag{1-1}$$

式中，p_i 是目标位置的数值；i 是现行目标位置的序号；p 是目标位置的间距，使测量行程内的目标位置之间有均匀的间距；r 是各目标位置取不同的值，获得全测量行程上目标位置的不均匀间隔，以保证周期误差（如滚珠丝杠导程以及直线或回转感应器的节距所引起的误差）被充分地采样。

标准检验循环如图 1-51 所示，j 是循环次数，一般取 5 次。

4）检验工具：激光干涉仪或步距规。

5）检验方法。将激光干涉仪线性测量组件中的干涉镜、反射镜安装在工作台上，调校好干涉镜、反射镜以及激光头之间的直线关系，使激光发射、反射通路畅通。根据机床的技术参数，编制机床检验程序，调整激光干涉仪数据采集的相关设置。然后按照编制的程序运行机床，通过激光干涉仪的数据采集装置采集数据，采集完以后在计算机上运行数据处理软件，将采集到的数据进行分析处理，根据不同的数据处理标准得出检验结果。

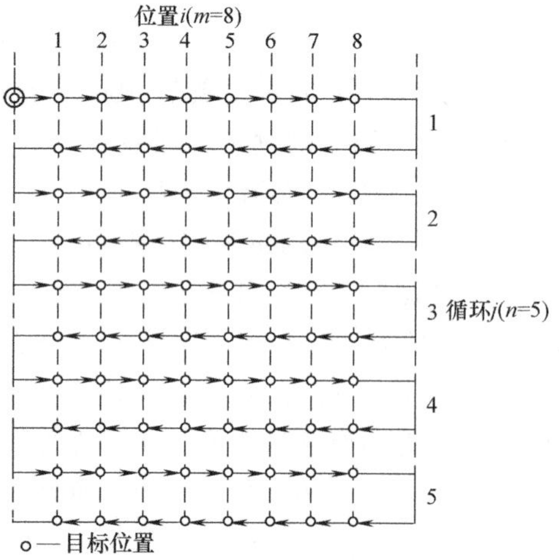

图 1-51 标准检验循环

3. 数控车床加工精度检验

（1）精车圆柱试件的圆度（靠近主轴轴端，检验工件的半径变化）

1）检验工具：千分尺。

2）检验方法。精车试件（试件材料为 45 钢，正火处理，刀具材料为 YT30，直径为外圆 D），如图 1-52 所示，用千分尺测量靠近主轴轴端的检验试件的半径变化，取半径变化最大值近似作为圆度误差；用千分尺测量每一个环带直径之间的变化，取最大差值作为该项误差切削加工直径的一致性。

（2）精车端面的平面度

1）检验工具：百分表。

2）检验方法。精车试件（试件材料为 HT150，180～200HBW，刀具材料为 YG8），如

图 1-53 所示，使刀尖回到车削起点位置，把百分表安装在刀架上，百分表测头在水平平面内垂直触及试件中间，沿 $-X$ 轴移动刀架，记录百分表的读数及方向；用终点时读数减起点时读数，即为精车端面的平面度误差；数值为正，则平面是凹的。

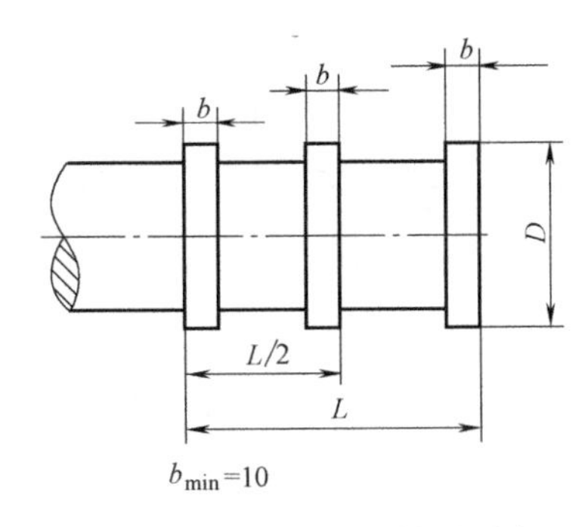

图 1-52　精车圆柱工件的圆度

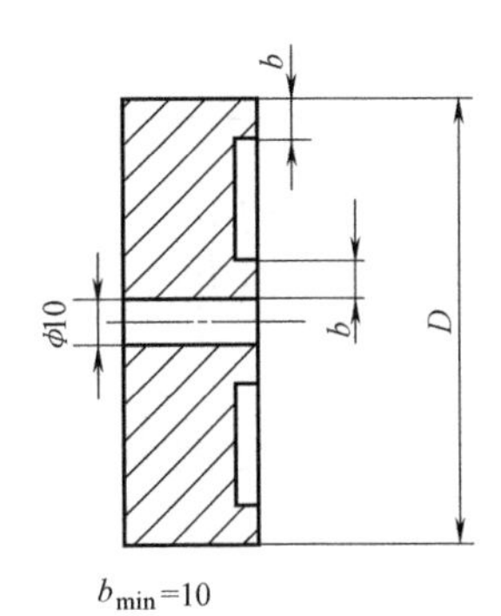

图 1-53　精车端面的平面度

(3) 螺距精度

1) 检验工具：丝杠螺距测量仪。

2) 检验方法。可取外径为 50mm、长度为 75mm、螺距为 3mm 的丝杠作为试件进行检测（加工完成后的试件应充分冷却），如图 1-54a 所示。将图 1-54b 所示的丝杠螺距测量仪测头安装在试件上，旋转测量仪，使其在试件上移动，记录表的读数及方向。

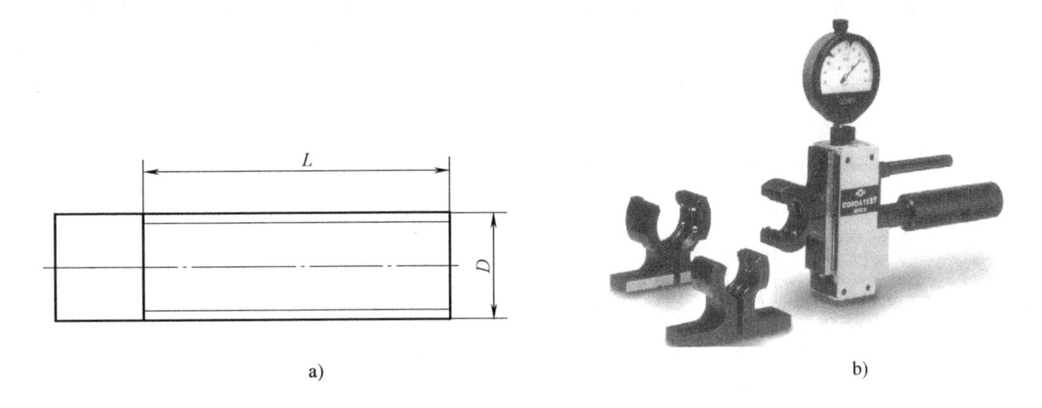

图 1-54　螺距精度检测

a) 螺距精度检测试件　b) 丝杠螺距测量仪

(4) 精车圆柱形试件的直径尺寸精度和长度尺寸精度

1) 检验工具：测高仪、杠杆卡规。

2) 检验方法。数控加工圆柱形试件，试件轮廓用一把刀精车而成，测量其实际轮廓与理论轮廓的偏差。

四、数控铣床/加工中心的精度检验

1. 数控铣床/加工中心几何精度检验

(1) 工作台在 X 轴的直线度

1) 检验工具：精密水平仪、钢直尺。

2）检验方法。精密水平仪置于工作台面中央，如图1-55a所示，移动*X*轴，在全行程范围内读出*XOZ*平面（由*a*读出）和*YOZ*平面（由*b*读出）数值差；钢直尺置于工作台面上，使之与*X*轴平行，移动*X*轴，在全行程范围内读出钢直尺面与立柱的距离之差，如图1-55b所示。

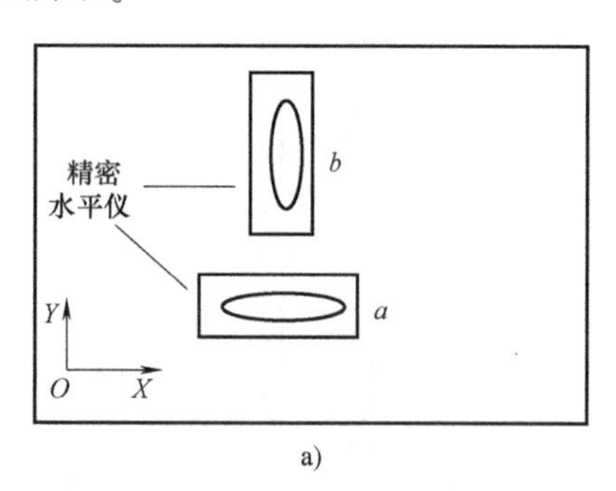

a)

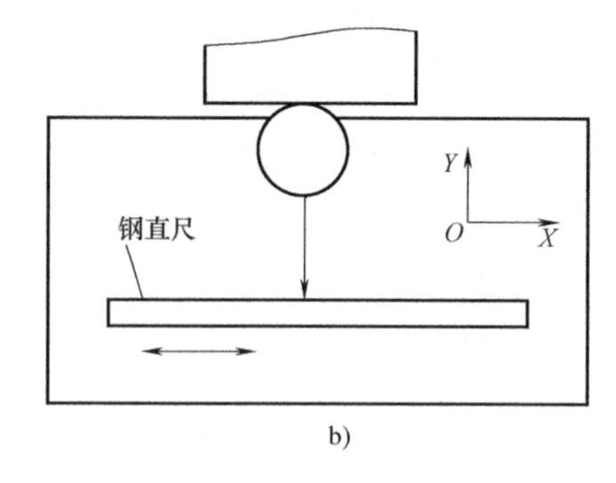

b)

图1-55 工作台在*X*轴的直线度

a）*XOZ*平面和*YOZ*平面的直线度 b）钢直尺面与立柱的距离之差

注：上述为检测*X*轴导轨在三个平面内的直线度误差。

（2）工作台在*Y*轴的直线度

1）检验工具：精密水平仪、钢直尺。

2）检验方法。精密水平仪置于工作台面中央，如图1-56a所示，移动*Y*轴，在全行程范围内读出*YOZ*平面（由*b*读出）和*XOZ*平面（由*a*读出）数值差；钢直尺置于工作台面上，使之与*Y*轴平行，移动*Y*轴，在全程范围内读出钢直尺面与立柱的距离之差，如图1-56b所示。

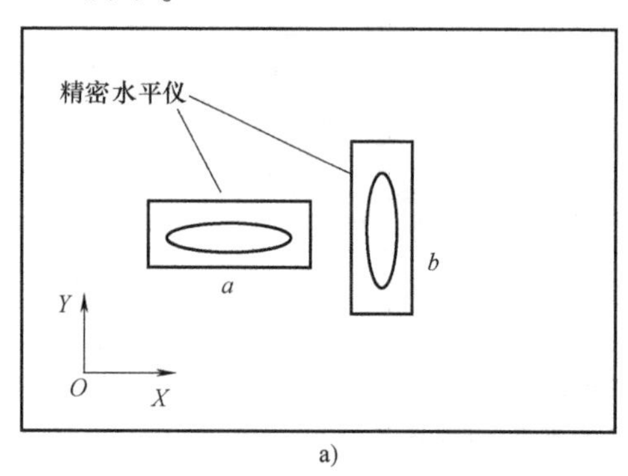

a)

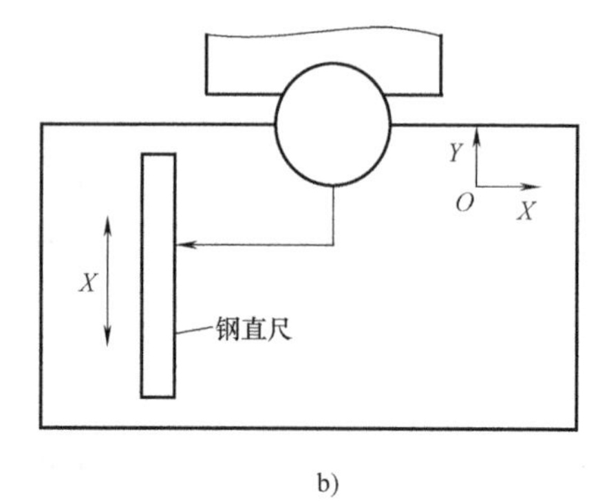

b)

图1-56 工作台在*Y*轴的直线度

a）*XOZ*平面和*YOZ*平面的直线度 b）钢直尺面与立柱的距离之差

注：上述为检测*Y*轴导轨在三个平面内的直线度。

（3）*X*轴对工作台面的平行度

1）检验工具：千分表。

2）检验方法。如图1-57所示，千分表固定于*Z*轴上，表针打至工作台面上，移动*X*轴，在全程范围内读出数值。

（4）*Y*轴对工作台面的平行度

1）检验工具：千分表。

2）检验方法。千分表固定于 Z 轴上，表针打至工作台面上，移动 Y 轴，在全程范围内读出数值。

注：上述为检测工作台面安装对其导轨的 X 轴和 Y 轴方向的平行度。

（5）工作台面的直线度

1）检验工具：钢直尺、等高块、千分表。

2）检验方法。如图 1-58 所示，钢直尺置于工作台面中央（分 X 轴与 Y 轴方向），调整等高块，使钢直尺与工作台面平行，测量钢直尺面与工作台面在全行程范围内距离差值。

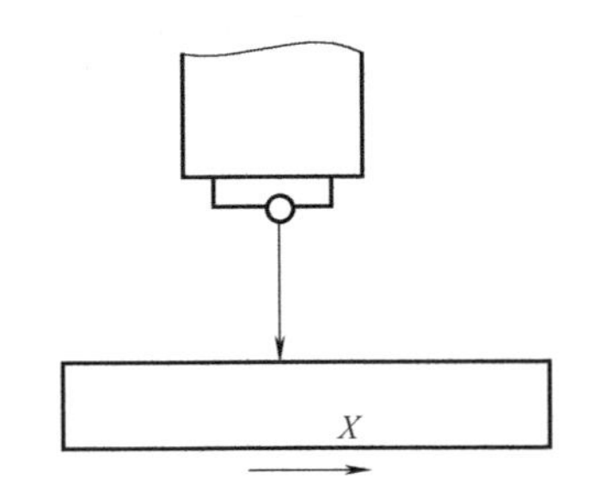

图 1-57　X 轴对工作台面的平行度

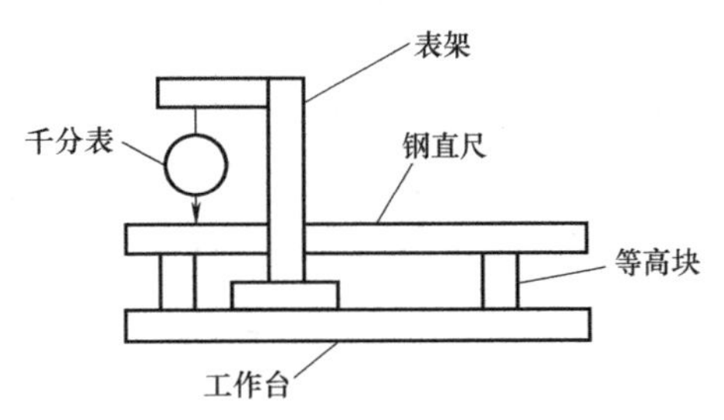

图 1-58　工作台面的直线度

XOZ 平面数值由钢直尺放置在 X 轴方向读出。

YOZ 平面数值由钢直尺放置在 Y 轴方向读出。

注：上述分别由 X 轴和 Y 轴方向测出工作台面直线度，组合起来为工作台面的平面度。

（6）X 轴对工作台 T 形槽的平行度

1）检验工具：千分表。

2）检验方法。如图 1-59 所示，千分表固定于 Z 轴上，表针指至 T 形槽侧壁，移动 X 轴，全行程内读出数值差。

（7）X 轴与 Y 轴的垂直度

1）检验工具：角度尺、千分表。

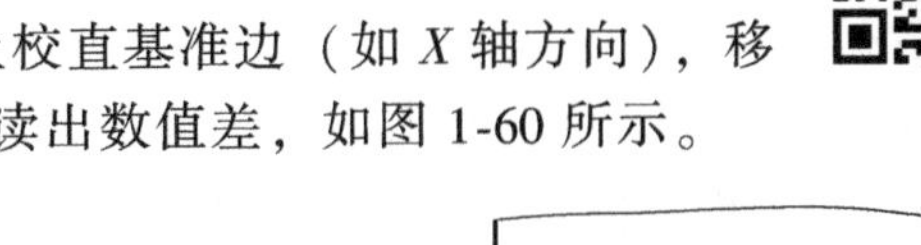

2）检验方法。角度尺平放于工作台面上校直基准边（如 X 轴方向），移动垂直方向轴（如 Y 轴），每 300mm 范围内读出数值差，如图 1-60 所示。

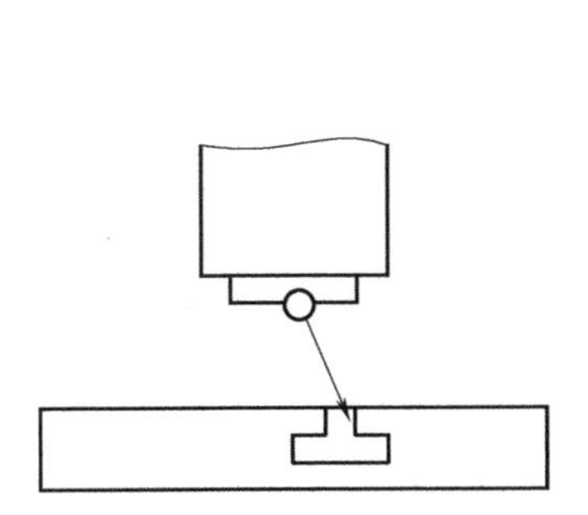

图 1-59　X 轴对工作台 T 形槽的平行度

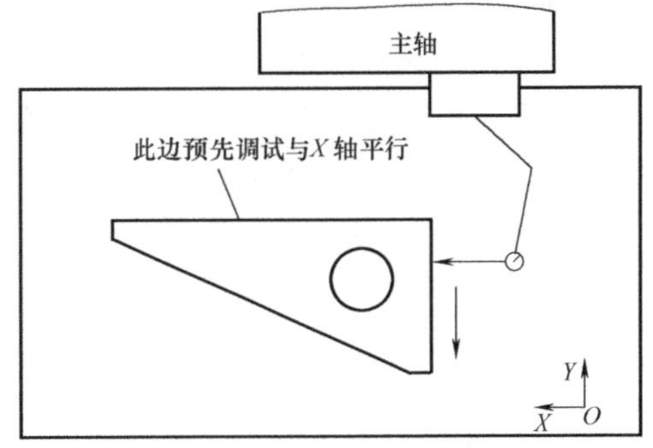

图 1-60　X 轴与 Y 轴的垂直度

注：该项为检测 X 轴与 Y 轴导轨安装垂直度误差。

（8）Z 轴上的主轴直线度

1）检验工具：千分表、角度尺、等高块。

2）检验方法。角度尺置于工作台面中央，如图 1-61 所示，调整等高块，使角度尺测量边与 *Z* 轴平行。每 300mm 移动 *Z* 轴，测量 *Z* 轴对测量边的跳动量差值。

ZOX 方向由角度尺放置于 *X* 轴方向测得。

ZOY 方向由角度尺放置于 *Y* 轴方向测得。

注：该项为检测 *Z* 轴导轨的直线度误差。

（9）*Z* 轴对工作台面的垂直度

1）检验工具：千分表、角度尺。

2）检验方法。角度尺置于工作台面中央，如图 1-62 所示，每 300mm 移动 *Z* 轴，测出差值。

ZOX 方向由角度尺放置于 *X* 轴方向测得。

ZOY 方向由角度尺放置于 *Y* 轴方向测得。

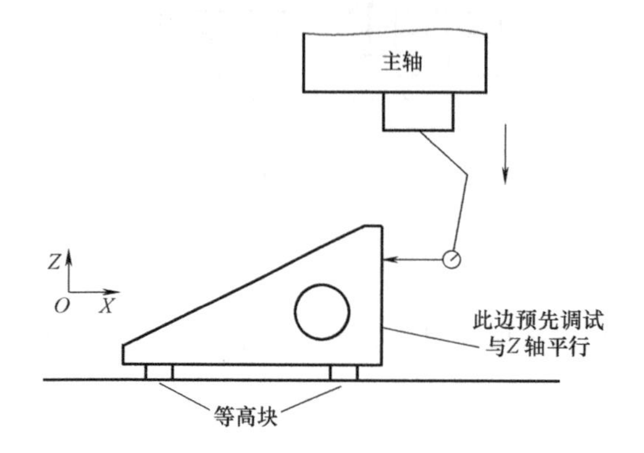

图 1-61　*Z* 轴上的主轴直线度

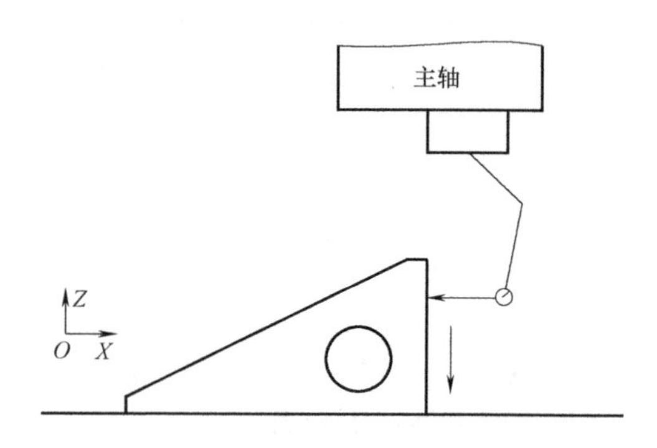

图 1-62　*Z* 轴对工作台面的垂直度

注：该项为检测 *Z* 轴对工作台面的垂直度。

（10）工作台面和主轴轴线的垂直度

1）检验工具：千分表。

2）检验方法。千分表座固定于主轴上，表针打至工作台面，以直径为 300mm 划圆，测出数值差，如图 1-63 所示。

ZOX 平面由表针划圆旋至 *X* 轴方向测得。

ZOY 平面由表针划圆旋至 *Y* 轴方向测得。

（11）主轴锥孔与主轴的同轴度

1）检验工具：千分表、检验棒。

2）检验方法。检验棒置于主轴锥孔，主轴旋转，测量检验棒的偏摆数值差，如图 1-64 所示。

（12）主轴内孔径向圆跳动

1）检验工具。千分表。

2）检验方法。千分表固定于工作台或主轴座上，表针打至内孔壁，如图 1-65 所示，转动主轴，测量跳动量数值差。

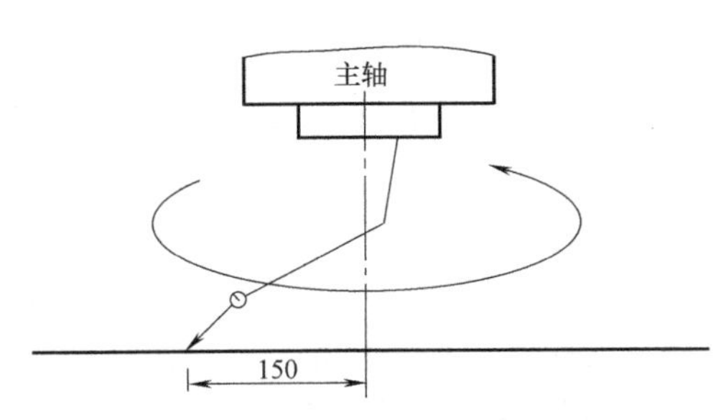

图 1-63　工作台面和主轴轴线的垂直度

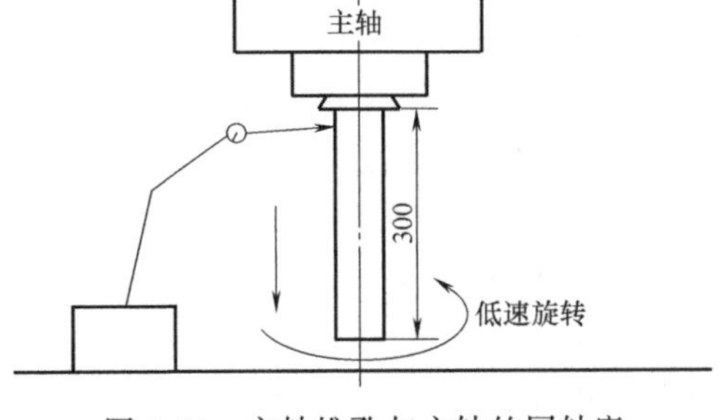

图 1-64　主轴锥孔与主轴的同轴度

注：该项为检测主轴内锥孔的圆度误差。

（13）主轴端外圆径向圆跳动　具体操作：该项与第 12 项同理。

（14）主轴轴向圆跳动　具体操作：该项与第 12 项同理。

2. 数控铣床/加工中心定位精度检验

（1）机床定位精度的检验　数控机床的定位精度是表明机床各运动部件在数控装置控制下所能达到的运动精度。定位精度的主要检验内容如下。

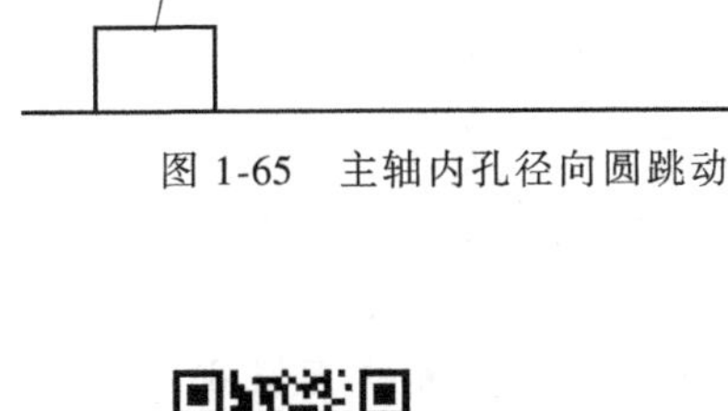

图 1-65　主轴内孔径向圆跳动

1）直线运动定位精度。

2）直线运动重复定位精度。

3）直线运动原点返回精度。

4）直线运动失动量。

5）回转轴运动定位精度。

6）回转轴运动重复定位精度。

7）回转轴原点返回精度。

8）回转轴运动失动量。

（2）定位精度测量工具和方法

1）定位精度和重复定位精度的测量工具。常采用激光干涉仪、线纹尺、步距规。其中用步距规测量定位精度因其操作简单而在批量生产中被广泛采用。无论采用哪种测量工具，其在全行程上的测量点数不应少于 5，目标位置的间距确定如下。

$$P_i = i \times P + k \tag{1-2}$$

式中，P_i 是目标位置的数值；P 是目标位置的间距；k 是在各目标位置时取不同的值，以获得全测量行程上各目标位置的不均匀间隔，以保证周期误差被充分采样。

2）测量方法。

① 采用步距规测量。尺寸 P_1、P_2、…、P_i 按 100mm 间距设计，加工后测量出 P_1、P_2、…、P_i 的实际尺寸作为定位精度检验时的目标位置坐标（测量基准）。以 ZJK2532A 铣床 X 轴定位精度测量为例，测量时，将步距规置于工作台上，并将步距规轴线与 X 轴平行，令 X 轴回零；将杠杆千分表固定在主轴箱上（不移动），测头接触在 P_0 点，表针置零；用

数控程序控制工作台按标准循环图移动，移动距离依次为 P_1、P_2、…、P_i，测头则依次接触到 P_1、P_2、…、P_i 点，表盘在各点的读数即为该位置的单向位置偏差，按标准循环图测量5次，将各点读数（单向位置偏差）记录在记录表中，对数据进行处理，可确定该坐标的定位精度和重复定位精度。

② 采用激光干涉仪测量。采用激光干涉仪测量位置精度如图1-66所示，首先将反射镜置于机床上不动的某个位置，让激光束经过反射镜形成一束反射光；其次将干涉镜置于激光器与反射镜之间，并置于机床的运动部件上，形成另一束反射光，两束光同时进入激光器的回光孔产生干涉；然后根据定义的目标位置编制循环移动程序，记录各个位置的测量值（机器自动记录）；最后进行数据处理与分析，计算出机床的位置精度。

3. 数控铣床/加工中心加工精度检验

（1）加工精度的检验

图1-66　采用激光干涉仪测量位置精度

1）加工精度的检验项目。机床的加工精度又称为动态精度，是一项综合精度。它不仅反映了机床的几何精度和定位精度，同时还包括了试件的材料、环境温度、数控机床刀具性能以及切削条件等各种因素造成的误差和计量误差。为了反映机床的真实精度，要尽量排除其他因素的影响。检验项目一般包括镗孔尺寸精度及表面粗糙度、镗孔的形状及孔距精度、面铣刀铣平面的精度、立铣刀铣侧面的直线精度、立铣刀铣侧面的圆度精度、旋转轴转90°立铣刀铣削的直角精度、两轴联动精度等。

2）加工精度的检验标准。切削试件时可参照GB/T 2095.7—2007《精密加工中心检验条件　第7部分精加工试件精度检验》规定的有关要求进行，或按机床厂规定的条件，如试件材料、刀具技术要求、主轴转速、背吃刀量、进给速度、环境温度以及切削前的机床空运转时间等。加工精度检验可分单项加工精度检验和加工一个标准的综合性试件精度检验两种。

（2）加工精度的检验内容与方法

1）镗孔精度。试件上的孔先粗镗一次，然后按单边余量小于0.2mm的要求进行一次精镗，检验孔全长上各截面的圆度、圆柱度和表面粗糙度。这项指示用来检验机床主轴的运动精度及低速走刀时的平稳性。

2）镗孔的同轴度。利用转台180°分度，在对边各镗一个孔，检验两孔的同轴度，这项指标主要用来检验转台的分度精度及主轴对加工平面的垂直度。

3）镗孔的孔距精度和孔径分散度。孔距精度反映了机床的定位精度及失动量在试件上的影响。孔径分散度直接受精镗刀头材质的影响，为此，精镗刀头必须保证在加工100个孔以后的磨损量小于0.01mm，用这样的刀头加工，其切削数据才能真实反映出机床的加工精度。

4）直线铣削精度。按照 X 轴和 Y 轴方向分别进给，用立铣刀侧刃精铣试件周边。该精度主要检验机床 X 向和 Y 向导轨运动几何精度。

5）斜线铣削精度。用 G01 代码控制 X 轴和 Y 轴联动，用立铣刀侧刃精铣试件周边。该项精度主要检验机床的 X、Y 轴直线插补的运动性能，当两轴的直线插补功能或两轴伺服特性不一致时，便会使直线度、对边平行度等精度超差，有时即使几项精度不超差，但在加工面上出现有规律的条纹，这种条纹在两直角边上各呈现一边密、一边稀的状态，这是由于两轴联动时，其中某一轴进给速度不均匀造成的。

6）圆弧铣削精度。用立铣刀侧刃精铣外圆表面，要求铣刀从外圆切向进刀、切向出刀，铣圆过程连续、不中断。

7）过载重切削。在切削载荷大于主轴功率 120%～150%的情况下，机床应不变形，主轴运转正常。要保证加工精度，就必须要求机床的定位精度和几何精度的实际误差比允许误差小。

（3）加工中心加工精度检验试件

1）试件的定位。试件应位于 X 轴行程的中间位置，并沿 Y 轴和 Z 轴在适合于试件和夹具定位及刀具长度的适当位置放置。当对试件的定位位置有特殊要求时，应在制造厂和用户的协议中规定。

2）试件的固定。试件应在专用的夹具上方便安装，以达到刀具和夹具的最大稳定性。夹具和试件的安装面应平直。应检验试件安装表面与夹具夹持面的平行度。应使用合适的夹持方法以便使刀具能贯穿加工中心孔的全长。建议使用埋头螺钉固定试件，以避免刀具与螺钉发生干涉，也可选用其他等效的方法。试件的总高度取决于所选用的固定方法。

3）试件的材料、切削刀具和切削参数。试件的材料、切削刀具和切削参数按照生产实际情况选取，并应记录下来，切削参数推荐见表 1-2。

表 1-2　切削参数推荐

切削速度	进给量	背吃刀量
铸铁件约为 50m/min	为 0.05～0.10mm/齿	所有铣削工序在径向背吃刀量应为 0.2mm
铝件约为 300m/min		

4）试件的尺寸。试件可以在切削试验中反复使用，其尺寸规格应保持在机床所给出的特征尺寸的±10%以内。当试件再次使用时，在进行新的精切前，应进行一次薄层切削，以清理所有的表面。

五、数控机床的维护保养要求

1. 数控机床主要的日常维护与保养工作的内容

1）选择合适的使用环境。数控机床的使用环境（如温度、湿度、振动、电源电压、频率及干扰等）会影响机床的正常运转，所以在安装机床时应严格要求，做到符合机床说明书规定的安装条件和要求。在经济条件许可的条件下，应将数控机床与普通机械加工设备隔离安装，以便于维修与保养。

2）为数控机床配备专业人员。这些人员应熟悉所用机床的机械部分、数控系统、强电设备、液压和气压等部分及使用环境、加工条件等，并能按机床和系统使用说明书的要求正确使用数控机床。

3）长期不用数控机床的维护与保养。在数控机床闲置不用时，应经常给数控系统通电，在机床锁住情况下，使其空运行。在空气湿度较大的梅雨季节应该天天通电，利用电气元件本身的发热驱走数控柜内的潮气，以保证电子部件的性能稳定可靠。

4）数控系统中硬件控制部分的维护与保养。每年让有经验的维修电工检查一次。检测有关的参考电压是否在规定范围内，如电源模块的各路输出电压、数控单元参考电压等，若不正常应进行调整并清除灰尘；检查系统内各电气元件连接是否松动；检查各功能模块的风扇运转是否正常并清除灰尘；检查伺服放大器和主轴放大器使用的外接式放电单元的连接是否可靠并清除灰尘；检测各功能模块使用的存储器后备电池的电压是否正常，一般应根据厂家的要求定期进行更换。对于长期停用的数控机床，应每月开机运行 4h，这样可以延长数控机床的使用寿命。

5）机床机械部分的维护与保养。操作者在每班加工结束后，应清扫干净散落于拖板、导轨等处的切屑；在工作时注意检查排屑器是否正常，以免造成切屑堆积，损坏导轨精度，危及滚珠丝杠与导轨的寿命；在工作结束前，应将各伺服轴返回原点后停机。

6）机床主轴电动机的维护与保养。维修电工应每年检查一次伺服电动机和主轴电动机，应着重检查其运行噪声、温升，若噪声过大，应查明原因，是轴承等机械问题还是与其相配的放大器的参数设置问题，采取相应措施加以解决。对于直流电动机，应对其电刷、换向器等进行检查、调整、维修或更换，使其工作状态良好。检查电动机端部的冷却风扇运转是否正常并清扫灰尘；检查电动机各连接插头是否松动。

7）机床伺服电动机的维护与保养。对于数控机床的伺服电动机，要 10~12 个月进行一次维护保养，加速或者减速变化频繁的机床要 2 个月进行一次维护保养。维护保养的主要内容有：用干燥的压缩空气吹除电刷的粉尘，检查电刷的磨损情况，如需更换，需选用规格相同的电刷，更换后要空载运行一定时间使其与换向器表面吻合；检查清扫电枢换向器以防止短路；如装有测速电动机和脉冲编码器时，也要进行检查和清扫。数控机床中的直流伺服电动机应每年至少检查一次，一般应在数控系统断电的情况下，并且电动机已完全冷却的情况下进行检查；取下橡胶刷帽，用螺钉旋具拧下刷盖取出电刷；测量电刷长度，如发那科直流伺服电动机的电刷由 10mm 磨损到小于 5mm 时，必须更换同一型号的电刷；仔细检查电刷的弧形接触面是否有深沟和裂痕，以及电刷弹簧上是否有无打火痕迹。如有上述现象，则要考虑电动机的工作条件是否过分恶劣或电动机本身是否有问题。用不含金属粉末及水分的压缩空气导入装电刷的刷孔，吹净黏在刷孔壁上的电刷粉末。如果难以吹净，可用螺钉旋具尖轻轻清理，直至孔壁全部干净为止，但要注意不要碰到换向器表面。新装上电刷，拧紧刷盖。如果更换了新电刷，应使电动机空运行磨合一段时间，以使电刷表面和换向器表面相吻合。

8）机床检测元件的维护与保养。检测元件采用编码器、光栅尺的较多，也有使用感应同步尺、磁尺、旋转变压器等。机床维修工每周应检查一次检测元件连接是否松动，是否被油液或灰尘污染。

9）机床电气部分的维护与保养。具体检查可按如下步骤进行。

① 检查三相电源的电压值是否正常，有无偏相，如果输入的电压超出允许范围则进行相应调整。

② 检查所有电气部分的连接是否良好。

③ 检查各类开关是否有效，可借助于数控系统 CRT 显示的自诊断画面及可编程序机床

控制器（PMC）、输入输出模块上的LED指示灯检查确认，若有不良反应更换。

④ 检查各继电器、接触器是否工作正常，触点是否完好，可利用数控编程语言编辑一个功能试验程序，通过运行该程序确认各元器件是否完好有效。

⑤ 检查热继电器、电弧抑制器等保护器件是否有效，以上电气部分的保养应由车间电工实施，每年检查调整一次。电气控制柜及操作面板显示器的箱门应密封，不能通过打开柜门使用外部风扇冷却的方式降温。机床操作者应每月清扫一次电气柜防尘滤网，每天检查一次电气柜冷却风扇或空调运行是否正常。

10）机床液压系统的维护与保养。检查各液压阀、液压缸及管接头是否外漏；液压泵或液压马达运转时是否有异常噪声等现象；液压缸移动时工作是否正常平稳；液压系统的各测压点压力是否在规定的范围内，压力是否稳定；油液的温度是否在允许的范围内；液压系统工作时有无高频振动；电气控制或撞块（凸轮）控制的换向阀工作是否灵敏可靠，油箱内油量是否在油标尺范围内；行程开关或限位挡块的位置是否有变动；液压系统手动或自动工作循环时是否有异常现象；定期对油箱内的油液进行取样化验，检查油液质量，定期过滤或更换油液；定期检查蓄能器的工作性能；定期检查冷却器和加热器的工作性能；定期检查和旋紧重要部位的螺钉、螺母、接头和法兰螺钉；定期检查更换密封元件；定期检查清洗或更换液压元件；定期检查清洗或更换滤芯；定期检查清洗液压油箱和管道。操作者每周应检查液压系统压力有无变化，如有变化，应查明原因，并调整至机床制造厂要求的范围内。操作者在使用过程中，应注意观察刀具自动换刀系统、自动拖板移动系统工作是否正常；液压油箱内油位是否在允许的范围内，油温是否正常，冷却风扇是否正常运转。每月应定期清扫液压油冷却器及冷却风扇上的灰尘；每年应清洗液压油过滤装置；检查液压油的油质，如果失效变质应及时更换，所用油品应是机床制造厂要求品牌或已经确认可代用的品牌；每年检查调整一次主轴箱平衡缸的压力，使其符合使用要求。

11）机床气动系统的维护与保养。①保证供给洁净的压缩空气。压缩空气中通常都含有水分、油液和粉尘等杂质。水分会使管道、阀和气缸腐蚀；油液会使橡胶、塑料和密封材料变质；粉尘造成阀体动作失灵。选用合适的过滤器可以清除压缩空气中的杂质，使用过滤器时应及时排除和清理积存的液体，否则当积存液体接近挡水板时，气流仍可将积存物卷起。②保证空气中含有适量的润滑油，大多数气动执行元件和控制元件都要求适度的润滑，润滑的方法一般采用油雾器进行喷雾润滑，油雾器一般安装在过滤器和减压阀之后。油雾器的供油量一般不宜过多，通常每$10m^3$的自由空气供1mL的油量（即40~50滴油）。检查润滑是否良好的一个方法是：找一张清洁的白纸放在换向阀的排气口附近，如果阀在工作3~4个循环后，白纸上只有很轻的斑点时，表明润滑效果是良好的。③保持气动系统的密封性，漏气不仅增加了能量的消耗，也会导致供气压力的下降，甚至造成气动元件工作失常。严重的漏气在气动系统停止运行时，由漏气引起的噪声很容易发现；轻微的漏气则利用仪表或用涂抹肥皂水的办法进行检查。④保证气动元件中运动零件的灵敏性，从空气压缩机排出的压缩空气，包含有粒度为0.01~0.08μm的压缩机油微粒，在排气温度为120~220℃的高温下，这些油粒会迅速氧化，氧化后油粒颜色变深，黏性增大，并逐步由液态固化成油泥。这种μm级以下的颗粒，一般过滤器无法滤除。当它们进入到换向阀后便附着在阀芯上，使阀的灵敏度逐步降低，甚至出现动作失灵。为了清除油泥，保证灵敏度，可在气动系统的过滤器之后，安装油雾分离器，将油泥分离出来。此外，定期清洗液压阀也可以保证阀的灵敏度。

⑤保证气动装置具有合适的工作压力和运动速度，调节工作压力时，压力表应当工作可靠，读数准确。减压阀与节流阀调节好后，必须紧固调压阀盖或锁紧螺母，防止松动。操作者应每天检查压缩空气的压力是否正常；过滤器需要手动排水的，夏季应两天排一次，冬季应一周排一次；每月检查润滑器内的润滑油是否用完，及时添加规定品牌的润滑油。

12）机床润滑部分的维护与保养。各润滑部位必须按润滑图定期加油，注入的润滑油必须清洁。润滑处应每周定期加油一次，找出耗油量的规律，发现供油减少时应及时通知维修工检修。操作者应随时注意 CRT 显示器上的运动轴监控画面，发现电流增大等异常现象时，及时通知维修工维修。维修工每年应进行一次润滑油分配装置的检查，发现油路堵塞或漏油应及时疏通或修复。底座里的润滑油必须加到油标的最高线，以保证润滑工作的正常进行。因此，必须经常检查油位是否正确，润滑油应 5~6 个月更换一次。由于新机床各部件的初磨损较大，所以，第一次和第二次换油的时间应提前到每月换一次，以便及时清除污物。废油排出后，箱内应用煤油冲洗干净（包括主轴箱及底座内油箱），同时清洗或更换过滤器。

13）机床可编程序控制器的维护与保养。主要检查数控系统电源模块的电压输出是否正常；输入、输出模块的接线是否松动；输出模块内各熔断器是否完好；后备电池的电压是否正常，必要时进行更换。对数控系统输入、输出点的检查可利用 CRT 上的诊断画面用复位的方式检查，也可用运行功能试验程序的方法检查。

14）有些数控系统的参数存储器是采用 CMOS 元件，其存储内容在断电时靠电池代电保持。一般应在一年内更换一次电池，并且一定要在数控系统通电的状态下进行，否则会使存储参数丢失，导致数控系统不能工作。

15）及时清扫，如空气过滤器、电气柜、印制电路板的清扫。

16）X、Z 轴进给部分的轴承润滑脂应每年更换一次，更换时，一定要把轴承清洗干净。

17）自动润滑泵里的过滤器每月清洗一次，各个刮屑板应每月用煤油清洗一次，发现损坏时应及时更换。

2. 数控机床维护保养一览表

数控机床维护保养一览表见表 1-3。

表 1-3 数控机床维护保养一览表

序号	周期	维护保养部位	维护保养内容
1	每天	导轨润滑机构	油标、润滑泵，每天使用前手动打油润滑导轨
2	每天	导轨	清理切屑及脏物，滑动导轨检查有无划痕，滚动导轨检查润滑情况
3	每天	液压系统	液压泵有无异常噪声，压力表指示是否正常，压力表示数接头有无松动，工作油面高度是否合适，有无泄漏
4	每天	主轴润滑油箱	油量、油质、温度、有无泄漏
5	每天	液压平衡系统	工作是否正常

（续）

序号	周期	维护保养部位	维护保养内容
6	每天	分水器	及时清理分水器中过滤出的水分，检查压力
7	每天	电气箱散热、通风装置	冷却风扇工作是否正常，防尘滤网有无堵塞，及时清洁防尘滤网
8	每天	各种防护罩	有无松动、漏水，特别是导轨防护装置
9	每周	空气过滤器	坚持每周清洗一次，保持无尘、通畅，发现损坏及时更换
10	每周	各电气柜过滤网	清洗黏附的尘土
11	半年	滚珠丝杠	清洗丝杠上的旧润滑脂，更换新润滑脂
12	半年	液压油路	清洗各类阀、过滤器，清洗油箱底部，换油
13	半年	主轴润滑箱	清洗过滤器、油箱、更换润滑油
14	半年	各轴导轨上镶条、压紧滚轮	按说明书要求调整松紧状态
15	一年	检查和更换电动机电刷	检查电动机换向器表面，去除毛刺，吹净炭粉，磨损多的电刷及时更换
16	一年	润滑泵过滤器	清洗油池，更换过滤器
17	一年	更换存储器用电池	更换存储器用电池，应在数控系统供电状态下进行，避免存储参数丢失；若参数丢失，在更换新电池后，将参数重新输入
18	不定期	主轴电动机冷却风扇	除尘，清理异物
19	不定期	运屑器	清理切屑，检查是否卡住
20	不定期	电源	供电网络大修，停电后检查电源的相序、电压
21	不定期	电动机传动带	调整传动带松紧
22	不定期	刀架	刀架定位情况
23	不定期	切削液箱	随时检查液面高度，及时添加切削液，切削液太脏应及时更换

一、数控车床的精度检验

对数控车床的各项几何精度进行检验，并记录检验结果，对精度不合格的项目进行处理。

二、数控铣床的精度检验

对数控铣床的各项几何精度进行检验，并记录检验结果，对精度不合格的项目进行处理。

考核评价（表 1-4）

表 1-4　任务完成评价表

姓名		班级		任务	任务二　数控机床的安装与检验		
项目	序号	内容	配分	评分标准	检查记录		得分
					互查	教师复查	
基础知识（40 分）	1	数控机床的安装	5	根据掌握情况评分			
	2	数控车床的精度检验	15	根据掌握情况评分			
	3	数控铣床/加工中心的精度检验	15	根据掌握情况评分			
	4	数控机床的维护保养要求	5	根据掌握情况评分			
技能训练（30 分）	1	数控机床的几何精度检验	20	根据完成情况和完成质量评分			
	2	操作流程正确、动作规范、时间合理	5	不规范每处扣 0.5 分，超时扣 2 分			
	3	安全文明生产	5	违反安全操作规程全扣			
综合能力（20 分）	1	自主学习、分析并解决问题、有创新意识	7	根据个人表现评分			
	2	团队合作、协调沟通、语言表达、竞争意识	7	根据个人表现评分			
	3	作业完成	6	根据完成情况和完成质量评分			
其他（10 分）		出勤方面、纪律方面、回答问题、知识掌握	10	根据个人表现评分			
合计							
综合评价							

课后测评

一、填空题

1. 数控机床应采用__________包装，并在关键零部件上涂有____________。

2. 数控机床几何精度检验工具有______、检验棒、______、______、______、______、平板等。

3. 角度尺主要用来测量轴线间的______________及轴线运动的______________。

4. 机床重复定位精度、反向差值、定位精度这三项精度的检验是在一个测量过程中完成的，需要用到的检验工具是___________或______________。

5. 机床加工精度的检验，是在切削加工条件下对机床__________和__________的综合检验。

6. 检验数控铣床工作台在 X 轴的直线度时，将钢直尺置于工作台面上，使之与 X 轴________，移动 X 轴，在全程范围内读出__________与__________的距离之差。

7. 当试件再次使用时，在进行新的精切试验前，应进行一次＿＿＿＿＿＿，以清理所有的表面。

二、选择题

1. 下列不属于机床精度的是（　　）。

A. 几何精度　　B. 定位精度　　C. 传动精度　　D. 位置精度

2. 精密水平仪不能用来测量机床的（　　）。

A. 水平　　B. 扭曲　　C. 圆柱度　　D. 平面度

3. 百分表的测头应垂直于（　　），以免产生误差。

A. 被测表面　　B. 端面　　C. 水平面

4. 主轴定心轴颈的径向圆跳动的检验工具是（　　）。

A. 百分表　　B. 精密水平仪　　C. 平尺　　D. 角度尺

三、判断题

1. 机床包装箱允许倒置或倾斜超过 15°，不允许剧烈撞击和振动。（　　）

2. 如果机床必须在软而不坚实的地面上安装，必须采用打桩或类似的措施以增强土层的支承能力，以防止机床下沉或倾斜。（　　）

3. 机床吊装角度 α 不得大于 60°，最好用叉车运输来调整安装位置，机床底座底部的凹裆专为此设计，方便且安全。（　　）

4. 机床的精度主要包括机床的几何精度、定位精度和加工精度。（　　）

5. 几何精度必须在机床精调后一次完成，不得调一项测一项。（　　）

6. 平尺是具有一定精度的平直基准线的实体，参照它可以测定表面的直线度或平面度的偏差。（　　）

7. 检验棒的锥柄和机床主轴的锥孔必须清洁干净以保证接触良好。（　　）

8. 百分表的测头应垂直于被测表面，以免产生误差。（　　）

9. 回转刀架的每一个位置都应重复进行检验，并对每一个位置百分表都应调到零。（　　）

10. 激光干涉仪主要用来测试机床的位置精度，也可以测试直线度、平行度等。（　　）

11. 在检验机床定位精度前，首先要调整使机床的安装水平。（　　）

12. X 轴和 Y 轴方向测出工作台面直线度，组合起来为工作台面的平面度。（　　）

13. 在系统进行了双向螺距补偿时，双向螺距补偿的值已经包含了反向间隙，因此，此时不需设置反向间隙的补偿值。（　　）

四、简答题

1. 机床放置的环境有什么要求？

2. 数控机床操作前做什么检查？

3. 数控车床主轴几何精度的检验项目有哪些？

4. 机床定位精度检查项目有哪些？

5. 检验机床精度的工具有哪些？

6. 机床加工精度检查项目有哪些？

项目二

数控机床主传动系统结构与维护

数控机床主传动系统包括主轴电动机、传动装置和主轴部件等，主传动承受主切削力，其功率大小与回转速度直接影响着机床的加工效率。与普通机床的主传动系统相比，数控机床在结构上比较简单，这是因为变速功能全部或大部分由主轴电动机的无级调速来承担，省去了复杂的齿轮变速机构，有一些只有二级或者三级齿轮变速机构用以扩大电动机无级调速的范围。

数控机床主传动系统用来实现机床的主运动。它将主轴电动机的原动力变成可供主轴上刀具切削加工的切削力矩和切削速度。为适应各种不同的加工方法，数控机床主传动系统应具有较大的调速范围、较高的精度和较好的表面质量。数控机床的主传动运动是指生产切削的传动运动，其是通过主传动电动机拖动的。例如：数控车床上主轴带动工件的旋转运动，立式加工中心上主轴带动铣刀、镗刀和铰刀等的旋转运动。数控机床主传动系统的组成与作用见表 2-1。

表 2-1 数控机床主传动系统的组成与作用

主轴箱	主轴部件

作用：主要用于安装主轴部件、主轴电动机、主轴润滑系统等	作用：主传动系统最重要的组成部分，数控铣床/加工中心中用于装夹刀具，数控车床/车削中心中安装卡盘用于装夹工件
轴承	带传动系统
	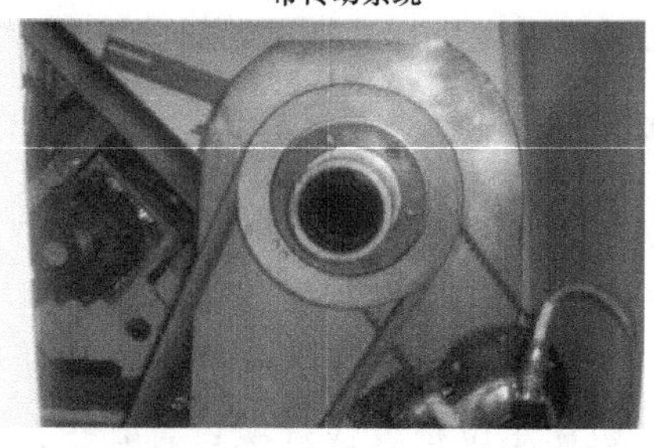
作用：支承主轴旋转	作用：同步带带轮的主要材料为尼龙，固定在主轴上，与同步带啮合传递动力给主轴

（续）

主轴电动机 	主轴脉冲发生器 
作用:主轴电动机是机床加工的动力元件	作用:用于检测主轴的旋转速度和角位移量
刀具装卸液压缸 	润滑系统 
作用:用于数控铣床/加工中心上换刀时松开或夹紧刀具	作用:主要用于主轴润滑

通过项目二的学习，使学生们掌握数控机床主传动系统的功能、结构和工作原理，能够对数控机床主传动系统进行维护和保养。

任务一 数控机床主传动系统认知

任务目标

知识目标：

1. 熟悉数控机床对主传动系统的要求。
2. 掌握主传动系统的配置方式。
3. 掌握主轴的支承形式。
4. 掌握主轴部件的润滑、冷却与密封方法。

能力目标：

1. 能对同步带进行调整维护。
2. 能调整主轴支承轴承的预紧力。

任务描述

数控机床主传动系统包括主轴电动机、传动装置和主轴部件等。它的精度决定了数控机床的加工精度。下面我们就来认识一下数控机床主传动系统的结构，并学习怎样对其进行调整维护。

知识储备

一、数控机床对主传动系统的要求

（1）调速范围　多用途、通用性强的数控机床要求主轴调速范围大。

（2）主轴的旋转精度和运动精度　旋转精度是指装配后，在无载荷、低速转动条件下测量主轴前端和300mm处的径向、轴向圆跳动值。运动精度是指主轴以工作速度旋转时测量上述两项（径向、轴向圆跳动）精度。

（3）主轴的静刚度和抗振性　主轴轴颈尺寸、轴承类型配置方式、轴承预紧、主轴部件的质量分布是否均匀及主轴部件的阻尼对静刚度和抗振性都有影响。

（4）热变形小　防止产生过大的热变形。

（5）主轴部件的耐磨性　机床长期使用中不丧失精度；轴承、锥孔有足够的硬度，轴承处有良好的润滑。

二、数控机床主传动系统的配置方式

数控机床的主传动系统要求具有较宽的调速范围，以保证在加工时能选用合理的切削用量，以获得最佳的表面质量、精度和生产率。数控机床的调速是按照控制指令自动进行的，因此变速机构必须适应自动操作的要求。

数控机床的主传动系统主要有四种配置方式。

1. 带有变速齿轮的主传动

如图2-1所示，这种配置方式在大、中型数控机床中采用较多。它通过少数几对齿轮降速，使之成为分段无级变速，扩大变速范围并确保低速时的转矩，以满足主轴输出转矩特性的要求。优点：能满足各种切削运动的输出转矩，具有大范围调节速度的能力。缺点：由于结构复杂，需要增加润滑及温度控制装置，成本较高，制造和维修也比较困难。滑移齿轮的移位大都采用液压拨叉或直接由液压缸带动齿轮来实现。

如图2-2所示，三位液压拨叉可以通过改变不同的通油方式使三联齿轮块获得三个不同的变速位置。

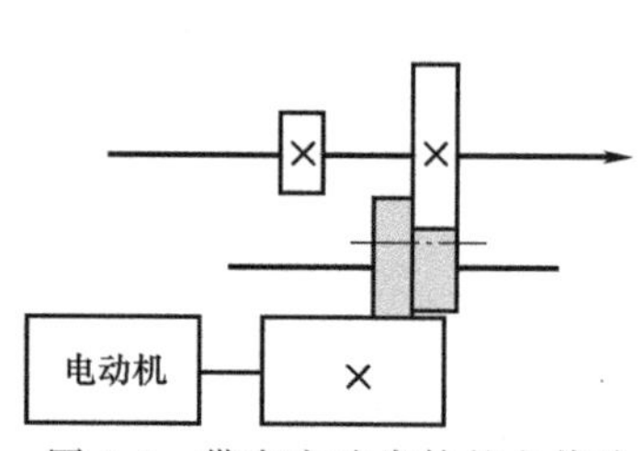

图2-1　带有变速齿轮的主传动

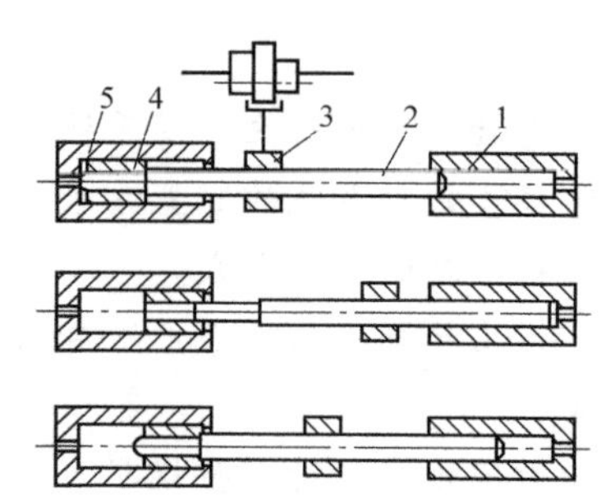

图2-2　三位液压拨叉的工作原理图

1、5—液压缸　2—活塞杆　3—拨叉　4—套筒

当液压缸 1 通入液压油，液压缸 5 卸荷时，活塞杆 2 带动拨叉 3 向左移动到极限位置，拨叉 3 带动三联齿轮块移到左端；液压缸 5 通入液压油，液压缸 1 卸荷时，活塞杆 2 和套筒 4 一起向右移动，在套筒 4 碰到液压缸 5 的缸壁后，活塞杆 2 继续右移，直至极限位置，拨叉 3 带动三联齿轮块移到右端；液压缸 1 和 5 同时通入液压油，活塞杆 2 沿套筒 4 移动至中间位置，拨叉 3 带动三联齿轮块移到中间。

师傅说现场：设计活塞杆和套筒截面直径时，应使套筒圆环面上的向右推力大于活塞杆的向左推力；液压拨叉换档要在主轴停止之后进行，但停车换档时可能产生“顶齿”现象，故可在主传动系统中安装一台微电动机，在拨叉移动齿轮时，带动齿轮做低速转动，使移动齿轮和主动齿轮顺利啮合。

2. 通过带传动的主传动

如图 2-3 所示，通过带传动的主传动主要应用在转速较高、变速范围不大的中、小型数控机床上，这种结构可以避免齿轮传动时引起的振动和噪声，但它只能适用于低转矩特性要求的主轴。优点：结构简单，安装调试方便，且在一定条件下能满足转速与转矩的输出要求。缺点：系统的调速范围受电动机调速范围的约束。

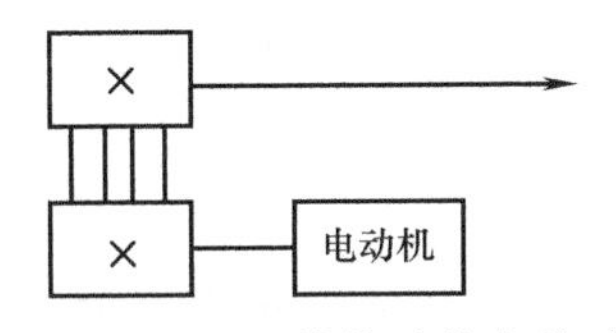

图 2-3　通过带传动的主传动

数控机床的主传动系统常用同步带传动，同步带装置是一种综合了带传动和链传动优点的新型传动装置。同步带的结构和传动如图 2-4 所示。带的工作面及带轮外圆均制成齿形，通过带轮与轮齿相嵌合，做无滑动的啮合传动。

传动带采用承载后无弹性伸长的材料作为强力层，以保持带的节距不变，使主动、从动带轮可做无相对滑动的同步传动。

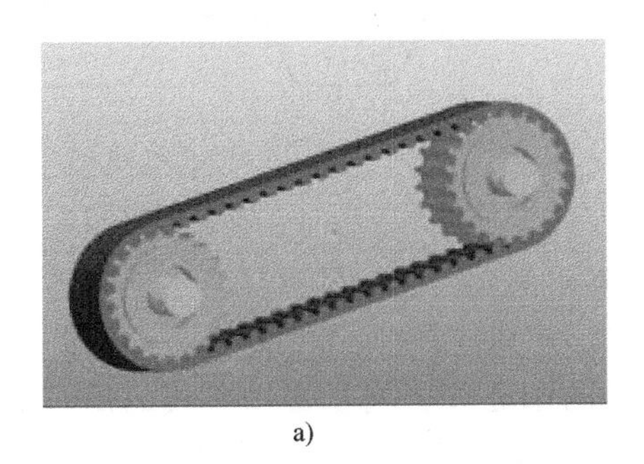

a)

b)

图 2-4　同步带的结构和传动

a）结构　b）传动

（1）同步带的特点

1）传动效率高，可达 98%以上。

2）无滑动，不需特别张紧，传动比准确，传动精度高。

3）传动平稳，噪声小，减振性好。

4）带的强度高、厚度小、质量小。

5）使用范围广，速度达 50m/s，速比达 10 左右，传递功率由几瓦至数千瓦。

6）维修保养方便，不需要润滑。

7）安装时中心距要求严格，带与带轮制造工艺复杂，成本高。

（2）同步带的分类　同步带有梯形齿和弧齿两类，如图 2-5 所示。梯形齿的功率传递能力低，与带轮啮合时会产生噪声和振动，只在转速不高或小功率的动力传动中使用。

弧齿同步带除了齿形为曲线形外，其结构与梯形齿同步带基本相同，带的齿高、齿根厚和齿根圆角半径等均比梯形齿大。带齿受载后，应力分布状态较好，平缓了齿根的应力集中，提高了齿的承载能力。因此弧齿同步带比梯形齿同步带传递功率大，且能防止啮合过程中齿的干涉。弧齿同步带耐磨性好，工作时噪声小，不需润滑，可用于有粉尘的恶劣环境，故在食品、汽车、纺织、制药、印刷、造纸等行业得到广泛应用。

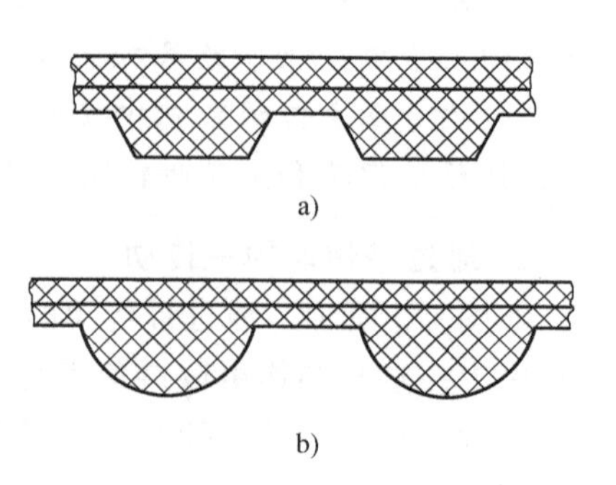

图 2-5　同步带
a）梯形齿　b）弧齿

（3）同步带的结构　同步带的结构如图 2-6 所示，是以钢丝绳或玻璃纤维作为强力层，外覆以聚氨酯或氯丁橡胶的环形带，带的内周制成齿状，使其与同步带轮啮合。

（4）同步带的主要参数

1）带的节距 p_b。如图 2-7 所示，同步带相邻两齿对应点沿节线测量所得长度称为同步带的节距。带的节距大小决定着同步带和带齿与轮齿各部分尺寸的大小，节距越大，带的各部分尺寸越大，承载能力也随之增加。因此带的节距是同步带最主要参数，在同步带系列中以不同节距来区分同步带的型号。

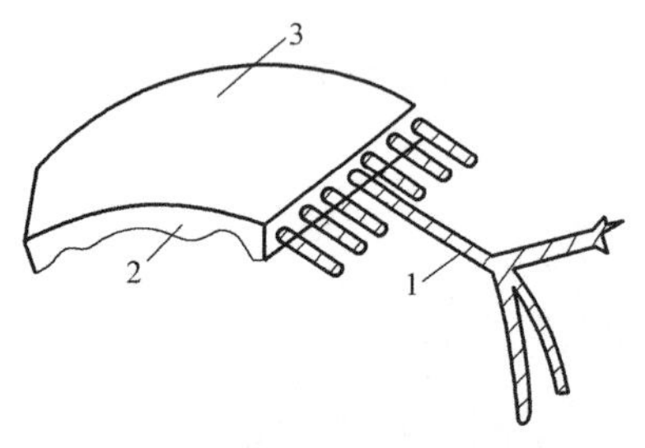

图 2-6　同步带的结构
1—强力层　2—带齿　3—带背

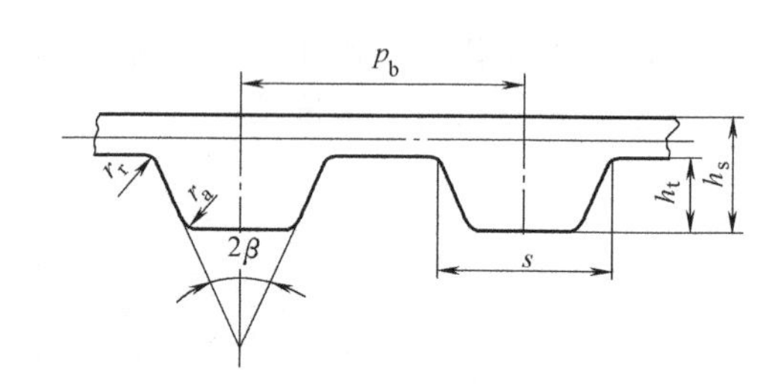

图 2-7　同步带的主要参数

2）节线。如图 2-7 所示，节线是强力层的中心线，同步带以节线的周长 L 作为同步带的公称长度。在同步带传动中，带节线长度是一个重要参数。当传动的中心距已定时，带的节线长度过大或过小，都会影响带齿与轮齿的正常啮合，因此在同步带标准中，对梯形齿同步带的各种节线长度已规定公差值，要求所生产的同步带节线长度应在规定的极限偏差范围内。

3）带的齿根宽度。如图 2-7 所示，一个带齿两侧齿廓线与齿根底部廓线交点之间的距离称为带的齿根宽度，以 s 表示。带的齿根宽度大，则使带齿抗剪切、抗弯曲能力增强，相应就能传递较大的载荷。

4）模数 m。模数是节距与 π 之比，一般 $m=1\sim10$mm。

（5）带轮的形式　同步带带轮除轮缘表面需制出轮齿以外，其他结构与平带带轮相似。同步带轮一般由钢、铝合金、铸铁、黄铜等材料制造，如图 2-8a 所示。内孔有圆孔、D 形孔、锥形孔等形式。表面有本色氧化、发黑、镀锌、镀彩锌、高频感应淬火等处理。为了防止工作时同步带脱落，一般在小带轮两边装有挡边。

1）如图 2-8b 所示，小带轮两边装挡边。

2）如图 2-8b 所示，两带轮的不同侧边装挡边。

3）如图 2-8c 所示，主动轮两侧和从动轮下侧装挡边。

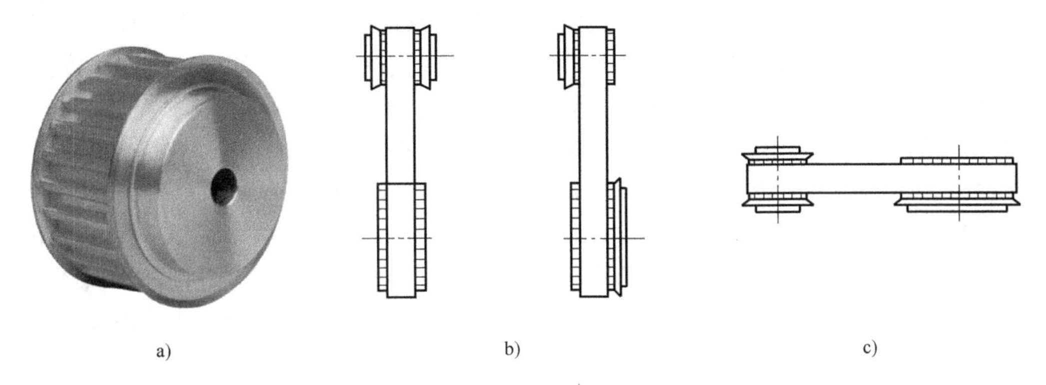

图 2-8　带轮的形式

（6）啮合要求　为了保证带与带轮的正确啮合和良好接触，啮合时必须满足：带轮沿节圆度量的齿距与同步带的节距相等，或带与带轮模数相等；带轮的齿槽角与同步带的齿形角（40°）相等。

3. 用两个电动机分别驱动主轴

如图 2-9 所示，数控机床主轴部分安装有两个电动机，高速时由一个电动机通过带传动；低速时由另一个电动机通过齿轮传动。但两个电动机不能同时使用。这样使恒功率区域增大，扩大了变速范围，避免了低速时转矩不够且电动机功率不能充分利用的问题。

4. 内装电动机主轴变速

将电动机与主轴部件合为一体，称为电主轴，如图 2-10 所示。这种主传动方式大大简化了主轴箱体与主轴的结构，有效地提高了主轴部件的刚度，结构紧凑，占用空间少，转换频率高。但主轴转速的变化及转矩的输出和电动机的输出特性完全一致，主轴输出转矩小，电动机发热对主轴的精度影响较大，因而使用受到限制。

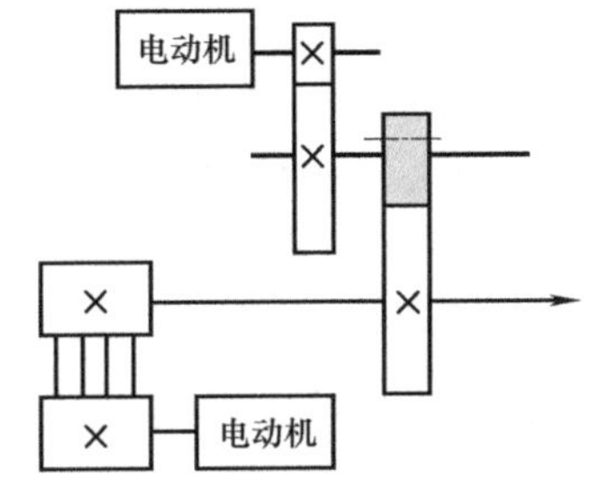

图 2-9　用两个电动机分别驱动主轴

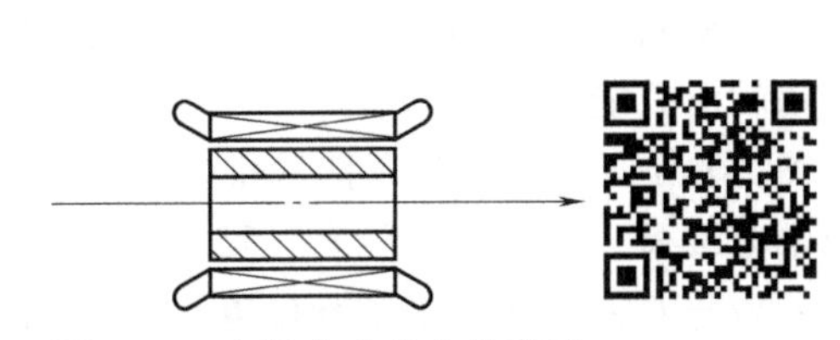

图 2-10　内装电动机主轴变速

三、主轴部件的支承

主轴部件是机床的关键部件，合理配置主轴的轴承，对提高主轴部件的精度和刚度，降低支承温升，简化支承结构有很大的作用。主轴的前后支承既要有承受径向载荷的径向轴承，又要有承受轴向力的推力轴承的配置，主要根据主轴部件的工作精度、刚度、温升和支承结构的复杂程度等因素考虑。

1．主轴支承常用的轴承

机床主轴用的轴承有滚动轴承和滑动轴承两大类。

（1）数控机床主轴常用滚动轴承的类型　滚动轴承能在转速和载荷变化幅度很大的条件下稳定地工作；可在无间隙，甚至在预紧（有一定的过盈量）的条件下工作；摩擦因数小，有利于减少发热；容易润滑，可以用脂润滑。滚动轴承是由轴承厂生产的，可以外购。滚动轴承的缺点是：滚动体的数量有限，所以滚动轴承在旋转中的径向刚度是变化的，这是引起振动的原因之一；滚动轴承的阻尼较低；径向尺寸比滑动轴承大。

数控机床的主轴多数采用滚动轴承，特别是立式主轴，用滚动轴承可以采用脂润滑以避免漏油。只有要求加工表面粗糙度数值很小，主轴又是水平的机床，如外圆和平面磨床、高精度机床等才用滑动轴承。主轴部件的抗振性主要取决于前支承。因此，也有的主轴前支承用滑动轴承，后支承用滚动轴承。

主轴常用的轴承应根据数控机床的精度、刚度和转速来选择。为了提高精度和刚度，主轴轴承的间隙应该是可调的，这是主轴轴承的主要特点。线接触的滚子轴承比点接触的球轴承刚度高，但一定温升下允许的转速较低。

（2）数控机床主轴常用的滚动轴承　如图 2-11 所示。

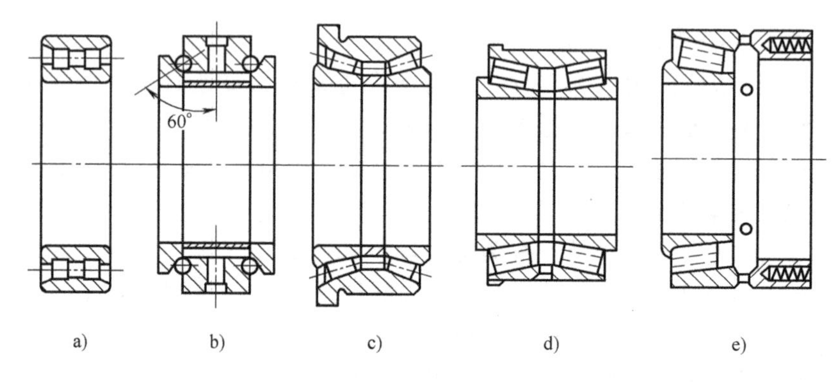

图 2-11　主轴常用的滚动轴承

图 2-11a 所示为双列圆柱滚子轴承，内圈为锥孔，当内圈沿锥形轴颈轴向移动时，内圈胀大以调整间隙。两列滚子交错排列，滚子数目多，故承载能力大，刚性好，允许转速较高。该轴承只能承受径向载荷。

图 2-11b 所示为双列角接触推力深沟球轴承，接触角为 60°，球径小，数目多，能承受双向轴向载荷。磨薄中间隔套，可以调整间隙或预紧。它的轴向刚度较高，允许转速高。该轴承一般与双列圆柱滚子轴承配套用作主轴前支承。

图 2-11c 所示为双列圆锥滚子轴承，由外圈的凸肩在箱体上轴向定位。磨薄中间隔套，

可以调整间隙或预紧。它承载能力大，但允许转速较低，能同时承受径向和双向轴向载荷。该轴承通常用作主轴的前支承。

图 2-11d 所示为带凸肩的双列圆柱滚子轴承，结构上与图 2-11c 相似，可用作主轴前支承。该轴承的滚子为空心的，整体结构的保持架充满滚子间的间隙，使润滑油从滚子中空处由端面流向挡边摩擦处，有效地进行润滑和冷却。空心滚子承受冲击载荷时可产生微小的变形，能扩大接触面积并有吸振和缓冲作用。

图 2-11e 所示为带预紧弹簧的单列圆锥滚子轴承，弹簧数目有 16~20 根，均匀增减弹簧可以改变预加载荷的大小。该轴承常与带凸肩的双列圆柱滚子轴承配套，作为后支承。

为了提高轴承刚度和承载能力，可以多个组合使用。图 2-12 所示为轴承的三种基本组合方式，即背对背、面对面和串联配置。

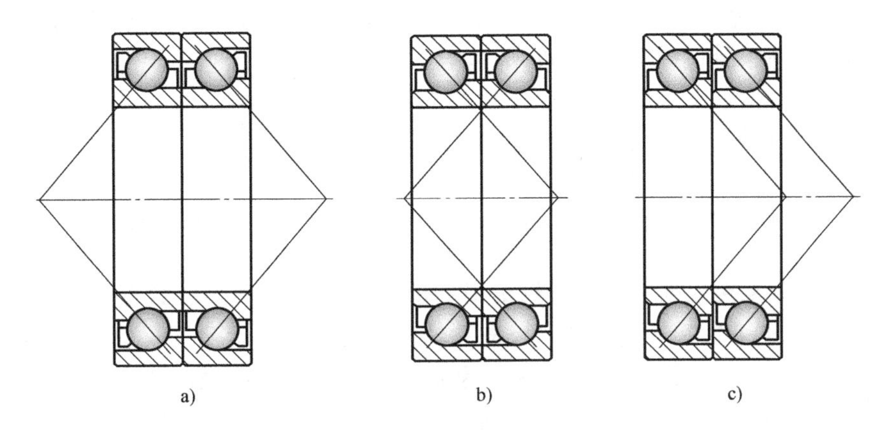

图 2-12　轴承的三种基本组合方式

背对背配置如图 2-12a 所示，两个轴承的载荷（压力）线分开在轴承的两侧与轴线相交。背对背配置可以承受两个方向的轴向载荷，但每个轴承仅能承受一个方向的轴向载荷。由于背对背配置的压力作用点间距大，因此刚性较大，并可以承受倾覆力矩。

面对面配置如图 2-12b 所示，两个轴承的载荷（压力）线交叉后与轴线相交。面对面配置可以承受两个方向的轴向载荷，但每个轴承仅能承受一个方向的轴向载荷。这种配置的刚性比背对背配置低，不能承受倾覆力矩。

串联配置如图 2-12c 所示，两个轴承的载荷（压力）线在轴承的同侧与轴线相交，径向和轴向载荷由两个轴承平均分担。串联配置仅能承受一个方向的轴向载荷，但承载能力较大，轴向刚度较高。这种轴承还可三联组配、四联组配等。

（3）数控机床主轴常用滑动轴承的类型　滑动轴承在数控机床上最常使用的是静压滑动轴承。静压滑动轴承的油膜压强是由液压缸从外界供给的，其和主轴转与不转，转速的高低无关（忽略旋转时的动压效应）。它的承载能力不随转速的变化而变化，而且无磨损，起动和运转时摩擦阻力力矩相同，因此静压滑动轴承的刚度大，回转精度高，但静压滑动轴承需要一套液压装置，成本较高。

2. 主轴的支承形式

1）前支承采用双列圆柱滚子轴承和 60°双列角接触推力深沟球轴承组合，后支承采用成对角接触球轴承。如图 2-13 所示，数控机床前支承采用双列圆柱滚子轴承和 60°双列角接触推力深沟球轴承组合，后支承采用成对角接触球轴承。这种支承形式使主轴的综合刚度得到大幅度提高，可以满足强力切削的要求，目前各类数控机床的主轴普遍采用这种配置形式。

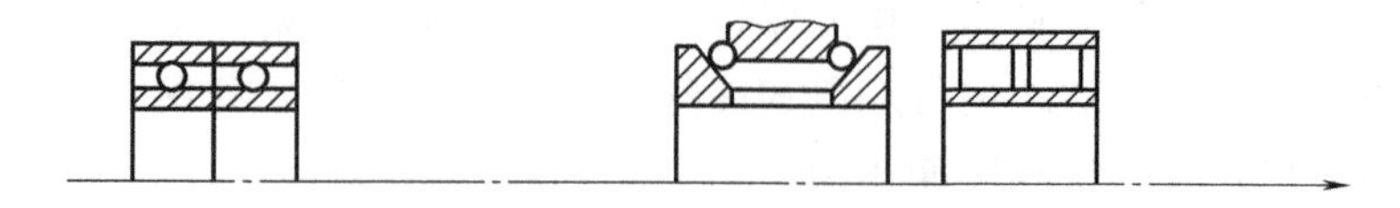

图 2-13　前支承采用双列圆柱滚子轴承和 60°双列角接触推力深沟球轴承组合

2）前支承采用高精度双列角接触球轴承，后支承采用单列角接触球轴承。如图 2-14 所示，数控机床前支承采用高精度双列角接触球轴承，后支承采用单列角接触球轴承。角接触球轴承具有较好的高速性能，主轴最高转速可达 4000r/min，但是这种轴承的承载能力小，因而适用于高速、轻载和精密的数控机床主轴。

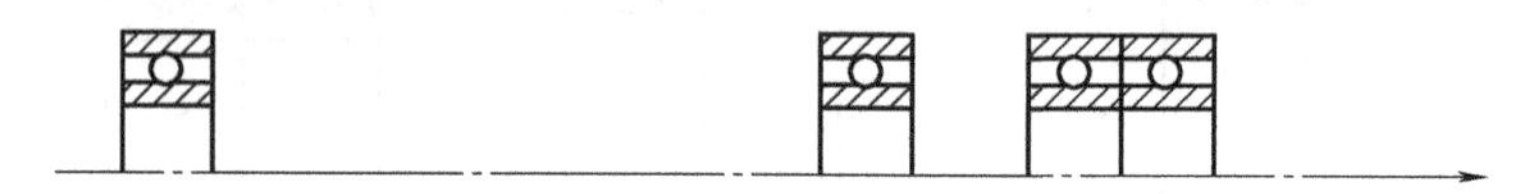

图 2-14　前支承采用高精度双列角接触球轴承和后支承采用单列角接触球轴承组合

3）前、后支承采用双列和单列圆锥滚子轴承。如图 2-15 所示，数控机床前、后支承采用双列和单列圆锥滚子轴承。这种轴承径向和轴向刚度高，能承受重载荷，尤其能承受较大的动载荷，安装与调整性能好，但是这种支承形式限制了主轴的最高转速和精度，所以仅适用于中等精度、低速与重载的数控机床主轴。

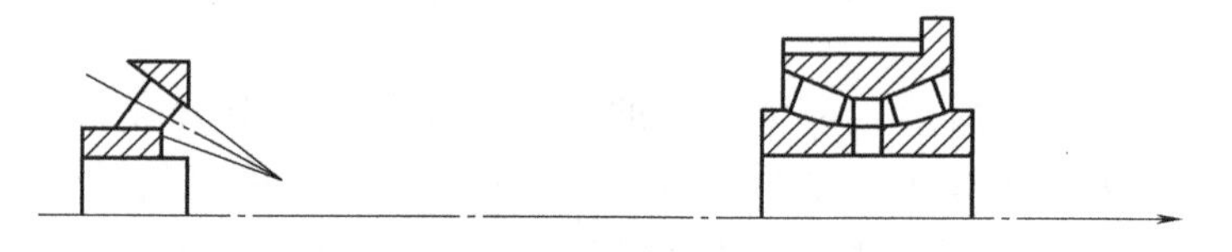

图 2-15　前、后支承采用双列和单列圆锥滚子轴承

四、主轴部件的润滑、冷却与密封

数控机床主轴部件的润滑、冷却与密封是机床使用和维护过程中值得重视的问题。

第一，良好的润滑效果，可以降低轴承的工作温度并延长使用寿命。为此，在操作使用中要注意：低速时，采用油脂、油液循环润滑；高速时采用油雾、油气润滑方式。但是，在采用油脂润滑时，主轴轴承的封入量通常为轴承空间容积的 10%，切忌随意填满，因为油脂过多，会加剧主轴发热。对于油液循环润滑，在操作使用中要做到每大检查主轴润滑恒温油箱，看油量是否充足，如果油量不够，则应及时添加润滑油；同时要注意检查润滑油温度范围是否合适。为了保证主轴有良好的润滑，减少摩擦发热，同时又能把主轴部件的热量带走，通常采用循环式润滑系统，用液压泵强力供油润滑，使用油温控制器控制油箱油液温度。高档数控机床主轴轴承采用了高级油脂封存方式润滑，每加一次油脂可以使用 7～10 年。新型的润滑冷却方式不仅减少了轴承温升，还减少了轴承内外圈的温差，以保证主轴的热变形小。

常见的主轴润滑方式有两种。油气润滑方式近似于油雾润滑方式，但油雾润滑方式是连续供给油雾，而油气润滑则是定时定量地把油雾送进轴承空隙中，这样既实现了油雾润滑，又避免了油雾太多而污染周围空气。喷注润滑方式是将较大流量的恒温油（每个轴承3~4L/min）喷注到主轴轴承，以达到润滑、冷却的目的。而较大流量喷注的油必须靠排油泵强制排油，而不是自然回流。同时，还要采用专用的大容量高精度恒温油箱，油温变动量控制在±0.5℃。

第二，主轴部件的冷却主要是以减少轴承发热，有效控制热源为主。

第三，主轴部件的密封不仅要防止灰尘、切屑末和切削液进入主轴部件，还要防止润滑油泄漏。主轴部件的密封有接触式密封和非接触式密封两种，对于采用油毡圈和耐油橡胶密封圈的接触式密封，要注意检查其老化和破损情况；对于非接触式密封，为了防止泄漏，重要的是保证回油能够尽快排掉，要保证回油孔的通畅。

任务实施

一、调整维护同步带

1. 在同步带传动中常见的失效形式

（1）同步带的承载绳断裂破坏　同步带在运转过程中承载绳断裂破坏是常见的失效形式，如图2-16所示。失效原因是带在传递动力过程中，在承载绳上作用有过大的拉力，而使承载绳被拉断。此外，当选用的主动轮直径过小，使承载绳在进入和退出带轮中承受较大的周期性的弯曲疲劳应力作用时，也会产生弯曲疲劳折断。

（2）同步带的爬齿和跳齿　根据对同步带的爬齿和跳齿现象的分析，发现这是由于几何和力学两种因素所引起的。因此为避免产生爬齿和跳齿，可采取以下一些措施。

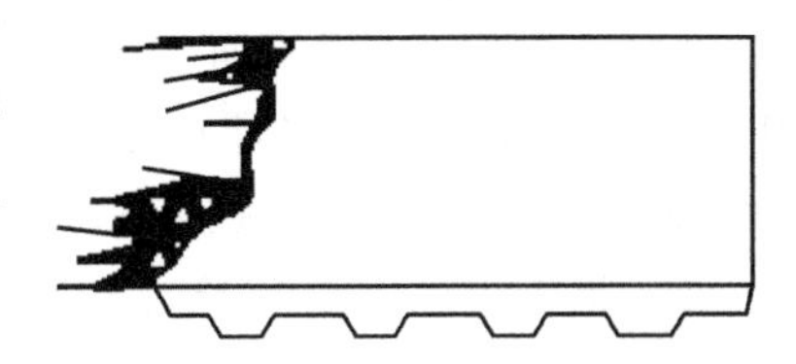

图2-16　同步带的承载绳断裂破坏

1）控制同步带所传递的圆周力，使它小于或等于由带型号所决定的许用圆周力。

2）控制带与带轮间的节距差值，使它位于允许的节距误差范围内。

3）适当增大带安装时的初拉力，使带齿不易从轮齿槽中滑出。

4）提高带基体材料的硬度，减少带的弹性变形，可以减少爬齿现象的产生。

（3）带齿的剪切破坏　带齿在与带轮齿啮合传力过程中，在剪切和挤压应力作用下带齿表面产生裂纹，此裂纹逐渐向齿根部扩展，并沿承载线表面延伸，直至整个带齿与带基体脱离，这就是带齿的剪切破坏，如图2-17所示。造成带齿剪切破坏的原因大致有如下几个。

1）带与带轮间有较大的节距差，使带齿无法完全进入轮齿槽，从而产生不完全啮合状态，而使带齿在较小的接触面积上承受过大的载荷，产生应力集中，导致带齿剪切破坏。

2）带与带轮在围齿区内的啮合齿数过少，使啮合带齿承受过大的载荷，而产生剪切破坏。

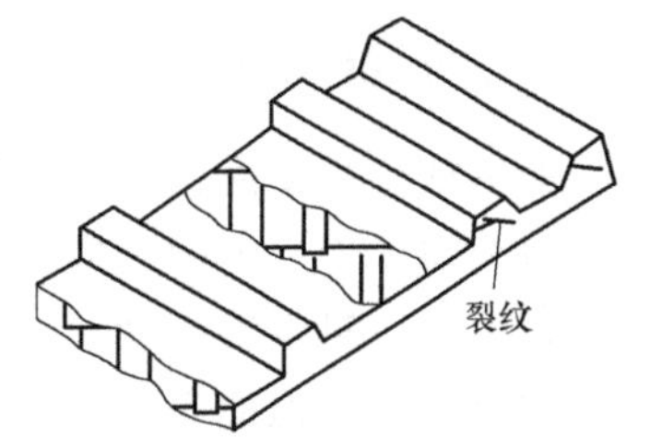

图2-17　带齿的剪切破坏

3）带的基体材料强度差。

为减少带齿被剪切，首先应严格控制带与带轮间的节距误差，保证带齿与轮齿能正确啮合；其次应使带与带轮在围齿区内的啮合齿数等于或大于6，此外在选材上应采用有较高挤压强度的材料作为带的基体材料。

（4）带齿的磨损　带齿的磨损如图2-18所示，包括带齿工作面及带齿齿顶角处和齿谷底部的磨损。造成磨损的原因是过大的张紧力及带齿和轮齿间的啮合干涉。因此减少带齿的磨损，应在安装时合理地调整带的张紧力；在带齿齿形设计时，选用较大的带齿齿顶圆半径，以减少啮合时轮齿的挤压和刮削，此外应提高同步带带齿材料的耐磨性。

（5）同步带带背的龟裂　如图2-19所示，同步带在运转一段时期后，有时在带背会产生龟裂现象，而使带失效。同步带带背产生龟裂的原因如下。

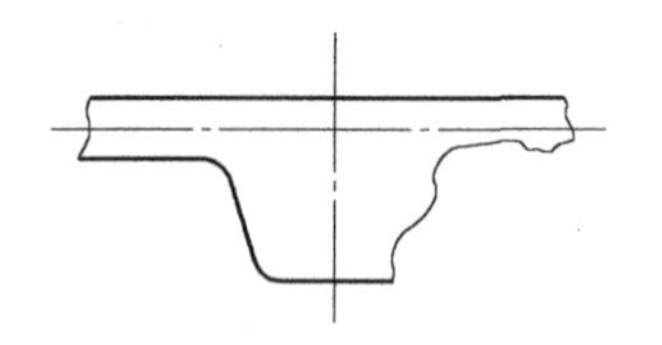

图2-18　带齿的磨损

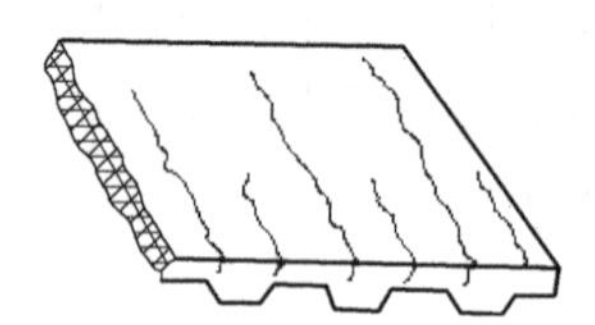

图2-19　同步带带背的龟裂

1）带基体材料老化。

2）带长期工作在较低的温度下，使带背基体材料产生龟裂。

防止带背龟裂的方法是改进带基体材料的材质，提高材料的耐寒、耐热性和抗老化性能，此外尽量避免同步带在低温和高温条件下工作。

2. 维护主轴同步带

1）清洁传动带及带轮。应用抹布沾少许带的专用清洗剂擦拭。在清洁剂中浸泡或者使用清洁剂刷洗传动带均是不可取的。为去除油污及污垢，用砂纸或尖锐的物体刮，显然也是不可取的。传动带在安装使用前必须保持干燥。

2）检查带轮是否有异常　检查带轮是否有磨损或裂纹，如果磨损过量，则必须更换带轮。

3）检查带轮是否成直线对称。带轮成直线对称对传动带特别是同步带传动装置的运转是至关重要的。

4）起动装置并观察传动带的性能，观察是否有异常振动，细听是否有异常噪声。最好是关掉机器，检查轴承及电动机的状况：若是摸上去觉得太热，可能是传动带太紧，或是轴承不对称，或是润滑不正确。

5）定期张紧和定期检查传动带松紧程度，及时调整或更换新传动带。

二、调整滚动轴承的预紧

轴承预紧是使滚道与滚动体预先承受一定的载荷，这样不仅能消除间隙，还能使滚动体与滚道之间发生一定的变形，从而使接触面积增大，轴承受力时变形减小，抵抗变形的能力增大。因此，对主轴滚动轴承进行预紧和合理选择预紧量，可以提高主轴部件的旋转精度、刚度和抗振性。但使用一段时间以后，间隙或过盈有了变化，还得重新调整，所以要求预紧结构便于进行调整。常用的预紧方法有以下几种。

1. 径向预紧

如图 2-20 所示，这种方法适用于锥孔双列圆柱滚子轴承。

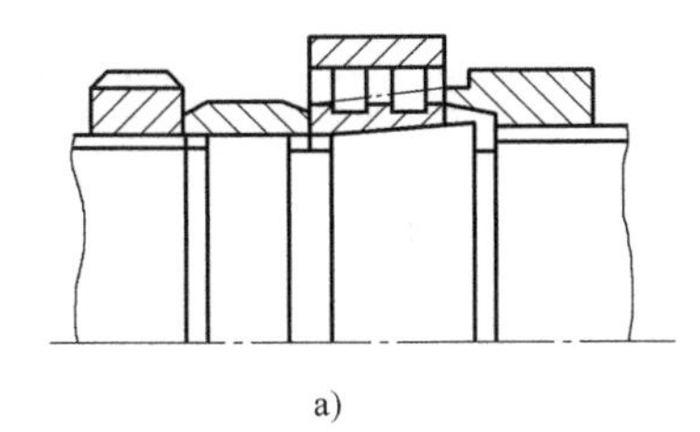

a)

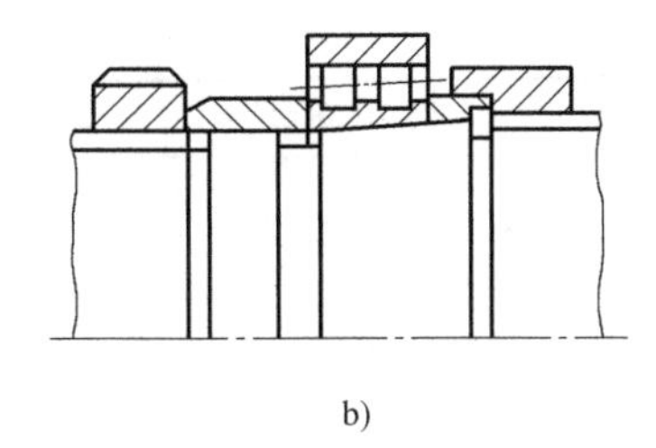

b)

图 2-20　径向预紧

用螺母通过套筒推动内圈在锥形轴颈上做轴向移动，使内圈径向胀大，在滚道上产生过盈，从而达到预紧的目的。如图 2-20a 所示，用右端螺母限制内圈的移动量，易于控制预紧量。如图 2-20b 所示，将紧靠轴右端的垫圈做成两个半环，可以径向取出，修磨厚度可控制预紧量的大小，调整精度较高。调整螺母一般采用细牙螺纹，便于微量调整，而且在调好后要能锁紧防松。

2. 轴向预紧

图 2-21a 所示为角接触球轴承外圈宽边相对（背对背）安装，这时修磨轴承内圈的内侧；图 2-21b 所示为外圈窄边相对（面对面）安装，这时修磨轴承外圈的窄边。在安装时按图 2-21 所示的相对关系装配，并用螺母或法兰盖将两个轴承轴向压拢，使两个修磨过的端面贴紧，使两个轴承的滚道之间产生预紧。另一种方法（图 2-22）是将两个长度不同的隔套放在两轴承内、外圈之间，同样将两个轴承轴向相对压紧，使滚道之间产生预紧。这两种方法都是使轴承的内、外圈轴向错位实现预紧的，称为轴向预紧。

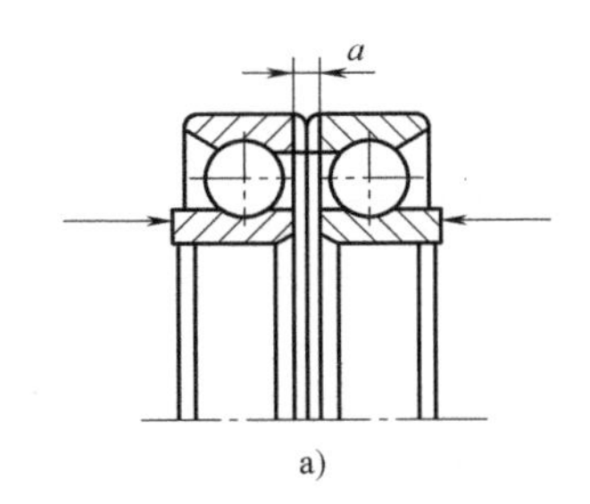

a)

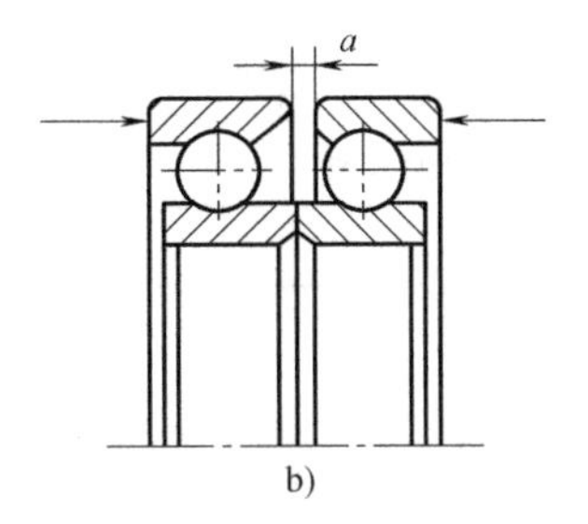

b)

图 2-21　轴向预紧 1

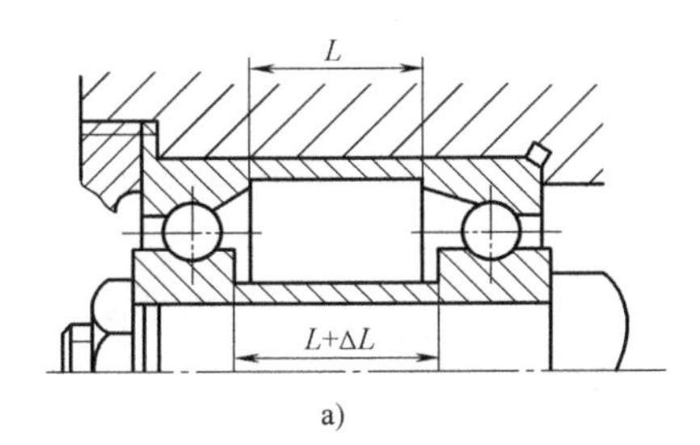

a)

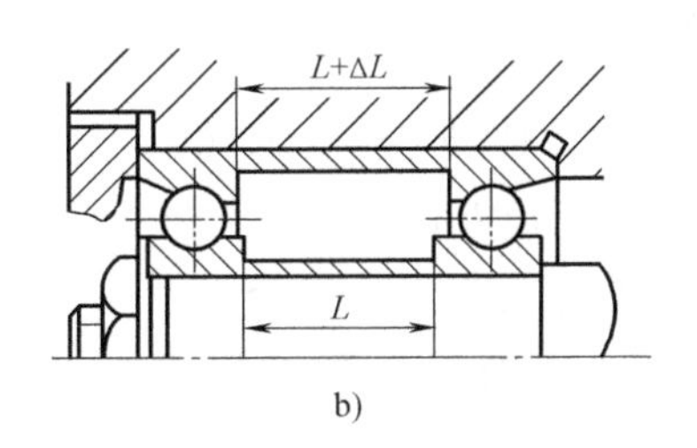

b)

图 2-22　轴向预紧 2

考核评价（表 2-2）

表 2-2　任务完成评价表

姓名		班级		任务	任务一　数控机床主传动系统认知			
项目	序号	内容	配分	评分标准	检查记录		得分
					互查	教师复查	
基础知识（40分）	1	数控机床对主传动系统的要求	5	根据掌握情况评分			
	2	数控机床主传动系统的配置方式	15	根据掌握情况评分			
	3	主轴部件的支承	10	根据掌握情况评分			
	4	主轴部件的润滑、冷却与密封	10	根据掌握情况评分			
技能训练（30分）	1	调整维护同步带	10	根据完成情况和完成质量评分			
	2	调整主轴轴承的预紧	10				
	3	操作流程正确、动作规范、时间合理	5	不规范每处扣 0.5 分 超时扣 2 分			
	4	安全文明生产	5	违反安全操作规程全扣			
综合能力（20分）	1	自主学习、分析并解决问题、有创新意识	7	根据个人表现评分			
	2	团队合作、协调沟通、语言表达、竞争意识	7	根据个人表现评分			
	3	作业完成	6	根据完成情况和完成质量评分			
其他（10分）		出勤方面、纪律方面、回答问题、知识掌握	10	根据个人表现评分			
合计							
综合评价							

课后测评

一、填空题

1. 数控机床主传动系统主要有＿＿＿＿＿、＿＿＿＿＿、两个电动机分别驱动主轴和＿＿＿＿＿四种配置方式。

2. 同步带根据齿形的不同分为＿＿＿＿＿同步带和＿＿＿＿＿同步带两种。

3. 数控机床主轴常用滚动轴承的组合方式有＿＿＿＿＿、＿＿＿＿＿和＿＿＿＿＿三种。

4. 主轴滚动轴承常用的预紧方法有＿＿＿＿＿和＿＿＿＿＿两种。

二、选择题

1. 通过带传动的主传动适用于（　　）的主轴。

A. 高速、高转矩特性　　B. 高速、低转矩特性　　C. 低速、高转矩特性

2. 带有变速齿轮的主传动适用于（　　）的主轴。

A. 小型机床　　B. 大、中型机床　　C. 要求调速范围不宽的机床

3. 主轴轴承径向预紧法适用于（　　）的预紧。

A. 锥孔双列圆柱滚子轴承　　B. 角接触球轴承　　C. 圆锥滚子轴承

4. 一般中小规格数控机床主轴多采用（　　）。

A. 气体静压轴承　　B. 液体静压轴承　　C. 成组高精度滚动轴承

5. 模数 m 是节距与 π 之比，一般取（　　）mm。

A. $m=1\sim5$　　B. $m=1\sim10$　　C. $m=1\sim15$

6. 清洁传动带及带轮时应（　　）。

A. 在清洁剂中浸泡

B. 用清洁剂刷洗

C. 用抹布沾传动带专用清洗剂擦拭

7. （　　）均化了应力，改善了啮合条件，故应优先选用。

A. 弧齿同步带　　B. 梯形齿同步带

8. 主轴前两个轴承承受（　　），故在箱体上轴向固定。

A. 轴向切削力　　B. 径向切削力

9. 主轴后轴承的外圈轴向（　　），主轴热变形时，可沿轴向微量移动，减小热变形的影响。

A. 固定　　B. 不固定

10. （　　）只能承受一个方向的轴向载荷，但承载能力较大。

A. 背靠背配置　　B. 面对面配置　　C. 串联配置

11. 前支承采用双列圆柱滚子轴承和60°双列角接触推力深沟球轴承组合，后支承采用成对角接触球轴承的配置方式适合（　　）。

A. 各类数控机床

B. 高速、轻载和精密数控机床

C. 中等精度、低速与重载数控机床

三、判断题

1. 数控机床的主传动系统包括主轴电动机、传动装置和主轴部件。（　　）

2. 内装电动机主轴变速用于变速范围大的高速主轴。（　　）

3. 数控机床润滑一般采用高级油脂封入润滑，每加一次油脂可以使用7~10年。（　　）

4. 同步带兼有带传动、齿轮传动及链传动的优点，传动精度和传动效率低。（　　）

5. 带节距大小决定着同步带和带齿与轮齿各部分尺寸的大小，节距越大，带的各部分尺寸越小，承载能力也随之增加。（　　）

6. 为了防止工作时同步带脱落，一般在小带轮两边装有挡边。 （ ）

7. 手动检查同步带的张紧度时，用手拉动同步带的单边，以 20°为宜，达不到 20°说明太紧，超过 20°说明太松。 （ ）

8. 数控机床的主轴多数采用滚动轴承。 （ ）

9. 对主轴滚动轴承进行预紧和合理选择预紧量，可以提高主轴部件的旋转精度、刚度和抗振性。 （ ）

10. 前后支承采用单列和双列圆锥滚子轴承适用于高等精度、低速、重载数控机床。 （ ）

11. 三位液压拨叉可以通过改变不同的通油方式使三联齿轮块获得三个不同的变速位置。 （ ）

四、简答题

1. 数控机床的主轴变速方式有哪几种？简述其特点及应用场合。
2. 数控机床主轴的支承形式有哪几种？各适用于哪类数控机床？

任务二　数控车床主传动系统结构与维护

任务目标

知识目标：

1. 熟悉数控车床主传动系统的结构。
2. 掌握数控车床主轴部件的结构。
3. 掌握主轴脉冲编码器的结构与工作原理。

能力目标：

1. 能对数控车床的主轴部件进行维护保养。
2. 能安装维护主轴脉冲编码器。

任务描述

数控车床的主运动是主轴带动工件旋转的运动，是由主轴电动机进行驱动的。数控车床的主传动系统包括主轴电动机、传动装置和主轴部件等。它的精度决定了零件的加工精度。请同学们检查数控车床的主轴部件、主轴脉冲编码器等，对需更换或调整的零部件进行更换或拆装调整，并对主轴部件按要求进行维护保养。

知识储备

一、数控车床主传动系统的结构

图 2-23 所示为标准型 MJ-50 数控车床的传动系统图，其主传动系统由交流伺服电动机驱动，经一级速比为 1∶1 的弧齿同步带轮传动，直接带动主轴旋转。主轴在 35～3500r/min

的转速范围内实现无级调速。由于主轴的调速范围不是很大，所以在主轴箱内省去了齿轮传动变速机构，因此减少了齿轮传动对主轴精度的影响。

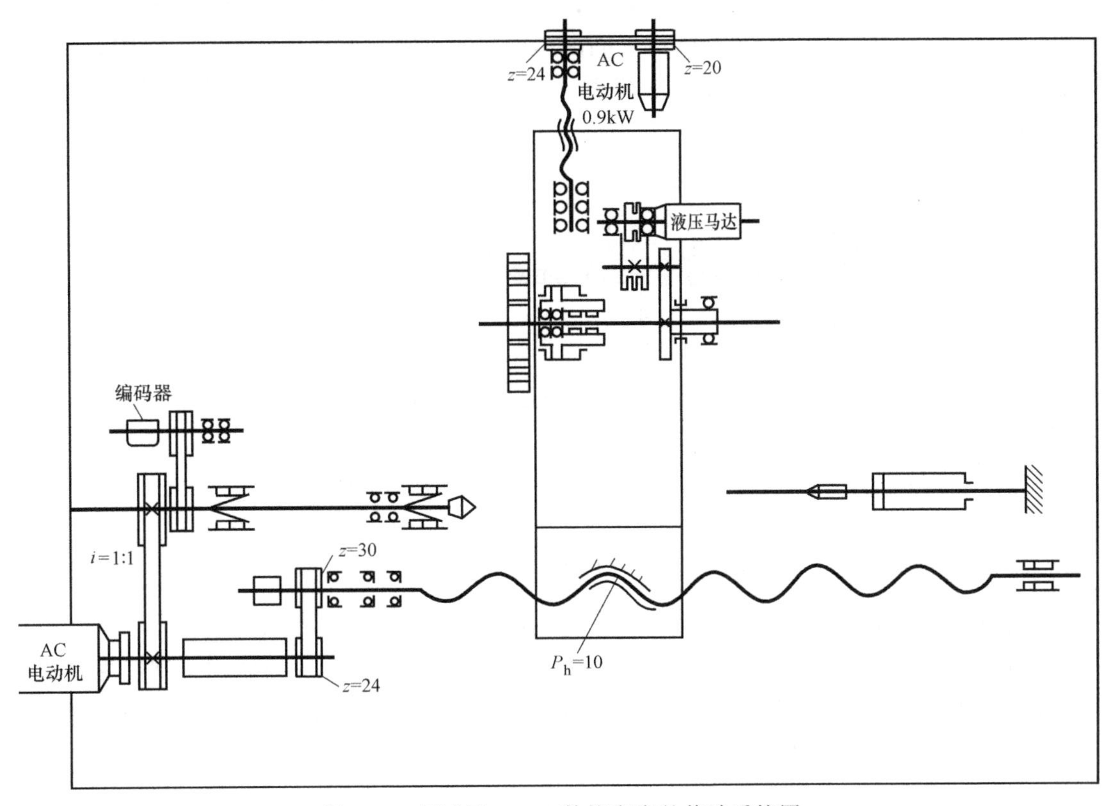

图 2-23　标准型 MJ-50 数控车床的传动系统图

二、数控车床主轴部件的结构

1. 主轴部件的结构

数控车床主轴箱是由主轴箱体、轴承座、主轴、主轴轴承、轴承调整螺母、光电编码器及弧齿同步带轮副等组成。

如图 2-24 所示，AC 主轴电动机通过弧齿同步带轮副直接驱动主轴，由于采用了强力型 AC 主轴电动机，所以主轴有较高的输出转矩。

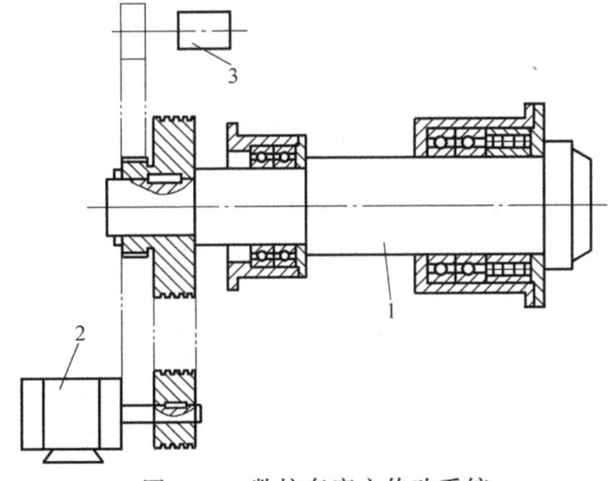

图 2-24　数控车床主传动系统

1—主轴部件　2—AC 主轴电动机　3—主轴编码器

主轴部件如图 2-25 所示，安装在两个支承上，主轴转速较高，要求的刚性也较高。前后支承都用角接触球轴承，前支承有三个一组的轴承，前面两个大口朝外，接触角为 25°；后面一个大口朝里，接触角为 14°。前轴承 3、4 的内圈之间留有间隙，装配时加压消隙，使轴承预紧，前两个轴承承受轴向切削力，故在箱体上轴向固定。后支承为两个角接触球轴承，小口相对，接触角皆为14°，共同承担径向载荷。后轴承的外圈轴向不固定，主轴热变形时，可沿轴向微量移动，以减小热变形的影响。前、后轴承都由轴承厂配好，成套供应，装配时无须修理、调整。主轴轴承采用油脂润滑，靠非接触式迷宫套密封。润滑脂的封入量对主轴轴承寿命和运转的温升有很大的影响，故机床说明书对油脂牌号和封入量均有规定。主轴内孔可通过棒料的直径达60mm。

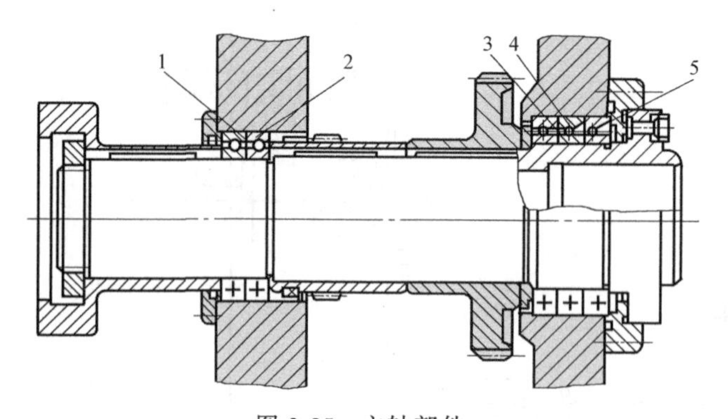

图 2-25 主轴部件

1、2—后轴承 3、4、5—前轴承

2. 主轴端部的结构形状

如图2-26所示，主轴前端的形状取决于机床的类型、安装夹具的形式，需能保证夹具安装可靠，装卸方便，具有较高的定位精度和连接刚度，能传递足够大的转矩。轴端结构悬伸长度尽量短，以利于提高主轴刚度。

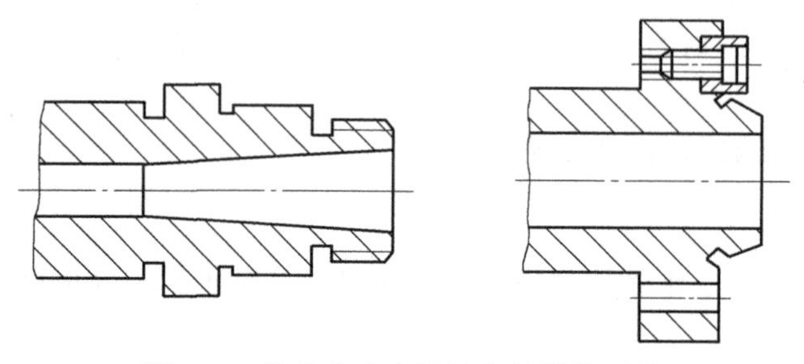

图 2-26 数控车床主轴端部的结构形状

三、主轴脉冲编码器的结构与工作原理

1. 主轴脉冲编码器的作用

如图2-27所示，编码器是一种旋转式的检测角位移的传感器，并将角位移用数字（脉冲）形式表示，又称为脉冲编码器。数控机床常用它作为速度检测元件。

图 2-27 主轴脉冲编码器

数控车床主轴的旋转运动与进给运动之间没有机械方面的直接联系，为了加工螺纹，就要求给定进给伺服电动机的脉冲数与主轴的转速有相对应的关系，通常在数控车床的主轴上安装主轴脉冲编码器来检测主轴的转角、相位和零位等

信号，一般采用与主轴同步的光电脉冲发生器，通过中间轴上的齿轮或同步带 1∶1 的同步传动，与主轴旋转运动同步。在主轴旋转过程中，与其相连的主轴脉冲编码器不断发出脉冲（由 AB 相检测到的脉冲）送给数控装置，控制插补速度，根据插补计算结果，控制进给坐标轴伺服系统，使进给量与主轴转速保持所需的比例关系，实现主轴旋转运动与切削进给运动同步运行，从而实现螺纹的切削。

2. 主轴脉冲编码器的分类

脉冲编码器按码盘的读取方式可分为光电式、接触式和电磁式三种。从精度与可靠性来讲，光电式脉冲编码器优于其他两种，故数控机床上使用光电式脉冲编码器。

按照工作原理，脉冲编码器分为增量式脉冲编码器和绝对式脉冲编码器两种。增量式脉冲编码器是将位移转换成周期性的电信号，再把这个电信号转变成计数脉冲，用脉冲的个数表示位移的大小。绝对式脉冲编码器的每一个位置对应一个确定的数字码，因此它的示值只与测量的起始和终止位置有关，而与测量的中间过程无关。

3. 增量式光电脉冲编码器

增量式光电脉冲编码器又称为光电码盘、光电脉冲发生器等，其基本结构如图 2-28 所示。它由光源、聚光镜、光电盘、光栏板、光电元件、整形放大电路和数字显示装置等组成。在光电盘的圆周上等分地制成透光窄缝，其数量从几百条到上千条不等。光栏板透光窄缝有两条，每条后面安装一个光电元件。

光电盘转动时，光电元件把通过光电盘和光栏板射来的忽明忽暗的光信号转换为电信号，经整形、放大等电路的变换后变成脉冲信号，通过计量脉冲的数目，即可测出工作轴的转角，并通过数显装置进行显示。通过测定计数脉冲的频率，即可测出工作轴的转速。

光栏板上两条窄缝中的信号 A 和 B 相位差 90°，通过整形成为两相方波信号。脉冲编码器的输出波形如图 2-29 所示。根据先后顺序，即可判断光电盘的正反转，当采集到的第一个脉冲上升沿，若 A 相超前于 B 相，对应电动机做正向旋转；反之，对应电动机做反向旋转，若以该方波的前沿或后沿产生计数脉冲，可以形成代表正向位移或反向位移的脉冲序列。除此之外，光电脉冲编码器还输出每转一个脉冲的信号，称为同步脉冲，利用同步脉冲，数控车床可实现加工控制，也可作为主轴准停装置的准停信号。数控车床车削螺纹时，利用同步脉冲作为车刀进刀点和退刀点的控制信号，以保证车削螺纹不会乱扣。

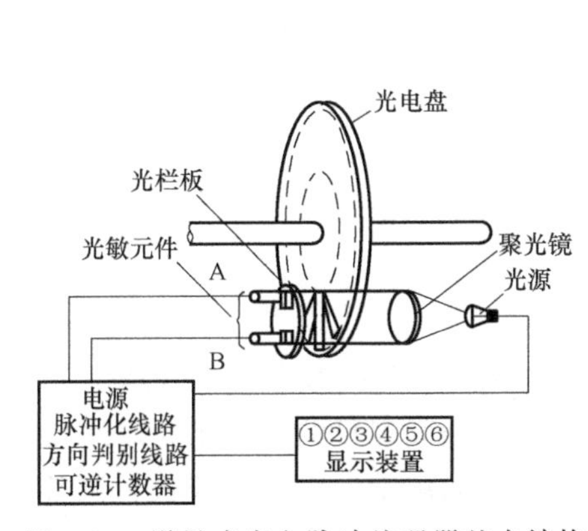

图 2-28　增量式光电脉冲编码器基本结构

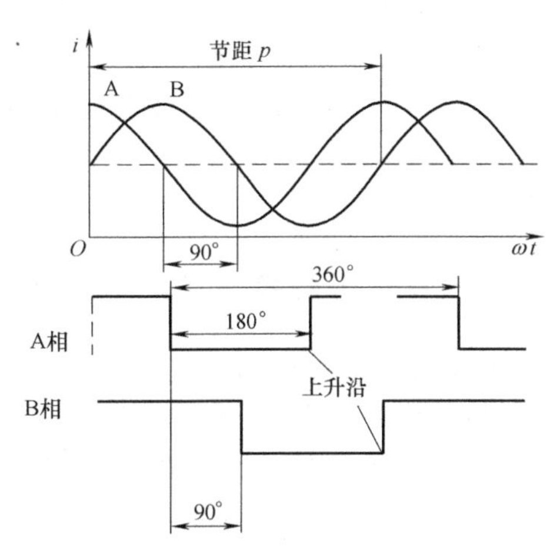

图 2-29　脉冲编码器的输出波形

在应用时，从脉冲编码器输出的 A 和经反相后的 $\overline{A}$，B 和经反相后 $\overline{B}$ 的四个方波被引入位置控制回路，经辨向和乘以倍率后，形成代表位移的测量脉冲，经频率-电压变换器变成正比于频率的电压，作为速度反馈信号供给速度控制单元，进行速度调节。

要提高光电脉冲编码器的分辨率，有两种方法：一是提高光电盘圆周的等分狭缝的密度；二是增加光电盘的发讯通道。第一种方法实际上是使光电盘的窄缝变成了圆光栅线纹。第二种方法是使盘上不仅只有一圈透光窄缝，而且有若干大小不等的同心圆环窄缝，光电盘每回转一周，发出的脉冲信号数增多，分辨率得以提高。

4. 绝对式脉冲编码器

绝对式脉冲编码器是在码盘的每一转角位置刻有表示该位置的唯一代码，因此称为绝对码盘。绝对式脉冲编码器是通过读取码盘上的代码来表示轴的位置，即测得角位移。

（1）工作原理　码盘按其所用码制可分为二进制码、循环码、十进制码、十六进制码等，最常用的是光电式二进制循环码编码器。图 2-30 所示为四位循环码码盘，纯二进制编码方式的缺点是图案转移点不明确，容易产生读数错误，而二进制循环码由于它的图案切换每次只有一位数，因而可以防止上述错误。

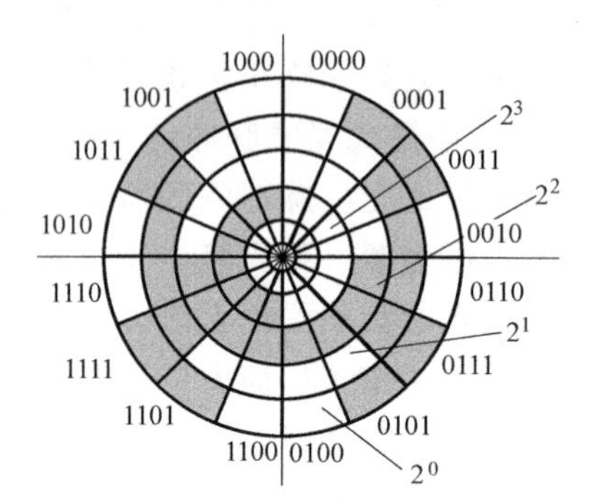

图 2-30　四位循环码码盘

绝对式光电编码器的工作原理是在玻璃码盘上刻有许多同心码道，具有一定规律的亮区和暗区。通过亮区的光线经窄缝形成一束很窄的光束照射在光电元件上，光电元件的排列与码道一一对应，对亮区输出为“0”，暗区输出为“1”，再经（图 2-30 中未画出）放大、整形、锁存与译码，输出自然二进制码，它代表了码盘轴的转角大小，从而实现了角度的绝对值测量。

（2）绝对式编码器的特点

1）可以直接读出角度坐标的绝对值。这一特点可使数控机床开机后不必回零；如若发生故障，故障处理后可回到故障断点等。

2）没有累积误差。

3）电源切断后，位置信号不会丢失。

4）允许的最高旋转速度较高。

5）为提高精度和分辨率，必须增加码道数，使构造变得复杂，价格也较贵。

任务实施

一、维护保养数控车床的主轴部件

1. 检查维护主轴支承轴承

1）检查轴承预紧力、大小是否合适，预紧螺钉是否松动，游隙大小是否合适（先分别检查测量前后轴承与轴承间隙调整垫之间的间隙，要求在无锁紧螺母的外力下，轴承与轴承间隙调整垫之间的间隙为 0.08~0.10mm)，主轴是否存在轴向窜动，若有，应进行调整。

2）若轴承拉毛或损坏请及时更换。

2. 检查主轴润滑情况

检查主轴润滑恒温油箱，清洗过滤器，若润滑油太脏，应更换润滑油，保证主轴有良好的润滑。

3. 检查维护传动齿轮

1）检查齿轮轮齿，若有严重损坏，应及时更换齿轮。

2）检查齿轮啮合间隙，若间隙过大，及时调整啮合间隙。

4. 检查维护主轴传动带

检查传动带松紧程度，及时调整或更换新带。

二、安装维护主轴脉冲编码器

1. 安装数控车床的主轴脉冲编码器

如图 2-31 所示，把主轴脉冲编码器固定在支架上，在支架一端安装一个同步带轮，用一个联轴器把主轴脉冲编码器的轴与同步带轮的轴连接好。在车床主轴上安装一个齿数相同的同步带轮。用同步带把主轴的同步带轮和支架一端的同步带轮连接起来。然后把主轴脉冲编码器插头用电缆连接到 CNC 的接口上即可。

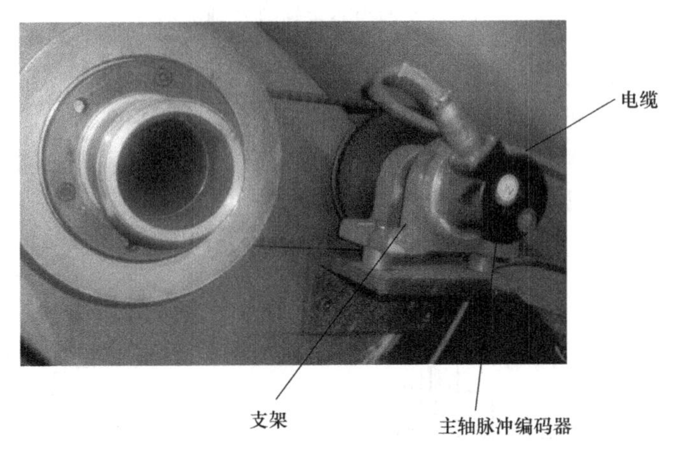

图 2-31　安装主轴脉冲编码器

2. 维护保养主轴脉冲编码器

（1）检查主轴脉冲编码器　检查主轴脉冲编码器本身元器件有无故障，是否需要更换主轴脉冲编码器或维修其内部器件。

（2）检查主轴脉冲编码器连接电缆　检查主轴脉冲编码器电缆有无断路、短路、接触不良或固定不紧，是否需更换或卡紧电缆、更换接头。

（3）检查绝对式主轴脉冲编码器电池电压是否下降　若电池电压下降，考虑是否需要更换电池，如果参考点位置记忆丢失，执行重回参考点操作。

（4）检查主轴脉冲编码器电缆屏蔽线是否未接或脱落　若电缆屏蔽线未接或脱落，会引入干扰信号，使波形不稳定，影响通信的准确性，必须保证屏蔽线可靠焊接及接地。

（5）检查主轴脉冲编码器安装有无松动　安装松动会影响位置控制精度，造成停止和移动中位置偏差量超差，甚至刚一开机即产生伺服系统过载报警，需特别注意。

（6）检查光电盘有无污染　光电盘污染会使信号输出幅度下降，必须用脱脂棉沾无水酒精轻轻擦除油污。

拓展训练

分析车削中心的主轴部件

如图2-32所示，车削中心的主轴旋转除作为车削的主运动外，还可作为分度运动，即定向停车和圆周进给，并在数控装置的伺服控制下，实现 C 轴与 Z 轴联动，或 C 轴与 X 轴联动，以进行圆柱面或端面上任意部位的钻削、铣削、攻螺纹及平面或曲面铣削加工。

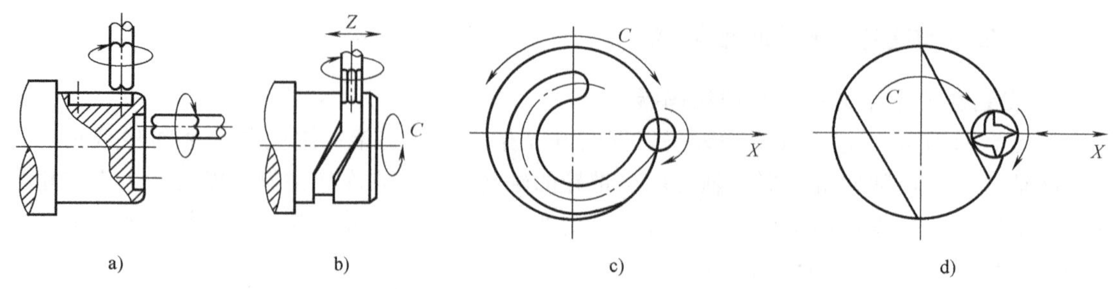

图2-32　车削中心主轴的 C 轴运动

1. MOC200MS3车削柔性加工单元的 C 轴传动

该机床 C 轴分度采用可啮合和脱开的精密蜗杆副，如图2-33所示。主轴需要通过 C 轴回转或分度（机床处于铣削和钻削状态时），C 轴伺服电动机驱动蜗杆带动蜗轮及主轴分度回转。分度精度由光电编码器保证，精度为0.01°。

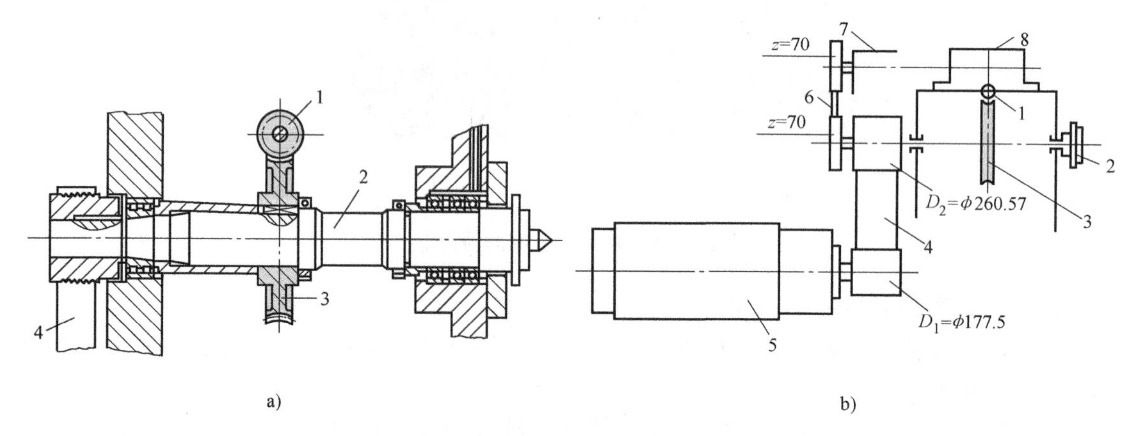

图2-33　MOC200MS3车削柔性加工单元的 C 轴传动

a）主轴结构简图　b）C 轴传动及主传动系统

1—蜗杆　2—主轴　3—蜗轮　4、6—同步带　5—主轴电动机　7—光电编码器　8—C 轴伺服电动机

2. CH6144型车削中心 C 轴传动

如图2-34所示，在一般工作状态时，换位液压缸6使滑移齿轮5与主轴齿轮7脱开，制动液压缸10脱离制动，主轴电动机通过V带带动齿轮使主轴回转。

主轴需 C 轴控制时，主轴电动机停止转动，滑移齿轮5和主轴齿轮7啮合，C 轴伺服电动机15根据脉冲指令旋转，通过变速机构使主轴分度，并通过制动液压缸10制动。铣削时，制动液压缸 10 不制动，主轴按指令做缓慢连续旋转进给运动。

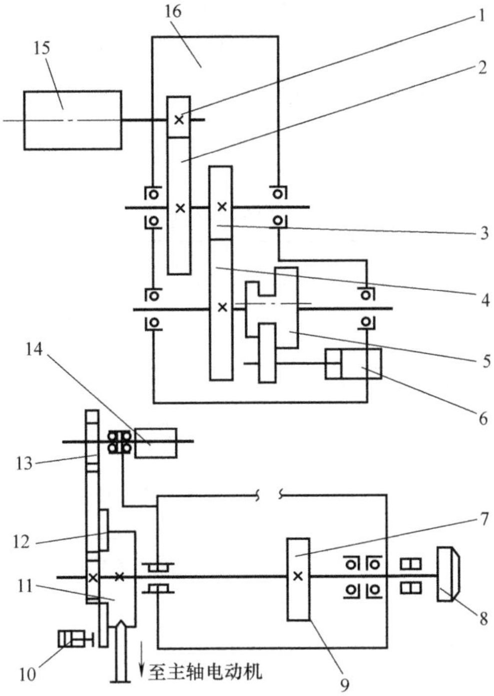

至主轴电动机

图 2-34 CH6144 型车削中心 *C* 轴传动

1～4—传动齿轮 5—滑移齿轮 6—换位液压缸 7—主轴齿轮 8—主轴 9—主轴箱 10—制动液压缸 11—V 带轮 12—主轴制动盘 13—同步带轮 14—光电编码器 15—*C* 轴伺服电动机 16—*C* 轴控制箱

3. S3-317 型车削中心 *C* 轴传动

如图 2-35 所示，该机床 *C* 轴传动是通过安装在伺服电动机轴上的滑移齿轮带动主轴旋转或分度的。一般工作状态时，滑移齿轮与主轴脱开，主轴由主电动机带动旋转。为防止发

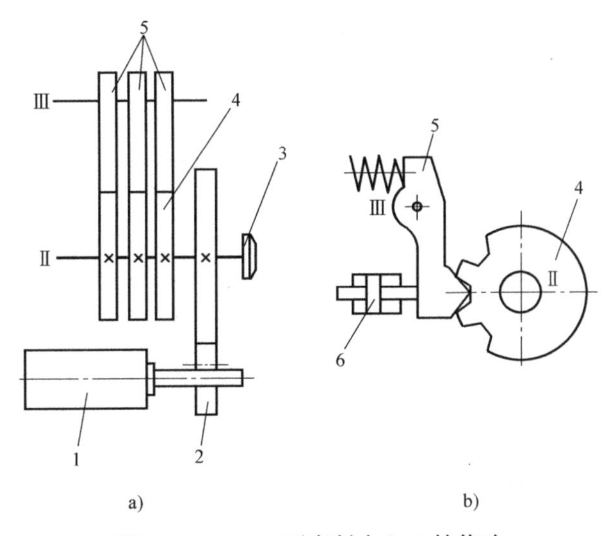

图 2-35 S3-317 型车削中心 *C* 轴传动

1—伺服电动机 2—滑移齿轮 3—主轴 4—分度齿轮 5—连杆 6—液压缸

生干涉，滑移齿轮啮合位置装有检测开关，用以识别主轴的工作状态。

主轴分度由三个 120 齿的分度齿轮实现，三个齿轮分别错开一个齿，实现主轴最小分度值 1°。主轴定位由带齿的连杆完成，定位后由压紧液压缸实现压紧。三个液压缸分别配合三个连杆的动作，由电气系统自动定位控制。

（表 2-3）

表 2-3　任务完成评价表

姓名		班级		任务	任务二　数控车床主传动系统结构与维护		
项目	序号	内容	配分	评分标准	检查记录		得分
					互查	教师复查	
基础知识（40 分）	1	数控车床主传动系统的结构	10	根据掌握情况评分			
	2	数控车床主轴部件的结构	15	根据掌握情况评分			
	3	主轴脉冲编码器的结构与工作原理	15	根据掌握情况评分			
技能训练（30 分）	1	维护保养主轴部件	10	根据完成情况和完成质量评分			
	2	安装维护主轴脉冲编码器	10				
	3	操作流程正确、动作规范、时间合理	5	不规范每处扣 0.5 分 超时扣 2 分			
	4	安全文明生产	5	违反安全操作规程全扣			
综合能力（20 分）	1	自主学习、分析并解决问题、有创新意识	7	根据个人表现评分			
	2	团队合作、协调沟通、语言表达、竞争意识	7	根据个人表现评分			
	3	作业完成	6	根据完成情况和完成质量评分			
其他（10 分）		出勤方面、纪律方面、回答问题、知识掌握	10	根据个人表现评分			
合计							
综合评价							

课后测评

一、填空题

1. 脉冲编码器按码盘的读取方式可分为__________、__________和__________三种。

2. 绝对式脉冲编码器是通过读取编码盘上的__________来表示轴的位置，即测得__________。

二、选择题

1. 主轴前两个轴承承受（　　），故在箱体上轴向固定。

A. 轴向切削力　　　　B. 径向切削力

2. 主轴后轴承的外圈轴向（　　），主轴热变形时，可沿轴向微量移动，减小热变形的影响。

A. 固定　　　　B. 不固定

3. 数控机床上使用（　　）脉冲编码器。

A. 接触式　　　　B. 光电式　　　　C. 电磁式

4. （　　）编码器没有累积误差。

A. 绝对式　　　　B. 增量式

5. 脉冲编码器能把机械转角变成脉冲，可作为（　　）检测装置。

A. 角速度　　　　B. 速度　　　　C. 电流　　　　D. 位置

三、判断题

1. TND360 数控车床的主轴安装在两个支承上，主轴转速较高，要求的刚性也较高。（　　）

2. 主轴的轴端结构悬伸长度应尽量长，以利于提高主轴刚度。（　　）

3. 增量式脉冲编码器的每一个位置对应一个确定的数字码，因此它的示值只与测量的起始和终止位置有关，而与测量的中间过程无关。（　　）

4. 光电脉冲编码器还输出每转一个脉冲的信号，称为同步脉冲，利用同步脉冲，数控车床可实现加工控制，也可作为主轴准停装置的准停信号。（　　）

5. 编码器松动会影响位置控制精度，造成停止和移动中位置偏差量超差，甚至刚一开机即产生伺服系统过载报警，需特别注意。（　　）

6. 数控车床主轴编码器的作用是防止切削螺纹时乱扣。（　　）

7. 绝对式编码器的电源切断后，位置信号会丢失。（　　）

任务三　数控铣床/加工中心主传动系统结构与维护

任务目标

知识目标：

1. 掌握数控铣床主轴部件的结构。
2. 掌握万能铣头的结构与工作原理。
3. 熟悉主轴准停装置的种类与结构。

能力目标：

1. 能对数控铣床的主轴部件进行维护保养。
2. 能调整维护万能铣头。

任务描述

数控铣床/加工中心的主传动系统包括主轴部件和刀具夹紧机构等。主轴部件的回转精度决定了数控铣床主运动的回转精度，刀具夹紧机构的工作精度决定了刀具的安装精度。请同学们检查数控铣床的主轴部件，对主轴部件按要求进行维护保养；检查万能铣头的支承，对其进行调整。

知识储备

一、数控铣床主轴机械结构的主要特点

1. 控制机床运动的坐标特征

数控铣床为多坐标轴联动，至少需三坐标轴中任意两轴联动（如二维曲线、二维轮廓和二维区域加工），有的则需三轴联动（如三维曲面加工），加工直线变斜角零件需四轴联动，加工曲线变斜角零件需五轴联动。

2. 数控铣床的主轴特征

早期的数控铣床采用变频机组调速，机床只有固定的几种转速，任选一种编入程序，运转时不能改变。

现代数控铣床多采用变频器调速，主轴转速分为几档，任选一档，运转中通过旋钮在本档范围内自由调节不分档；可在整个调速范围内任选一值，运转中可任意调整转速但不能有大起大落的突变。

二、数控铣床/加工中心主轴的结构

数控铣床/加工中心的主轴箱主要由四个功能部件组成：主轴部件、刀具自动装卸机构、切屑清除装置和主轴准停装置。

数控铣床/加工中心主轴的支承采用双支承结构，前支承为固定支承，后支承为浮动支承。

1. 主轴轴承配置

以 JCS-018A 型加工中心主轴为例：主轴前支承配置了三个高精度的角接触球轴承，用以承受径向载荷和轴向载荷，前两个轴承大口朝下，后一个轴承大口朝上。前支承按预加载荷计算的预紧量由预紧螺母来调整。后支承为一对小口相对配置的角接触球轴承，只承受径向载荷，因此轴承外圈不需要定位。该主轴选择的轴承类型和配置形式满足主轴高转速和承受较大轴向载荷的要求。主轴受热变形向后伸长，但不影响加工精度。

2. 刀具自动装卸机构

(1) 刀具的安装　数控铣床/加工中心使用的刀具通过刀柄与主轴相连，刀柄通过拉钉和主轴内的拉刀装置固定在主轴上，由刀柄夹持传递速度、转矩，如图 2-36 所示。刀柄的强度、刚性、耐磨性、制造精度以及

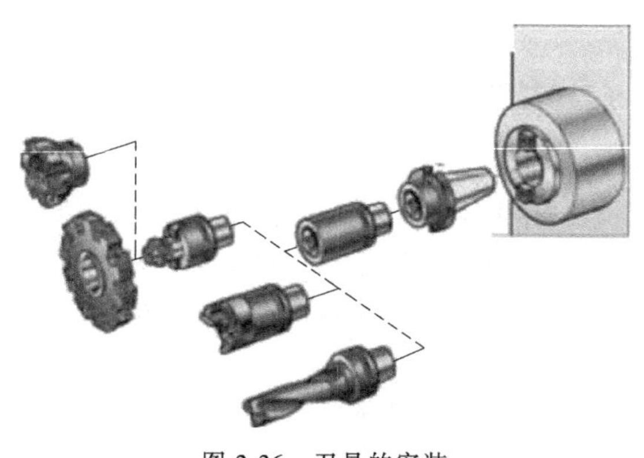

图 2-36　刀具的安装

夹紧力等对加工有直接的影响。

（2）常用数控刀柄及拉钉结构　刀柄与主轴孔的配合锥面一般采用 7∶24 的锥度，这种锥柄不自锁，换刀方便。实心的锥体直接在主轴锥孔内支承刀具，可减小刀具的悬伸量，与直柄相比有较高的定心精度和刚度。为了保证刀柄与主轴的配合与连接，刀柄与拉钉的结构和尺寸均已标准化和系列化。

（3）自动装卸机构　在自动换刀的数控机床中，为了实现刀具在主轴内的自动装卸，其主轴必须设计有刀具的自动装卸机构，如图 2-37 所示。数控铣床的刀具自动装卸机构由主轴、拉钉、拉杆、拉杆端部的四个钢球、碟形弹簧、活塞和液压缸等组成。

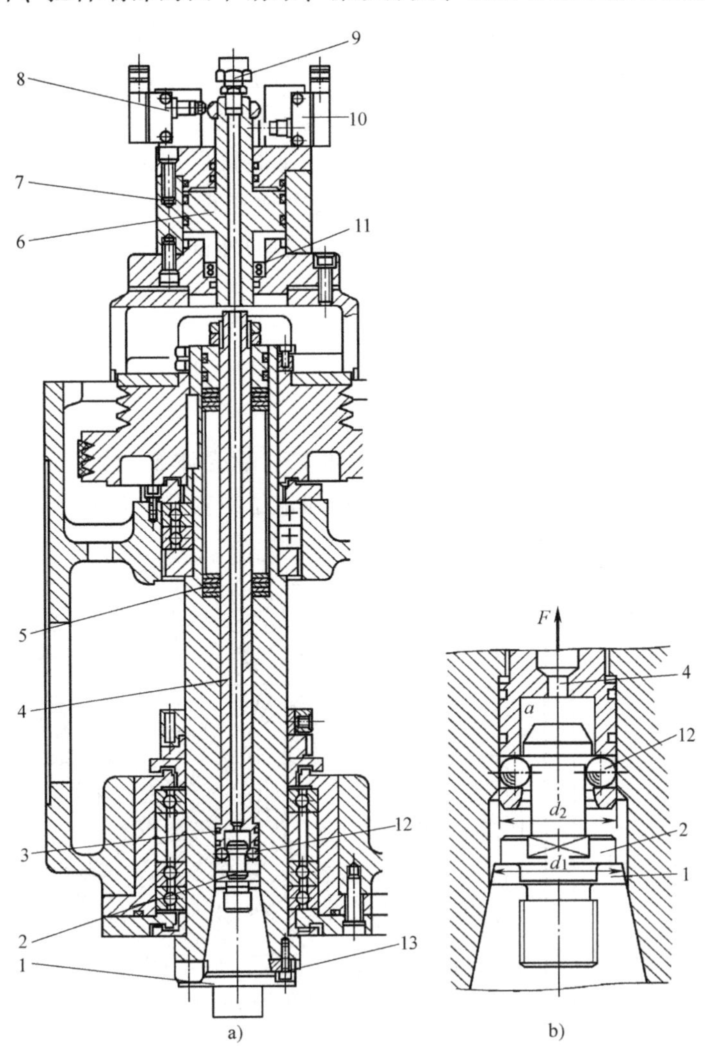

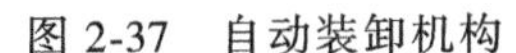

图 2-37　自动装卸机构

1—刀架　2—拉钉　3—主轴　4—拉杆　5—碟形弹簧　6—活塞　7—液压缸　8、10—行程开关
9—压缩空气管接头　11—弹簧　12—钢球　13—端面键

机床采用的是 7∶24 号锥柄刀具，锥柄的尾端安装有拉钉 2，拉杆 4 通过 4 个钢球拉住拉钉 2 的凹槽，使刀具在主轴锥孔内定位及夹紧。拉紧力由碟形弹簧 5 产生。碟形弹簧共有 34 对（68 片），组装后压缩 20mm 时弹力为 10kN，压缩 28. 5mm 时弹力为 13kN。拉紧刀具

的拉紧力为 10kN。

机床执行换刀指令，机械手从主轴拔刀时，主轴需松开刀具。液压缸 7 上腔通入液压油，活塞 6 推动拉杆 4 向下移动，使碟形弹簧 5 压缩，钢球 12 随拉杆一起下移进入主轴锥孔上部的环槽内，这时钢球已不能约束拉钉 2 的头部。拉杆继续下降，拉杆的 *a* 面与拉钉的顶端接触，把刀具从主轴锥孔中推出，机械手即可将刀取出。

自动清除主轴锥孔内的灰尘和切屑是换刀过程中一个不容忽视的问题。如果主轴锥孔落入了切屑、灰尘或其他污物，在拉紧刀杆时，锥孔表面和刀杆锥柄会被划伤，甚至会使刀杆发生偏斜，破坏刀杆的正确定位，影响零件的加工精度，致使零件超差报废。为了保持主轴锥孔的清洁，常采用的方法是使用压缩空气吹屑。活塞 6 的心部钻有压缩空气通道，在刀具被取下的同时，压缩空气经过活塞和拉杆的中心孔由空气嘴喷出，将锥孔清理干净。为了提高吹屑效率，喷气小孔要有合理的喷射角度，并均匀布置。

当机械手将下一把刀具插入主轴后，液压缸 7 上腔接通回油，弹簧 11 推动活塞 6 上移，拉杆 4 在碟形弹簧 5 的作用下上移，钢球 12 进入主轴孔直径较小处，碟形弹簧通过拉杆和钢球拉紧刀柄尾部的拉钉，使刀具被夹紧。刀具锥柄的外锥面与主轴锥孔相互压紧，这样刀具就被定位夹紧在主轴上。

三、万能铣头

1. 万能铣头的结构

万能铣头的结构如图 2-38 所示，是由前壳体 12、后壳体 5、法兰 3、传动轴Ⅱ和Ⅲ、主轴Ⅳ及两对弧齿锥齿轮等组成。万能铣头用螺栓和定位销安装在滑枕前端。铣削主运动由滑

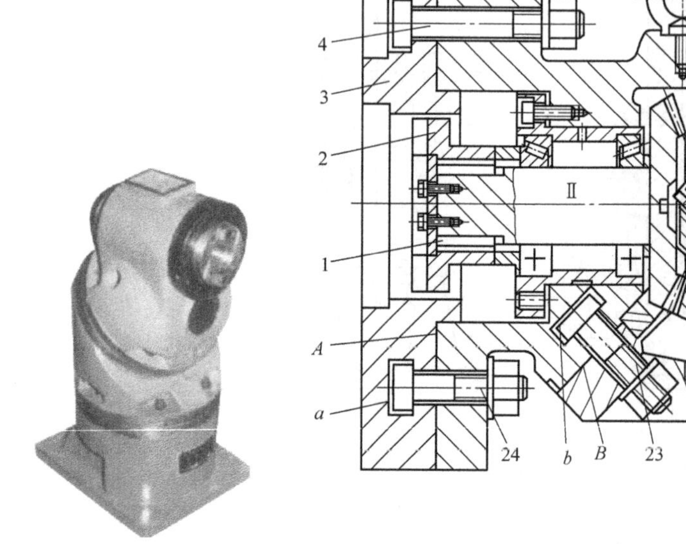

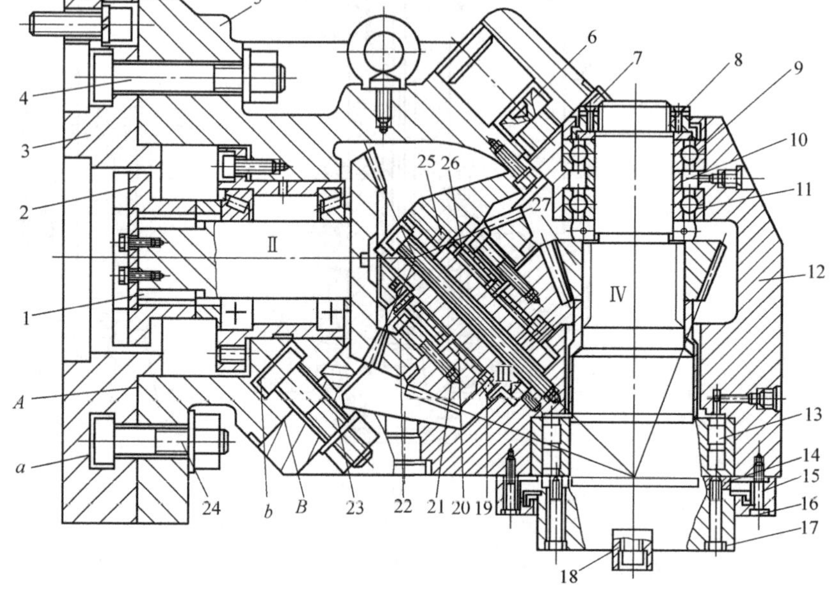

图 2-38 万能铣头的结构

1—平键 2—连接盘 3、15—法兰 4、6、23、24—T 形螺栓 5—后壳体 7—锁紧螺钉 8—螺母 9、11—角接触球轴承 10—隔套 12—前壳体 13—轴承 14—半圆环垫片 16、17—螺钉 18—端面键 19、25—推力圆柱滚子轴承 20、26—滚针轴承 21、22、27—锥齿轮

枕上的传动轴Ⅰ的端面键传动到轴Ⅱ，端面键与连接盘2的径向槽相配合，连接盘2与轴Ⅱ由平键1传递运动，轴Ⅱ右端为弧齿锥齿轮，通过轴Ⅲ上的两个锥齿轮21、22和用花键装在主轴Ⅳ上的锥齿轮27，将运动传到主轴上。主轴为空心轴，前端有7∶24的内锥孔，用于刀具或刀具心轴定心，通孔用于安装拉紧刀具的拉杆通过。主轴端面有径向槽，并装有两个端面键18，用于主轴向刀具传递转矩。

万能铣头能通过两个互成45°的回转面 A 和 B 调节主轴Ⅳ的方位。在法兰3的回转面 A 上开有T形圆环槽 a，松开T形螺栓4、24可使铣头绕水平轴Ⅱ转动，调整到要求位置再将T形螺栓拧紧。在万能铣头后壳体5的回转面 B 内，开有T形圆环槽 b，松开T形螺栓6、23可使铣头主轴绕与水平轴线成45°夹角的轴Ⅲ转动。绕两个轴线转动组合起来，可使主轴轴线处于前半球面的任意角度。

2. 万能铣头的支承

万能铣头是直接带动刀具的运动部件，要能传递较大的功率，有较高的回转精度、刚度和抗振性。

万能铣头不仅制造、装配精度要求比较高，还要选用承载力和旋转精度都较高的轴承。两个传动轴都选用了D级精度的轴承，轴Ⅱ上为一对圆锥滚子轴承。轴Ⅲ上为一对滚针轴承20、26承受径向载荷，由一对推力圆柱滚子轴承19、25承受轴向载荷。

主轴上前后支承均采用C级精度的轴承。前支承是双列圆柱滚子轴承，只承受径向载荷；后支承是一对角接触球轴承9、11，既承受轴向载荷又承受径向载荷。为了保证回转精度，主轴轴承不仅要消除间隙，而且要有预紧力，轴承磨损后要进行间隙调整。

四、主轴准停装置

1. 主轴准停的应用

(1) 刀具交换　如图2-39所示，机床的切削转矩由主轴上的端面键来传递，每次机械手自动装取刀具时，必须保证刀柄上的键槽对准主轴的端面键，这就要求主轴具有准确定位的功能，使主轴停在一个固定不变的位置上，从而保证主轴的端面键也在一个固定的位置，这样，换刀机械手在交换刀具时，能保证刀柄上的键槽对正主轴端面上的定位键。

(2) 镗孔退刀　如图2-40所示，在镗孔退刀时，为了避免刀尖划伤已加工表面，采用主轴准停控制，使刀尖停在一个固定的位置，以便主轴偏移一定尺寸后，使刀尖离开工件表面进行退刀。

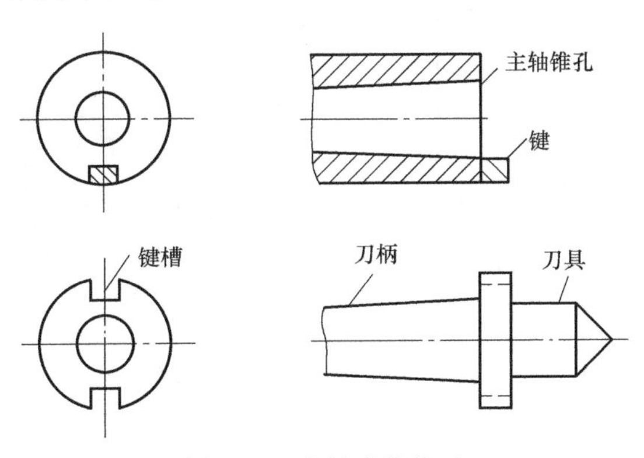

图2-39　主轴准停换刀

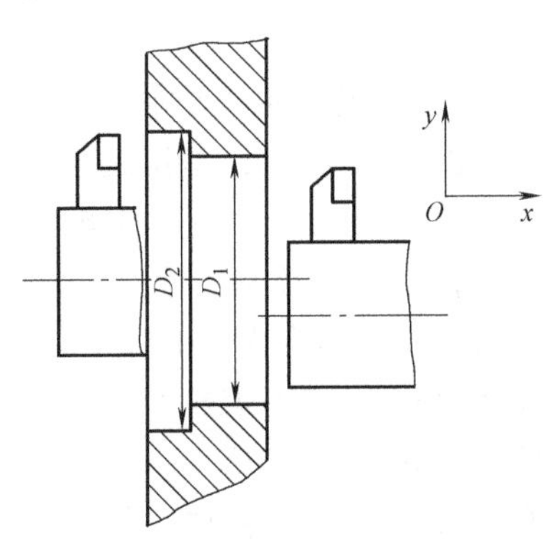

图2-40　镗孔退刀

在通过前壁小孔镗内壁大孔时，采用主轴准停控制，使刀尖停在一个固定的位置，以便主轴偏移一定尺寸后，使刀尖通过前壁小孔进入箱体内对大孔进行镗削。

2. 主轴准停装置的分类

主轴准停装置分机械式和电气式两种。机械准停装置结构较复杂，在早期的数控机床上使用较多。

（1）机械准停控制　机械准停装置的结构如图 2-41 所示，带有 V 形槽的定位盘与主轴端面保持一定的位置关系，以确定定位位置。当执行准停控制指令 M19 时，首先使主轴减速至低速转动，当检测到无触点开关有效信号后，立即使主轴电动机停转。但主轴电动机和主轴传动件依惯性继续空转，同时准停液压缸定位销伸出，压向定位盘。当定位盘 V 形槽与定位销对正时，由于液压缸的压力，活塞推着定位销插入 V 形槽中，LS2 准停到位信号有效，表明准停动作完成。LS1 为准停释放信号。这种准停方式有逻辑互锁功能，即只有 LS2 有效时，才能进行换刀动作；而当 LS1 有效时，才能起动主轴电动机开始正常运转。该准停功能一般由数控系统的可编程序控制器控制完成。

机械准停还有其他方式，如端面螺旋凸轮准停等，但它们的基本原理是一样的。

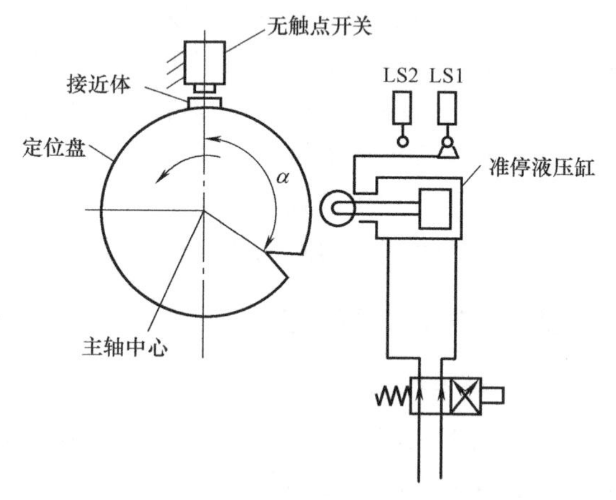

图 2-41　机械准停装置的结构

（2）电气准停控制　现在的数控铣床一般都采用电气准停装置。电气准停控制有三种方式，即磁传感器准停控制、编码器准停控制和数控系统准停控制。

与机械准停装置相比，电气准停装置有以下优点。

① 机械结构简单。只在旋转部件和固定部件上安装传感器。

② 准停时间短。准停时间包括换刀时间。主轴高速转动时也能快速定位于准停位置。

③ 可靠性高。没有复杂的机械装置，故准停时没有机械冲击，使准停装置的使用寿命和可靠性增加。

④ 性价比高。简化了机械结构和强电控制逻辑，成本低。但单独订购电气准停控制附件需另加费用。

1）磁传感器准停控制。磁传感器准停控制如图 2-42 所示，是用磁传感器检测定向。磁传感器准停控制由主轴驱动装置完成，当执行准停控制指令 M19 时，数控系统只需发出准停信号 ORT，主轴驱动完成准停后会向数控系统输出完成信号 ORE。准停装置如图 2-42 所示，在主轴的尾部安装有磁发体，其随主轴一起转动，在距磁发体外缘 1～2mm 处固定了一个磁传感器，

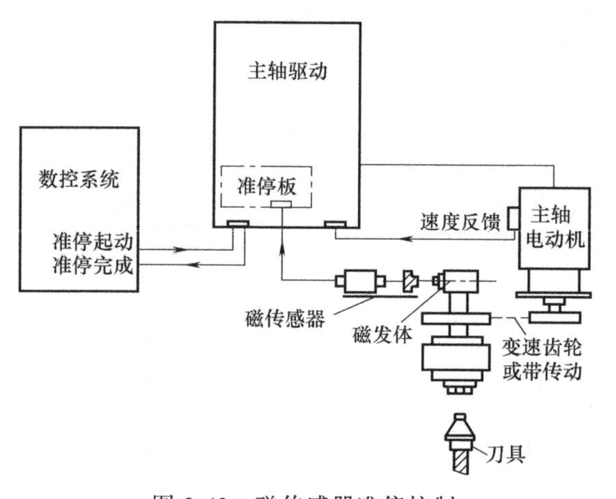

图 2-42　磁传感器准停控制

其与主轴驱动装置相连。主轴定向的指令由数控系统发出后，主轴便处于定向状态，当磁发体上的判别孔转到对准磁传感器上的基准槽时，磁传感器发出准停信号，该信号经过放大，控制电动机准停在规定位置上，实现主轴准停。这种方法结构简单、准停可靠、动作迅速稳定，所以使用广泛。

如图 2-43 所示，当主轴转动或停止时，接收到数控系统发出的准停信号 ORT，主轴立即加速或减速至某一准停速度（可在主轴驱动装置中设定）。主轴达到准停速度且到达准停位置时（即磁发体与磁传感器对准），主轴立即减速至某一爬行速度（可在主轴驱动装置中设定）。当磁传感器信号出现时，主轴驱动立即进入磁传感器作为反馈元件的位置闭环控制，目标位置为准停位置。准停完成后，主轴驱动装置输出准停完成信号 ORE 给数控系统，从而可以进行其他动作。

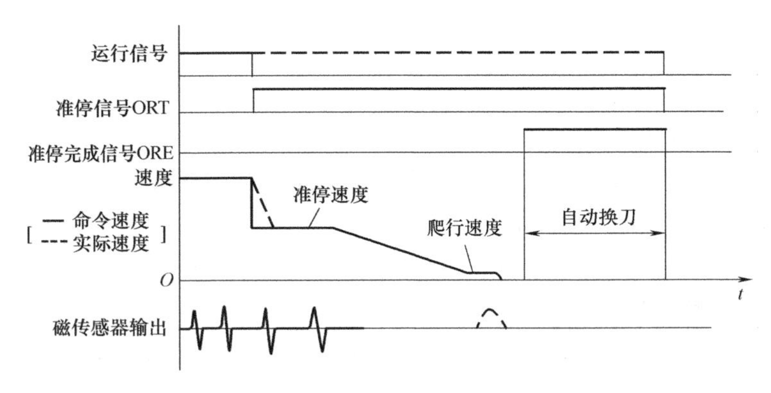

图 2-43　磁传感器准停控制时序图

2）编码器准停控制。编码器准停控制也是由主轴驱动装置完成，其结构如图 2-44 所示，通过主轴电动机内置安装的位置编码器信号或在机床主轴箱上安装一个与主轴 1∶1 同步旋转的位置编码器来实现准停控制，主轴驱动装置内部可自动转换，使主轴驱动处于速度控制或位置控制状态。准停角度可由外部开关量信号（12 位）任意设定。

3）数控系统准停控制。数控系统准停控制功能由数控系统完成，数控系统必须具有主轴闭环控制功能，如图 2-45 所示。主轴准停的角度可由数控系统内部设定成任意值，准停动作由数控代码 M19 执行。当执行 M19 或 M19S××时，数控系统先将 M19 送至 PLC，可编程序控制器经译码处理后送出控制信号，使主轴驱动进入伺服状态，同时数控系统控制主轴电动机由静止迅速升速或在原来运行的较高速度下迅速降速到定向准停设定的速度 nORT 运行，寻找主轴编码器零位脉冲 C，然后进入位置闭环控制状态，并按系统参数设定定向准停。若执行 M19 无 S 指令，则主轴准停于相对 C 脉冲的某一默认位置；若执行 M19S××指令，则主轴准停于指令位置，即相对零位脉冲××度处。

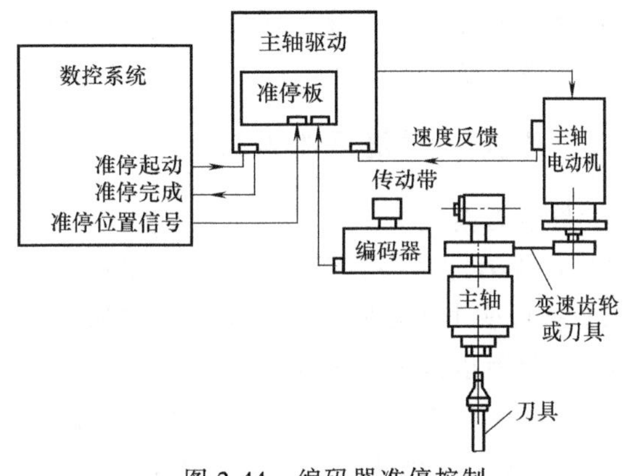

图 2-44　编码器准停控制

主轴定向准停的具体控制过程，不同的系统其控制执行过程略有区别，但大同小异。

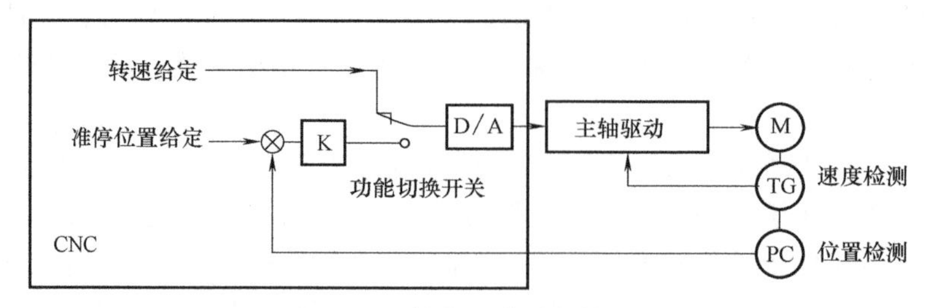

图 2-45　数控系统准停控制

一、维护数控铣床的主轴部件

1. 检查维护主轴支承轴承

1）检查轴承预紧力大小是否合适，预紧螺钉是否松动，游隙大小是否合适，主轴是否存在轴向窜动，若有，应及时进行调整。

2）若轴承拉毛或损坏应及时更换。

2. 检查主轴润滑情况

检查主轴润滑恒温油箱，清洗过滤器，若润滑油太脏，应更换润滑油，保证主轴有良好的润滑。

3. 检查维护传动齿轮

1）检查齿轮轮齿，若有严重损坏，应及时更换齿轮。

2）检查齿轮啮合间隙，若间隙过大，及时调整啮合间隙。

4. 检查维护主轴驱动传动带

检查传动带松紧程度，及时调整或更换新的传动带。

5. 检查主轴与刀柄连接部位的清洁状况；调整液压缸和活塞的位移量

6. 调整配重

二、维护、调整万能铣头

1. 维护万能铣头

1）清除万能铣头表面的脏物，将主轴锥孔和基座底面擦拭干净。

2）按说明书规定对万能铣头进行加油润滑，万能铣头存放时应涂防锈油。

2. 调整万能铣头的间隙

（1）调整主轴前支承的预紧　前轴承消除间隙和预紧的调整靠改变轴承内圈在锥形颈上的位置，使内圈外胀实现的。如图 2-38 所示，调整时先拧下螺钉 16，卸下法兰 15，再松开螺母 8 上的锁紧螺钉 7，拧松螺母 8，将主轴Ⅳ向上推动 2mm 左右，然后拧下螺钉 17，将半圆环垫片 14 取出，根据间隙大小磨薄垫片，再将上述零件重新装好即可。

（2）调整主轴后支承的预紧　如图 2-38 所示，后支承两个角接触球轴承开口向背（轴承 9 开口朝上，轴承 11 开口朝下），进行消隙和预紧调整时，两轴承外圈不动，内圈的端面距离相对减小，具体通过控制两轴承内圈隔套 10 的尺寸，调整时取下隔套 10，修磨到合适尺寸，重新装好，用螺母 8 顶紧轴承内圈和隔套即可，最后再拧紧锁紧螺钉 7。

拓展训练

认识数控机床电主轴

一、概述

数控机床电主轴如图 2-46 所示，是将机床主轴与主轴电动机融为一体的新技术。它与直线电动机技术、高速刀具技术一起，把高速加工推向一个新时代。电主轴是一套组件，包括电主轴本身及其附件：电主轴、高频变频装置、油雾润滑器、冷却装置、内置编码器、换刀装置等。电动机的转子直接作为机床的主轴，主轴单元的壳体就是电动机机座，并且配合其他零部件，实现电动机与机床主轴的一体化。

随着电气传动技术（变频调速技术、电动机矢量控制技术等）的迅速发展和日趋完善，高速数控机床主传动系统的机械结构已得到极大的简化，基本上取消了带轮传动和齿轮传动。机床主轴由内装式电动机直接驱动，从而把机床主传动链的长度缩短为零，实现了机床的零传动。这种主轴电动机与机床主轴“合二为一”的传动结构形式，使主轴部件从机床的传动系统和整体结构中相对独立出来，因此可做成主轴单元，俗称为电主轴。由于当前电主轴主要采用的是交流高频电动机，也称为高频主轴。由于没有中间传动环节，有时又称它为直接传动主轴。

图 2-46　数控机床电主轴

二、电主轴的结构

电主轴由无外壳电动机、主轴、轴承、主轴单元壳体、驱动模块和冷却装置等组成，如图 2-47 所示。电动机的转子采用压配方法与主轴做成一体，主轴则由前、后轴承支承，电主轴通常采用动静压轴承、复合陶瓷轴承或电磁悬浮轴承。电动机的定子通过冷却套安装于主轴单元的壳体中。主轴的变速由主轴驱动模块控制，而主轴单元内的温升由冷却装置限制。在主轴的后端装有测速、测角位移传感器，前端的内锥孔和端面用于安装刀具。

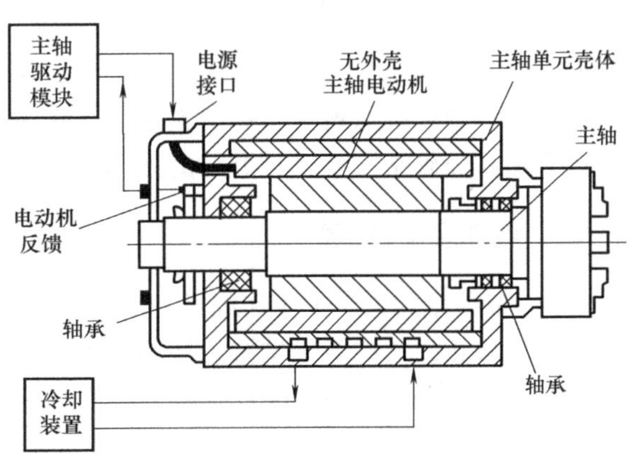

图 2-47　数控机床电主轴的结构

由于电主轴将电动机集成于主轴单元中，且主轴的转速大多在 10000r/min 以上，运转时会产生大量热量，引起电主轴温升，使电主轴的热态特性和动态特性变差，从而影响电主轴的正常工作。因此，必须采取一定措施控制电主轴的温度，使其恒定在一定值内。机床目前一般采取强制循环油冷却的方式对电主轴的定子及主轴轴承进行冷却，即将经过油冷却装置的冷却油强制性地在主轴定子外和主轴轴承外循环，带走主轴高速旋转产生的热量。

电主轴多采用油气润滑装置，如图 2-48 所示，油跟随气体的流动而往前运动。气体在运动过程中，会带动附着在管壁上面的少量油滴进入到两边的传动轴承，喷洒到摩擦面上的是带有油滴的油气混合体。这种润滑装置不仅经济、环保、快速、高效，更重要的是油滴适中，不会造成因油量过多使轴承无法散热，也不会造成因油量过多，轴承在高速旋转过程中产生背压，避免了电主轴负载的增加，更不会产生窜动现象。

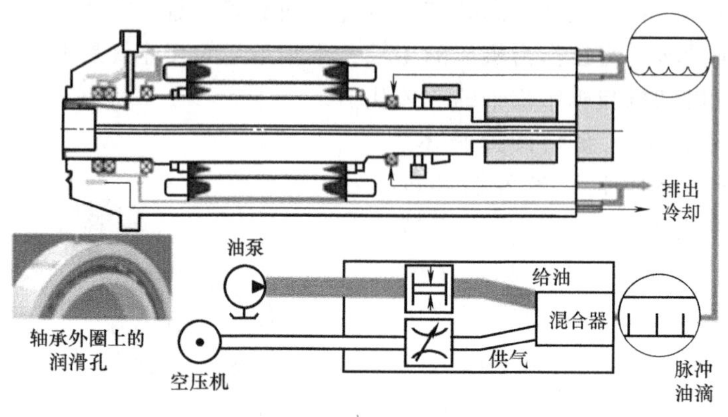

图 2-48　数控机床电主轴的润滑

三、电主轴的驱动

电主轴的电动机均采用交流异步感应电动机，由于是用在高速加工机床上，起动时要从静止迅速升速至每分钟数万转乃至数十万转，起动转矩大，因而起动电流要超出普通电动机额定电流 5~7 倍，其驱动方式有变频器驱动和矢量控制驱动器驱动两种。机床最新的变频器采用先进的晶体管技术，可实现主轴的无级变速。

四、电主轴的优点

电主轴具有结构紧凑、重量轻、惯性小、振动小、噪声小、响应快等优点，而且转速高、功率大，简化机床设计，易于实现主轴定位，是高速主轴单元中的一种理想结构。电主轴轴承采用高速轴承技术，具有耐磨性和耐热性，使用寿命是传统轴承的几倍。

五、电主轴的保养

1）机床操作员每天工作完成后，要使用吸尘器清理电主轴的转子端和电动机接线端子上的废屑，防止废屑在转子端和接线端子上堆积，以此避免废屑进入轴承、加速高速轴承的磨损；避免废屑进入接线端子、造成电动机短路烧毁。

2）每次对电主轴更换刀具时，机床操作员必须要将压帽卡头拧下，不能使用直接插拔刀具的方法换刀。在卸刀后要将卡头和压帽清理干净。

3）每天开机后操作员必须检查电主轴的冷却装置工作状态，要检查油泵是否正常工作、冷却油是否清洁，检查管路状态是否正常，必须要保证冷却油正常循环。严禁在电主轴内无冷却油通过的情况下起动电主轴。只有在正常冷却的前提下电主轴才能处于良好的工作状态。

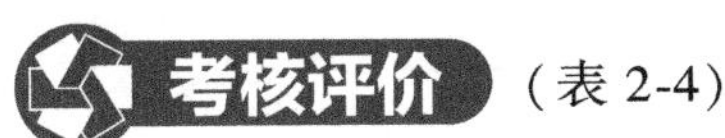
（表 2-4）

表 2-4　任务完成评价表

姓名		班级		任务	任务三　数控铣床/加工中心主传动系统结构与维护		
项目	序号	内容	配分	评分标准	检查记录		得分
					互查	教师复查	
基础知识（30分）	1	数控铣床主轴机械结构的主要特点	4	根据掌握情况评分			
	2	数控铣床/加工中心的主轴部件	10	根据掌握情况评分			
	3	万能铣头	8	根据掌握情况评分			
	4	主轴准停装置	8	根据掌握情况评分			
技能训练（40分）	1	调整、维护主轴部件	15	根据完成情况和质量评分			
	2	调整、维护万能铣头	15	根据完成情况和质量评分			
	3	操作流程正确、动作规范、时间合理	5	不规范每处扣 0.5 分 超时扣 2 分			
	4	安全文明生产	5	违反安全操作规程全扣			
综合能力（20分）	1	自主学习、分析并解决问题、有创新意识	7	根据个人表现评分			
	2	团队合作、协调沟通、语言表达、竞争意识	7	根据个人表现评分			
	3	作业完成	6	根据完成情况和完成质量评分			
其他（10分）		出勤方面、纪律方面、回答问题、知识掌握	10	根据个人表现评分			
合计							
综合评价							

课后测评

一、填空题

1. 数控铣床的刀具自动装卸机构由__________、拉钉、__________、钢球、__________、活塞和液压缸等组成。

2. 数控系统准停控制功能由__________完成，数控系统必须具有__________。

3. 数控铣床/加工中心主轴的支承采用__________结构，前支承为__________支承，后支承为__________支承。

4. 数控铣床/加工中心的主轴箱主要由四个功能部件组成：__________、__________、切屑清除装置和__________。

5. 万能铣头是直接带动__________的运动部件，要能传递较大的__________，有较高的__________、刚度和抗振性。

6. 主轴准停装置分__________和__________两种。__________准停装置是利用磁传感器检测定向。

7. 采用磁传感器准停止时，接收到数控系统发来的准停信号 ORT，主轴立即加速或减速至某一__________速度。主轴达到准停速度且到达准停位置时，主轴即减速至某一__________速度。然后当__________信号出现时，主轴驱动立即进入磁传感器作为反馈元件的闭环控制，目标位置即为__________位置。

二、选择题

1.（　　）使用的刀具通过刀柄与主轴相连，刀柄通过拉钉和主轴内的拉刀装置固定在主轴上，由刀柄夹持传递速度、转矩。

A. 数控车床　　B. 数控铣床/加工中心　　C. 数控磨床

2. 自动清除主轴锥孔内的灰尘和切屑是换刀过程中一个不容忽视的问题，常采用的方法是使用（　　）吹屑。

A. 切削液　　B. 压缩空气　　C. 水

3. 万能铣头多用在（　　）上。

A. 数控车床　　B. 数控铣床　　C. 数控磨床

4. 万能铣头前轴承消除间隙和预紧的调整靠改变（　　）在锥形颈上的位置，使内圈外胀实现的。

A. 轴承内圈　　B. 轴承外圈

5. 主轴准停是指主轴能实现（　　）。

A. 准确的周向定位　　B. 准确的轴向定位　　C. 精确的时间控制

6. 数控机床的准停功能主要用于（　　）。

A. 换刀和加工中　　B. 退刀　　C. 换刀和退刀

三、判断题

1. 万能铣头主轴前轴承消除间隙和预紧的调整靠改变轴承外圈在锥形颈上的位置，使外圈外胀实现的。（　　）

2. 若轴承拉毛或损坏应及时更换。（　　）

3. 加工中心的刀柄与主轴孔的配合锥面一般采用 7∶24 的锥度，这种锥柄不能自锁，换刀方便。（　　）

4. 数控铣床拉紧刀具的拉紧力由碟形弹簧产生。（　　）

5. 若数控铣床的主轴轴承拉毛或损坏应及时更换。（　　）

6. 万能铣头能通过两个互成45°的回转面 A 和 B 调节主轴Ⅳ的方位，实现立卧两用转换。（　）
7. 万能铣头要选用承载力和旋转精度都不高的轴承。（　）
8. 电气准停控制机械结构简单、准停时间短、可靠性高，但性价比低。（　）
9. 主轴准停装置分机械准停装置和电气准停装置两大类。（　）

四、简答题

1. 简述数控铣床主轴装卸刀具的过程。
2. 简述万能铣头的工作原理。
3. 主轴电气准停控制较机械准停控制有何优点？目前常用的电气准停控制有哪几种？

项目三

数控机床进给传动系统结构与维护

数控机床进给传动系统是指将电动机的旋转运动传递给工作台或刀架以实现进给运动的整个机械传动链，如图 3-1 所示，包括齿轮传动副、滚珠丝杠螺母副（或蜗杆副）及其支承部件等。

图 3-1　数控机床进给传动系统

数控机床进给传动系统的组成与作用见表 3-1。

表 3-1　数控机床进给传动系统的组成与作用

导轨 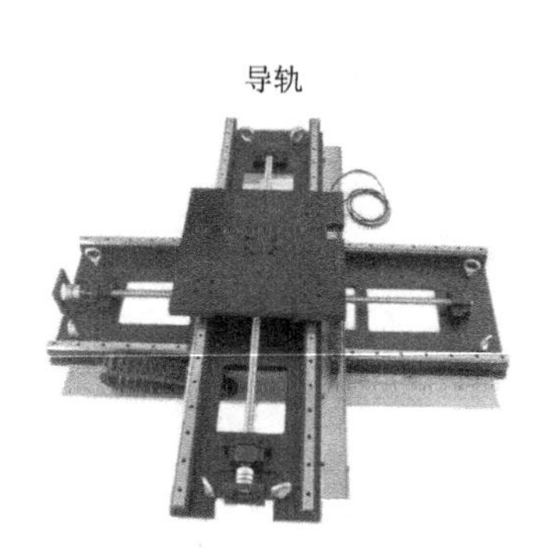	丝杠 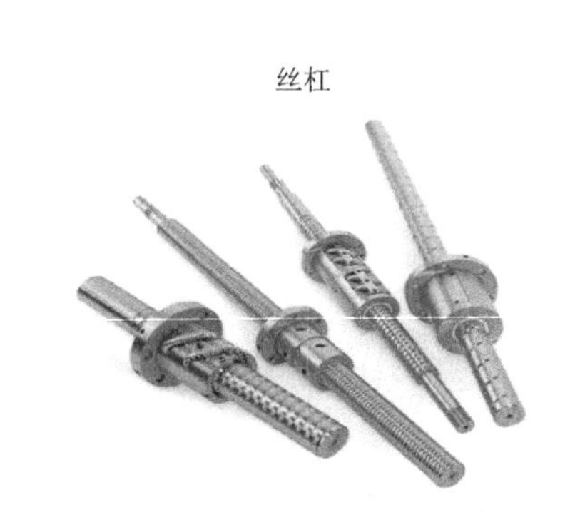
作用:支承和引导运动部件沿一定的轨道进行运动	作用:将伺服电动机的回转运动转变为工作台的直线运动

（续）

轴承	联轴器

作用：支承丝杠旋转	作用：连接电动机与滚珠丝杠螺母副
伺服电动机	丝杠支架

作用：伺服电动机是实现机床进给运动的动力元件	作用：支架内安装有轴承，将滚珠丝杠固定在基座上

通过项目三的学习，使学生们掌握数控机床进给传动系统的功能、结构和工作原理，能够对数控机床进给传动系统进行维护和保养。

任务一　滚珠丝杠螺母副结构与维护

任务目标

知识目标：

1. 了解滚珠丝杠螺母副的工作原理。
2. 掌握滚珠丝杠螺母副的循环方式。
3. 掌握滚珠丝杠螺母副的支承。
4. 熟悉丝杠自动平衡装置的工作原理。

能力目标：

能对滚珠丝杠螺母副进行调整与维护。

任务描述

因为滚珠丝杠螺母副传动精度高、传动效率高，所以是数控机床机械传动与定位的首选部件。请同学们检查数控机床滚珠丝杠螺母副的轴向间隙、润滑情况和支承轴承，按要求对滚珠丝杠螺母副进行调整和维护保养。

滚珠丝杠螺母副是直线运动与旋转运动能相互转换的传动装置。

一、滚珠丝杠螺母副的工作原理

滚珠丝杠螺母副由丝杠、滚珠、回珠管和螺母等组成，如图 3-2 所示。其工作原理是：在丝杠和螺母上加工有弧形螺旋槽，把它们套装在一起形成螺旋滚道，在滚道内填满滚珠，当丝杠相对于螺母旋转时，丝杠旋转面经滚珠推动螺母轴向移动，滚珠则可沿着滚道滚动，使滚珠与丝杠和螺母之间形成滚动摩擦。

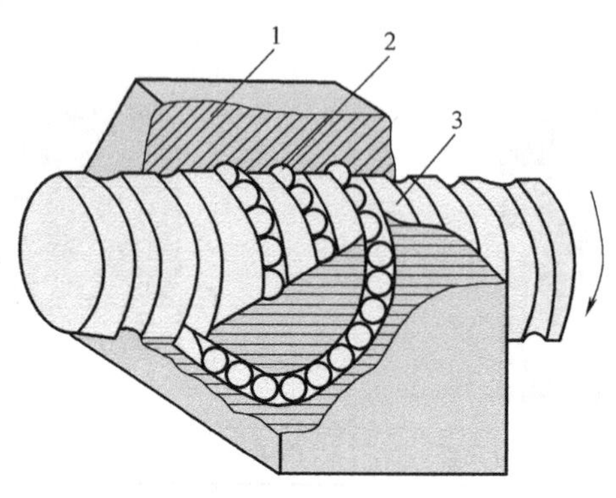

图 3-2　滚珠丝杠螺母副

1—螺母　2—滚珠　3—丝杠

二、滚珠丝杠螺母副的特点

与普通丝杠螺母副相比，滚珠丝杠螺母副具有以下优点。

1. 摩擦损失小，传动效率高

滚珠丝杠螺母副的摩擦因数小，仅为 0.003～0.005；传动效率 $\eta=0.93\sim0.96$，比普通丝杠螺母副高 3～4 倍；功率消耗只相当于普通丝杠螺母副的 1/4～1/3，所以发热小，可实现高速运动。

2. 运动平稳无爬行

由于摩擦阻力小，动、静摩擦力之差极小，所以运动平稳，不易出现爬行现象。

3. 可以预紧，反向时无空程

滚珠丝杠螺母副经预紧后，可消除轴向间隙，因而无反向死区，同时也提高了传动刚度和传动精度。

4. 磨损小，精度保持性好，使用寿命长

5. 具有运动的可逆性

由于摩擦因数小，不自锁，不仅可以将旋转运动转换成直线运动，也可将直线运动转换成旋转运动，即丝杠和螺母均可作为主动件或从动件。

滚珠丝杠螺母副的缺点是：结构复杂，丝杠和螺母等元件的加工精度和表面质量要求高，故制造成本高；不能自锁，特别是在用作垂直安装的滚珠丝杠传动，会因部件的自重而自动下降，当向下驱动部件时，由于部件的自重和惯性，当传动切断时，不能立即停止运动，必须增加制动装置。

滚珠丝杠螺母副特点显著，被广泛应用在数控机床上。

三、滚珠丝杠螺母副的循环方式

1. 外循环

外循环时滚珠在循环过程中有时与丝杠脱离接触。图 3-3a 所示为插管式外循环滚珠丝杠螺母副结构，其由丝杠、滚珠、回珠管和螺母组成。在丝杠和螺母上各加工有弧形螺旋槽，将它们套装起来便形成了螺旋滚道，在滚道内装满滚珠。当丝杠相对于螺母旋转时，丝杠的旋转面经滚珠推动螺母轴向移动，同时滚珠沿螺旋滚道滚动，使丝杠和螺母之间的滑动摩擦转变为滚珠与丝杠、螺母之间的滚动摩擦。螺母螺旋槽的两端用回珠管连接起来，使滚珠能够从一端重新回到另一端，构成一个闭合的循环回路。它用弯管作为返回管道，这种形式结构工艺性好，但由于管道突出于螺母体外，径向尺寸较大。图 3-3b 所示为螺旋槽式，它是在螺母外圆上铣出螺旋槽，槽的两端钻出通孔并与螺旋滚道相切，形成返回管道。这种形式的结构比插管式结构径向尺寸小，但制造工艺较复杂，滚道接缝不平滑，运动平稳性差，且噪声大。

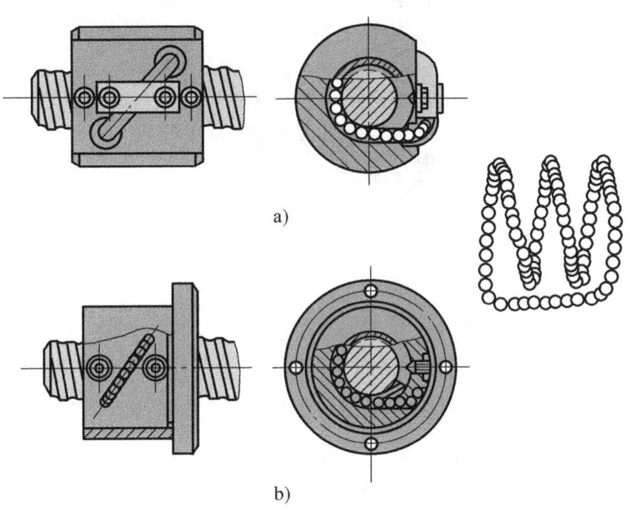

图 3-3　外循环滚珠丝杠螺母副结构

a）插管式　b）螺旋槽式

外循环目前应用最为广泛，可用于重载传动系统中。

2. 内循环

内循环依靠螺母上安装的反向器接通相邻滚道，循环过程中滚珠始终与丝杠保持接触，如图 3-4 所示。滚珠从螺旋滚道进入反向器，借助反向器迫使滚珠越过丝杠牙顶进入相邻滚道，实现循环。反向器的数目与滚珠圈数相等。一般在同一螺母上装 3~4 个反向器，即有

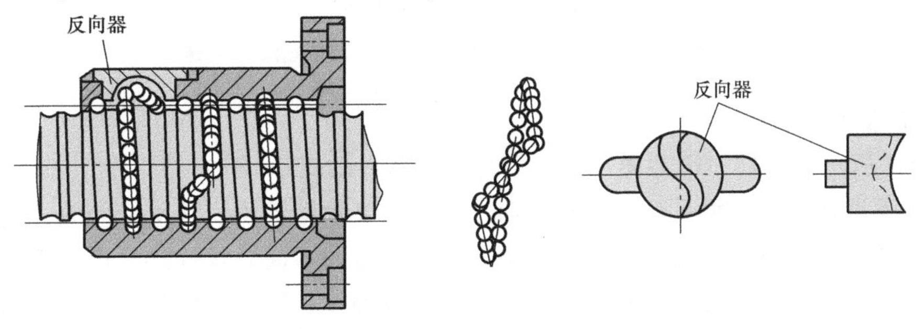

图 3-4　内循环滚珠丝杠螺母副结构

3~4 列滚珠。这种形式的结构紧凑，刚性较高，滚珠流通性好，摩擦损失小，但制造较困难，承载能力不高，适用于高灵敏、高精度的进给系统，不宜用于重载传动中。

四、滚珠丝杠螺母副的支承

滚珠丝杠的支承和螺母座的刚性以及与机床的连接刚性，对进给系统的传动精度影响很大，如图 3-5 所示。为了提高丝杠的轴向承载能力，最好采用刚度高的推力轴承，当轴向载荷很小时，也可采用向心推力轴承，其支承方式有下列几种。

图 3-5　滚珠丝杠螺母副的支承

1. 固定-自由方式

如图 3-6 所示，丝杠一端为固定支承，另一端是自由的。

固定支承端轴承同时承受轴向力和径向力，这种支承方式用于行程小的短丝杠或者全闭环的机床，这种结构的机械定位精度不可靠，特别是对于长径比大的丝杠（滚珠丝杠相对细长)，热变形很明显，1.5m 长的丝杠在冷、热不同的环境下变化 0.05~0.10mm。由于它的结构简单，安装调试方便，许多高精度机床仍然采用这种结构，但是必须在进给传动系统中加装光栅，采用全闭环反馈控制，如德国马豪的机床大都采用此结构。

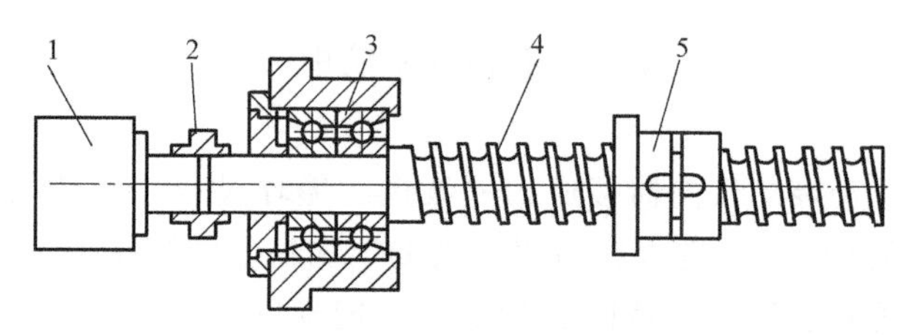

图 3-6　固定-自由方式

1—电动机　2—弹性联轴器　3—轴承　4—滚珠丝杠　5—螺母

2. 固定-支承方式

如图 3-7 所示，丝杠一端为固定支承，另一端为浮动支承。

固定支承端轴承同时承受轴向力和径向力；浮动支承端轴承只承受径向力，而且能做微量的轴向移动，可以减少或避免因丝杠自重而出现的弯曲，同时丝杠热变形可以自由地向浮动支承端伸长。这种方式的配置结构较复杂，工艺较困难，适用于较长丝杠或卧式丝杠。这种结构使用最广泛，目前国内中小型数控车床、立式加工中心等均采用这种结构。

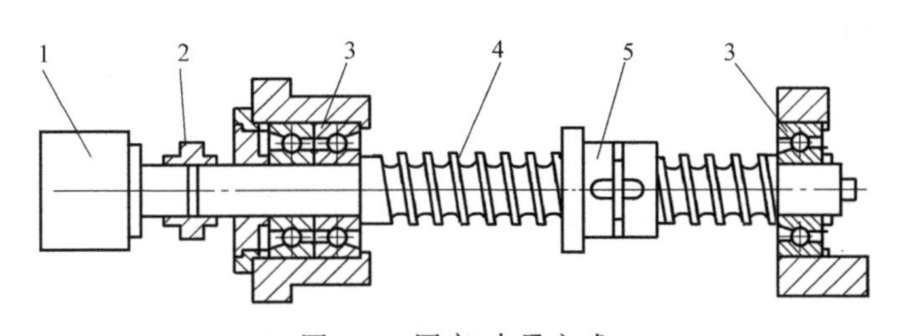

图 3-7 固定-支承方式

1—电动机 2—弹性联轴器 3—轴承 4—滚珠丝杠 5—螺母

3. 固定-固定方式

如图 3-8 所示，丝杠两端均为固定支承。

固定支承端轴承都可以同时承受轴向力。这种支承方式，只要轴承无间隙，丝杠的轴向刚度比一端固定方式高约 4 倍，且无压杆稳定性问题。在它的一端装上碟形弹簧和调整螺母，这样既可对滚珠丝杠施加预紧力，又可使丝杠受热变形得到补偿保持预紧力恒定，部分补偿丝杠的热变形。对于大型机床、重型机床以及高精度机床常采用此种方案。

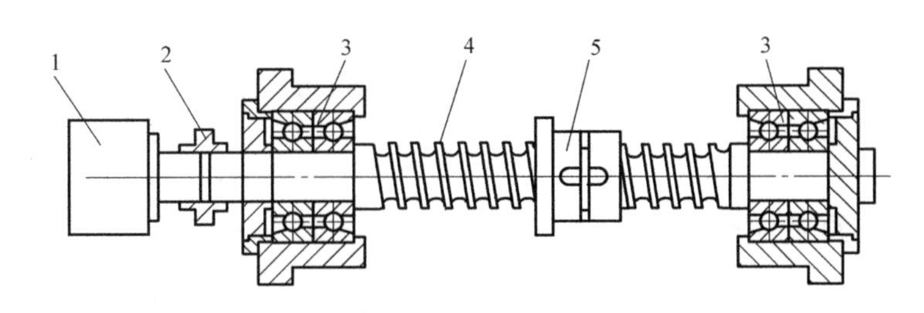

图 3-8 固定-固定方式

1—电动机 2—弹性联轴器 3—轴承 4—滚珠丝杠 5—螺母

但是，这种丝杠的调整比较烦琐，如果两端的预紧力过大，将会导致丝杠最终的行程比设计行程要长，螺距也要比设计螺距大。如果两端的预紧力不够，会导致相反的结果，并容易引起机床振荡，降低精度。所以这类丝杠在拆装时一定要按照原厂商说明书调整或借助仪器（双频激光测量仪）调整。

五、滚珠丝杠螺母副的自动平衡装置

因滚珠丝杠螺母副无自锁功能，在一般情况下，垂直放置的滚珠丝杠螺母副会因为部件自重的作用而自动下降，所以必须有阻尼或锁紧机构。

图 3-9 所示为数控铣床升降台的自动平衡装置，伺服电动机 1 经锥环连接带动联轴器及锥齿轮 2、3，使升降丝杠转动，工作台上升或下降。同时锥齿轮 3 带动锥齿轮 4，经单项超越离合器和摩擦离合器相连，这一部分称为自动平衡装置。其工作原理为：当锥齿轮 4 转动时，通过锥销带动单向超越离合器的星轮 5，升降台上升时，星轮 5 的转向是使滚子 6 和超越离合器的外壳 7 脱开的方向，外壳 7 不转动，摩擦片不起作用；当升降台下降时，星轮 5 的转向使滚子 6 楔在星轮 5 和超越离合器的外壳 7 之间，由于摩擦力的作用，外壳 7 随着锥齿轮 4 一起转动，经过花键与外壳连在一起的内摩擦片和固定的外摩擦片之间产生相对运动。由于内、外摩擦片之间由弹簧压紧，有一定摩擦阻力，所以起到了阻尼作用，上升与下

降的力得以平衡。阻尼力的大小即摩擦离合器的松紧度，可由螺母 8 调整，调整前应先松开螺母 8 上的锁紧螺钉 9，调整后将锁紧螺钉 9 锁紧。

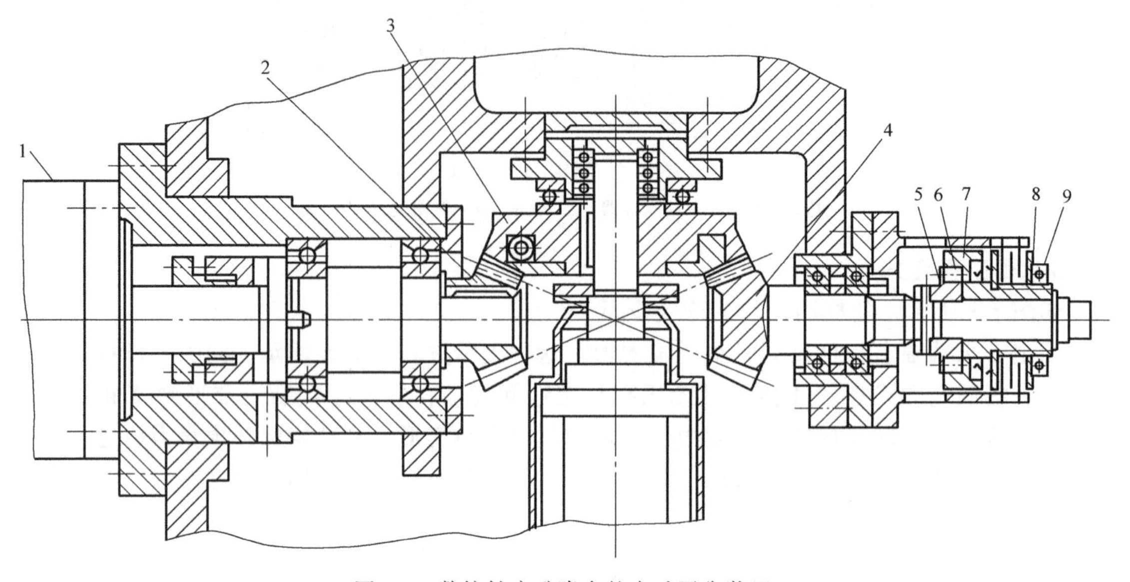

图 3-9　数控铣床升降台的自动平衡装置

1—伺服电动机　2、3、4—锥齿轮　5—星轮　6—滚子　7—外壳　8—螺母　9—锁紧螺钉

六、滚珠丝杠的预拉伸

滚珠丝杠在工作时会发热，其温度高于床身。滚珠丝杠的热膨胀将使导程加大，影响定位精度。为了补偿热膨胀，可将滚珠丝杠预拉伸，如图 3-10 所示。预拉伸量应略大于热膨胀量。发热后，热膨胀量抵消了部分预拉伸量，使丝杠内的拉伸应力下降，但长度却没有变化。需进行预拉伸的丝杠在制造时应使其目标行程等于公称行程减去预拉伸量。拉伸后恢复公称行程值，减去的量称为行程补偿值。

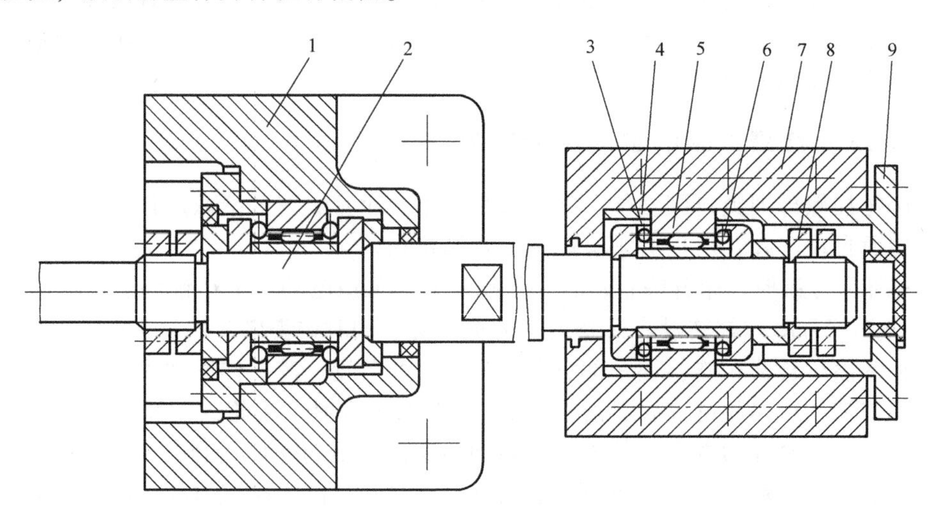

图 3-10　滚珠丝杠预拉伸的一种结构图

1、7—支座　2—轴　3、6—推力轴承　4—调整套　5—静圈　8—螺母　9—压盖

图 3-10 所示为滚珠丝杠预拉伸的一种结构图。丝杠两端有推力轴承 3、6 和滚针轴承支承，拉伸力通过螺母 8、推力轴承 6、静圈 5、调整套 4 作用到支座上。当丝杠装到两个支座 1、7 上之后，拧紧螺母 8 使推力轴承 3 靠在丝杠的轴肩上，再压紧压盖 9，使调整套 4 两端顶紧在支座 7 和静圈 5 上，用螺钉和销将支座 1、7 定位在床身上，然后卸下支座 1、7，取出调整套 4，把其换上加厚的调整套，加厚量等于预拉伸量，再照样装好，固定在床身。

一、滚珠丝杠螺母副轴向间隙的调整

滚珠丝杠螺母副的轴向间隙是指丝杠和螺母无相对转动时，丝杠和螺母之间的最大轴向窜动量，包括结构本身的游隙和施加轴向载荷后产生弹性变形所造成的轴向窜动量。消除轴向间隙的作用是为了保证滚珠丝杠螺母副的反向传动精度和轴向刚度。

滚珠丝杠螺母副一般是用预紧方法消除间隙的，双螺母预紧是通过改变两个螺母的相对位置，使每个螺母中的滚珠分别贴紧丝杠滚道的左右两侧实现的。用预紧方法消除间隙时应注意预紧力不宜过大。过大的预紧力将增加摩擦力，使传动效率降低，缩短丝杠的使用寿命。所以需经过多次调整才能保证机床在最大轴向载荷下既消除了间隙又能灵活运转。

双螺母常用的预紧方式有以下三种。

1. 双螺母垫片调隙式

双螺母垫片调隙式结构如图 3-11 所示，是在螺母处放入一垫片，调整垫片厚度使左右两个螺母产生方向相反的位移，则两个螺母中的滚珠分别贴紧在螺旋滚道两个相反的侧面上，即可消除间隙和产生预紧力。这种方式结构简单，刚性好，但调整不便，滚道有磨损时不能随时消除间隙和进行预紧，调整精度不高，仅适用于一般精度的数控机床。

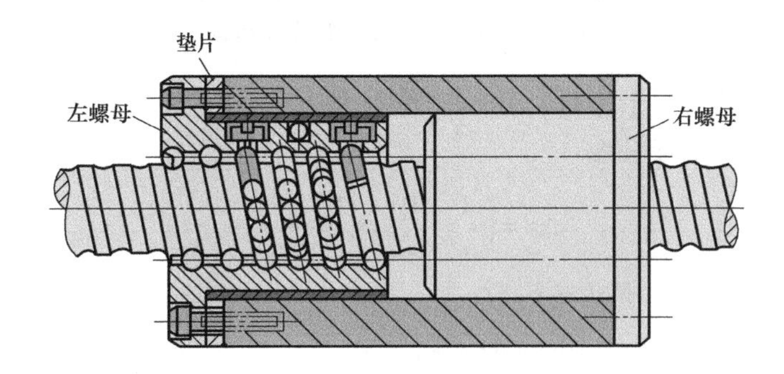

图 3-11　双螺母垫片调隙式结构

2. 双螺母螺纹调隙式

双螺母螺纹调隙式结构如图 3-12 所示，是用键限制螺母在螺母座内的转动，左螺母外端有凸缘，右螺母右端加工有螺纹，用两个圆螺母把垫片压在螺母座上，左右螺母通过平键和螺母座连接，使螺母在螺母座内可以轴向滑移而不能相对转动。调整时，拧紧圆螺母 1 使右螺母向右滑动，就改变了两螺母的间距，即可消除间隙并产生预紧力，然后用圆螺母 2 锁紧。这种方式结构简单紧凑，工作可靠，调整方便，应用较广，但调整、预紧量不能控制，调整精度较差。

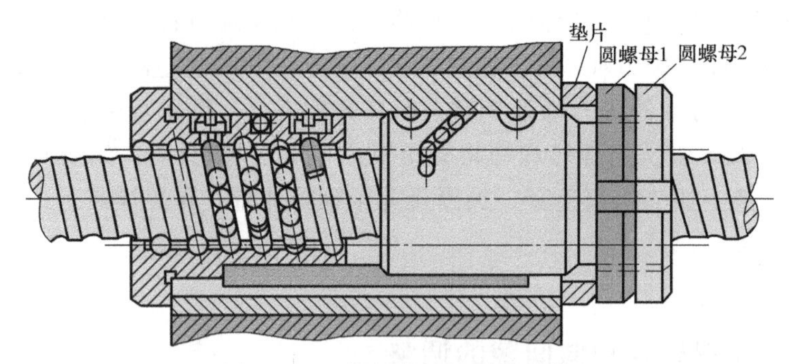

图 3-12　双螺母螺纹调隙式结构

3. 双螺母齿差调隙式

双螺母齿差调隙式结构如图 3-13 所示，是在两个螺母的凸缘上各制有一个圆柱齿轮，两个齿轮的齿数只相差一个齿。两个内齿圈与外齿轮齿数分别相同，并用螺钉和销固定在螺母座的两端。调整时先将内齿圈取下，根据间隙的大小调整两个螺母分别向相同的方向转过一个或多个齿，使两个螺母在轴向移近了相应的距离，达到调整间隙和预紧的目的。

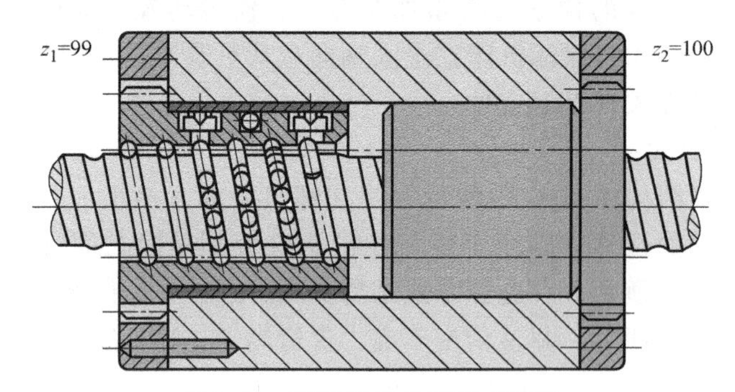

图 3-13　双螺母齿差调隙式结构

如其中一个螺母转过一个齿时，其轴向位移量 $S=t/z_1$。若两个齿轮沿同一方向各转过一个齿时，其轴向相对位移量为

$$\Delta S=\left(\frac{1}{z_1}-\frac{1}{z_2}\right)t=\frac{t(z_2-z_1)}{z_1 z_2} \tag{3-1}$$

式中，t 是丝杠螺距；z_1、z_2 是齿轮齿数。

例如：$z_1=99$、$z_2=100$、$t=10\text{mm}$ 时，则

$$\Delta S=\frac{10}{9900}\text{mm}\approx 0.001\text{mm}=1\mu\text{m}$$

即两个螺母转过一个齿，两个螺母在轴向产生 1μm 的相对位移。

双螺母齿差调隙式结构较复杂，尺寸较大，但是调整方便，可获得精确的调整量，预紧可靠，不会松动，适用于高精度传动。

二、维护滚珠丝杠螺母副

1. 检查滚珠丝杠螺母副的轴向间隙

一般情况下可以通过控制系统自动补偿功能来消除间隙；当间隙过大时，就需要通过调

整滚珠丝杠螺母副来调整。数控机床滚珠丝杠螺母副多数采用双螺母结构，通过双螺母预紧消除间隙。

2. 检查丝杠防护罩

检查丝杠防护罩以防止尘埃和磨粒黏结在丝杠表面，影响丝杠使用寿命和精度，发现丝杠防护罩破损应及时维修和更换。

3. 检查滚珠丝杠螺母副的润滑状况

滚珠丝杠螺母副润滑剂可以分为润滑脂和润滑油两种。润滑脂每半年更换一次，需清洗丝杠上的旧润滑脂，涂上新的润滑脂；用润滑油的滚珠丝杠螺母副，在每次机床工作前加油一次。

4. 检查支承轴承

检查丝杠支承轴承与机床连接是否有松动以及支承轴承是否损坏等，如存在问题要及时紧固松动部位并更换支承轴承。

5. 检查伺服电动机与滚珠丝杠之间的连接状况

必须保证伺服电动机与滚珠丝杠之间的连接无间隙。

三、润滑滚珠丝杠螺母副

丝杠润滑不良可引起数控机床进给运动的多种误差，所以对滚珠丝杠螺母副进行润滑是数控机床日常维护的重要内容。

对于丝杠的润滑，如果采用脂润滑，则应按照机床厂说明书定期注入润滑脂（针对不同型号的丝杠，使用不同的润滑脂，注入周期不同）。更换时先将滚珠丝杠螺母副中的旧润滑脂清洗干净，再涂上新润滑脂。

如果使用稀油润滑，则要定期检查注油孔是否畅通，一般是在检修时观察丝杠上面的油膜厚度。采用稀油润滑时，一般导轨和丝杠采用同一个集中润滑系统，如图 3-14 所示，油从集中润滑泵定量输出，通过分配器输送到各轴的导轨及丝杠润滑点。

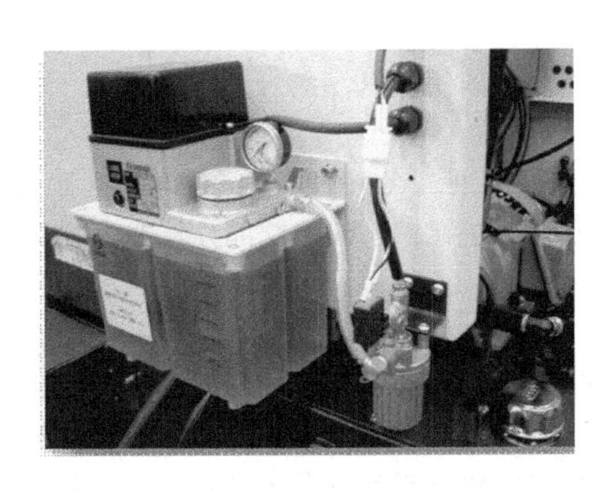

a)

b)

图 3-14　滚珠丝杠螺母副的润滑

a）润滑系统　b）滚珠丝杠螺母副的集中润滑

1—伺服电动机　2—轴承座　3—直线滚动导轨副　4—润滑油管　5—滚珠丝杠螺母副

滚珠丝杠螺母副的选用

滚珠丝杠螺母副的公差等级及其应用范围见表 3-2。

表 3-2　滚珠丝杠螺母副的公差等级及其应用范围

公差等级		应用范围
代号	名称	
P	普通级	普通机床
B	标准级	一般数控机床
J	精密级	精密机床、普通数控机床、加工中心和仪表机床
C	超精级	精密机床、精密数控机床、高精度加工中心和仪表机床

各类机床采用滚珠丝杠螺母副的推荐公差等级见表 3-3。

表 3-3　各类机床采用滚珠丝杠螺母副的推荐公差等级

机床种类	坐标轴方向			
	X(纵向)	Y(升降)	Z(横向)	W(刀杆、镗杆)
数控车床	B,J		B	
数控磨床	J		J	
数控钻床	B	P	B	
数控铣床	B	B	B	
数控镗床	J	J	J	
数控坐标镗床	J,C	J,C	J,C	J
加工中心	J,C	J,C	J,C	B

1. 滚珠丝杠螺母副的标注

滚珠丝杠螺母副的标注方法采用汉语拼音字母、数字及汉字结合标注法。

例如：WD3005-3.5×1/B 左-800×1000

它表示外循环垫片调隙式的双螺母滚珠丝杠螺母副，名义直径为 30mm，螺距为 5mm，一个螺母工作滚珠为 3.5 圈，单列，B 级公差等级，左旋，丝杠螺纹部分长度为 800mm，丝杠的总长度为 1000mm。

2. 滚珠丝杠螺母副结构的选择

根据防尘防护条件以及对调隙及预紧的要求，可选择适当的结构形式。例如：当允许有一定缝隙时，可选用具有单弧形螺纹滚道的单螺母滚珠丝杠螺母副；当必须有预紧和在使用过程中因磨损而需要定期调整时，应采用双螺母螺纹预紧或齿差预紧结构；当具备良好的防尘条件且只需在装配时调整间隙及预紧力时，可采用结构简单的双螺母垫片调整预紧结构。

3. 滚珠丝杠螺母副结构尺寸的选择

选用滚珠丝杠螺母副时，通常主要选择丝杠的公称直径和基本导程。公称直径应根据轴向最大载荷按滚珠丝杠螺母副尺寸系列选择。螺纹长度在允许的情况下要尽量短。基本导程应按承载能力、传动精度及传动速度选取，基本导程大、承载能力也大，基本导程小、传动精度较高。要求传动速度快时，可选用大导程滚珠丝杠螺母副。

4. 滚珠丝杠螺母副的选择步骤

在选择滚珠丝杠螺母副时，必须了解实际的工作条件，应知道最大工作载荷、最大载荷作用下的使用寿命、丝杠的工作长度、丝杠的转速、滚道的硬度及丝杠的工况，然后按下列步骤进行选择。

1）计算最大的承载能力。

2）计算最大动载荷。对于静态或低速运动的滚珠丝杠螺母副，还要考虑最大静载荷是否充分地超过了滚珠丝杠螺母副的工作载荷。

3）刚度的验算。

4）压杆稳定性核算。

（表 3-4）

表 3-4　任务完成评价表

姓名		班级		任务	任务一　滚珠丝杠螺母副结构与维护		
项目	序号	内容	配分	评分标准	检查记录		得分
					互查	教师复查	
基础知识（40 分）	1	滚珠丝杠螺母副的工作原理	5	根据掌握情况评分			
	2	滚珠丝杠螺母副的循环方式	10	根据掌握情况评分			
	3	滚珠丝杠螺母副的支承	10	根据掌握情况评分			
	4	滚珠丝杠螺母副的自动平衡装置	5	根据掌握情况评分			
	5	滚珠丝杠的预拉伸	10	根据掌握情况评分			
技能训练（30 分）	1	检查滚珠丝杠螺母副的工作情况，对其进行调整	10	根据完成情况和完成质量评分			
	2	对滚珠丝杠螺母副进行润滑维护	10				
	3	操作流程正确、动作规范、时间合理	5	不规范每处扣 0.5 分 超时扣 2 分			
	4	安全文明生产	5	违反安全操作规程全扣			
综合能力（20 分）	1	自主学习、分析并解决问题、有创新意识	7	根据个人表现评分			
	2	团队合作、协调沟通、语言表达、竞争意识	7	根据个人表现评分			
	3	作业完成	6	根据完成情况和完成质量评分			
其他（10 分）		出勤方面、纪律方面、回答问题、知识掌握	10	根据个人表现评分			
合计							
综合评价							

一、填空题

1. 采用双螺母结构消除滚珠丝杠螺母副轴向间隙的方法，常用的有__________、__________和__________。

2. 消除轴向间隙的作用是为了保证滚珠丝杠螺母副的__________和__________。

3. 滚珠丝杠螺母副的支承有__________方式、__________方式和__________方式。

4. 滚珠丝杠螺母副是__________与__________相互转换的新型传动装置，传动效率比普通丝杠螺母副高__________倍。

二、判断题

1. 消除滚珠丝杠螺母副的轴向间隙可以提高反向传动精度和轴向刚度。 (　　)
2. 滚珠丝杠螺母副的预紧力越大越好。 (　　)
3. 螺纹调隙式结构紧凑，工作可靠，调整方便，适用于高精度传动。 (　　)
4. 固定-支承方式适用于短丝杠。 (　　)
5. 为了补偿热膨胀，可对滚珠丝杠预拉伸，预拉伸量应等于热膨胀量。 (　　)
6. 滚珠丝杠螺母副有高的自锁性，不需要增加制动装置。 (　　)

三、选择题

1. (　　) 可获得精确的调整量，但结构较复杂，尺寸较大，适用于高精度传动。

A. 垫片调隙式　　B. 齿差调隙式　　C. 螺纹调隙式

2. 滚珠丝杠螺母副 (　　) 的特点是径向尺寸紧凑，刚性好，因其返回滚道较短，摩擦损失小；缺点是反向器加工困难。

A. 外循环　　B. 内循环　　C. 螺旋槽式

3. 滚珠丝杠螺母副有可逆性，可以从旋转运动转换为直线运动，也可以从直线运动转换为旋转运动，即丝杠和螺母都可以作为 (　　)。

A. 主动件　　B. 从动件　　C. 主运动

4. 滚珠丝杠螺母副消除轴向间隙的目的是 (　　)。

A. 减小摩擦力矩　　B. 提高使用寿命

C. 提高反向传动精度　　D. 增大驱动力矩

5. 滚珠丝杠螺母副在工作过程中所受的载荷主要是 (　　)。

A. 轴向载荷　　B. 径向载荷　　C. 扭转载荷

四、名词解释

1. 滚珠丝杠螺母副

2. 内循环

3. 外循环

五、简答题

消除滚珠丝杠螺母副传动间隙有哪几种方法？各有什么特点？

任务二　导轨副结构与维护

任务目标

知识目标：

1. 熟悉数控机床对导轨的要求。
2. 掌握滑动导轨的种类与结构。
3. 掌握滚动导轨的种类与结构。
4. 熟悉静压导轨的种类与工作原理。

能力目标：

能对数控机床的滑动导轨进行调整与维护。

任务描述

导轨是进给传动系统的重要环节，是机床基本结构的要素之一，机床的加工精度和使用寿命很大程度取决于机床导轨的质量。请学生们检查数控机床导轨的工作状况、润滑状态、松紧程度，视情况对导轨间隙进行调整，并按要求对导轨进行调整与维护。

知识储备

一、数控机床对导轨的要求

1. 导向精度高

导向精度是指机床的运动部件沿导轨移动时的直线性或真圆性，和它与有关基面之间相互位置的准确性。

2. 耐磨性好

耐磨性指导轨在长期使用过程中能否保持导向精度。

3. 足够的刚度

由于导轨承受很大负载，受力变形会影响部件之间的导向精度和相对位置。数控机床常用加大导轨面尺寸提高刚度。

4. 低速运动平稳性

导轨的摩擦阻力小，运动轻便，低速运动时无爬行现象。

5. 结构简单，工艺性好

导轨制造和维修方便，使用时便于调整和维护。

二、滑动导轨的种类与结构

1. 金属导轨的种类与结构

滑动导轨具有结构简单、制造方便、刚度好、抗振性强等优点，在一般的机床上应用最为广泛，常由铸铁件或镶钢导轨制成。为了提高导轨的耐磨性和精度，一般对导轨表面进行淬火，然后磨削加工。

（1）金属导轨的截面形状　常用的金属导轨截面形状有矩形、三角形、燕尾形及圆形四种，如图 3-15 所示。

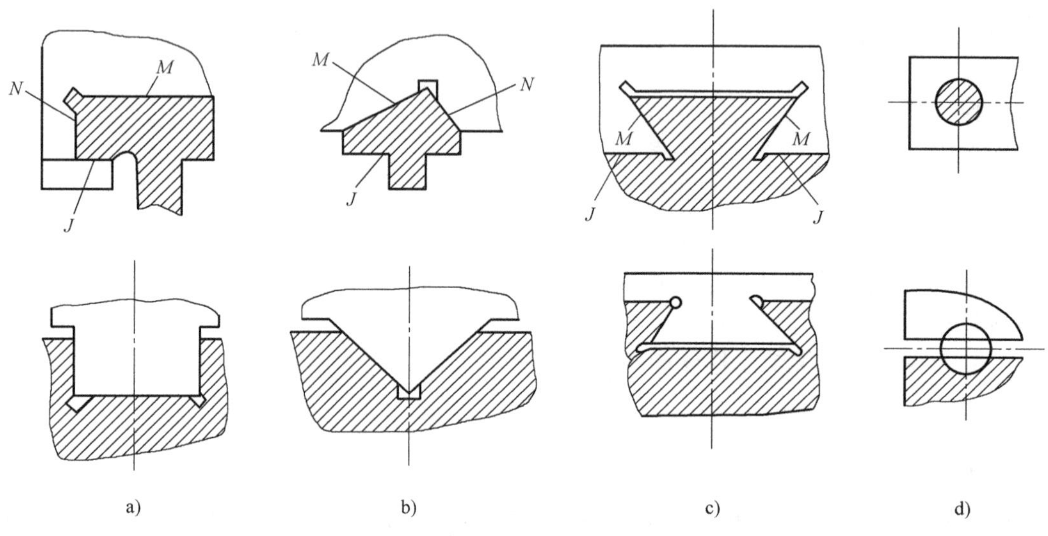

图 3-15　常用的金属导轨截面形状

1）矩形导轨。如图 3-15a 所示，它的优点是结构简单，制造、检验和修理方便；导轨面较宽，承载力较大，刚度高，故应用广泛。但它的导向精度没有三角形导轨高；导轨间隙需用压板或镶条调整，且磨损后需重新调整。*M* 面起支承兼导向作用，起主要导向作用的 *N* 面磨损后不能自动补偿间隙，需要有间隙调整装置。它适用于载荷大且导向精度要求不高的机床。

2）三角形导轨。如图 3-15b 所示，三角形导轨有两个导向面，同时控制了垂直方向和水平方向的导向精度。这种导轨在载荷的作用下，磨损后能自动补偿，导向精度较其他导轨高。它的截面角度由载荷大小及导向要求而定，一般为 90°。为增加承载面积，减小比压，在导轨高度不变的条件下，采用较大的顶角（110°~120°）；为提高导向性，采用较小的顶角（60°）。如果导轨上所受的力在两个方向上的分力相差很大，应采用不对称三角形，以使力的作用方向尽可能垂直于导轨面。

3）燕尾形导轨。如图 3-15c 所示，燕尾形导轨的调整及夹紧较简便，用一根镶条可调节各面的间隙，且高度小，结构紧凑；能承受颠覆力矩，但制造、检验不方便，摩擦力较大，刚度较差。它用于运动速度不高，受力不大，高度尺寸受限制的场合。

4）圆形导轨。如图 3-15d 所示，这种导轨刚度高，制造方便，外圆采用磨削，内孔珩磨可达精密配合，但磨损后不能调整间隙。为防止转动，可在圆柱表面开键槽或加工出平面，但不能承受大的转矩。它宜用于承受轴向载荷的场合，如压力机、珩磨机、攻螺纹机和机械手等。

（2）直线导轨的组合　机床上一般都采用两条导轨来承受载荷和导向。重型机床承载大，常采用 3~4 条导轨。导轨的组合形式取决于受载大小、导向精度、工艺性、润滑和防护等因素。常见的导轨组合形式如图 3-16 所示。

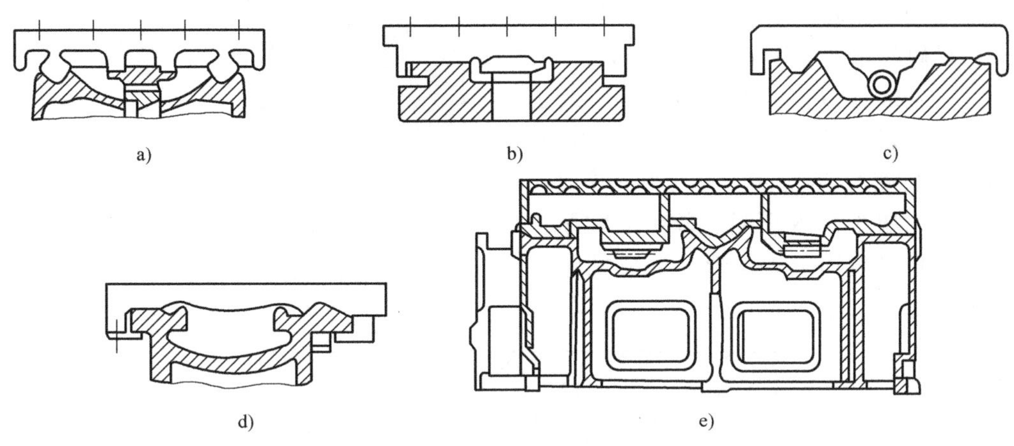

图 3-16　常见的导轨组合形式

1）双三角形导轨。图 3-16a 所示为双三角形导轨，导轨面同时起支承和导向作用，磨损后能自动补偿，导向精度高。但装配时要对四个导轨面进行刮研，其难度很大。由于是超定位，所以它的制造、检验和维修都困难，它适用于精度要求高的机床，如坐标镗床、丝杠车床。

2）双矩形导轨。如图 3-16b 所示，这种导轨易加工制造，承载能力大，但导向精度差。侧导向面需设调整镶条，还需设置压板，呈闭式导轨。它常用于普通精度的机床。

3）三角形-平导轨组合。如图 3-16c 所示，三角形-平导轨组合不需用镶条调整间隙，导轨精度高，加工装配较方便，温度变化也不会改变导轨面的接触情况，但热变形会使移动部件水平度受到影响，两条导轨磨损也不一样，因而对位置精度有影响，通常用于磨床、精密镗床。

4）三角形-矩形导轨组合。图 3-16d 所示为卧式车床的导轨，它以三角形导轨作为主要导向面。矩形导轨面承载能力大，易加工制造，刚度高，应用普遍。

5）平-平-三角形导轨组合。龙门铣床工作台宽度大于 3000mm 时，为使工作台中间挠度不致过大，可用三根导轨的组合。图 3-16e 所示为重型龙门刨床工作台导轨，三角形导轨主要起导向作用，平导轨主要起承载作用。

（3）各种导轨的选择原则　从上述可知，各种导轨的特点各不相同，因此选择使用时应掌握以下原则。

1）要求导轨有较高的刚度和承载能力时，用矩形导轨；中小型机床导轨采用三角形-矩形导轨组合；而重型机床则采用双矩形导轨。

2）要求导向精度高的机床采用三角形导轨，三角形导轨工作面同时起承载和导向作用，磨损后能自动补偿间隙，导向精度高。

3）矩形、圆形导轨工艺性好，制造、检验都方便；三角形、燕尾形导轨工艺性差。

4）结构紧凑、高度小及调整方便的机床用燕尾形导轨。

2. 塑料导轨的种类与结构

（1）贴塑导轨　贴塑导轨在导轨滑动面上贴有一层抗磨软带，导轨的另一滑动面为淬火磨削面。导轨软带如图 3-17 所示，是以聚四氟乙烯为基材，添加合金粉（青铜粉、石墨、二硫化钼、铅粉）和氧化物的高分子复合材料。导轨软带的厚度有 0.8mm、1.2mm、1.5mm、1.7mm、2.0mm 和 3.2mm，一般选用 1.5～2.0mm 为宜；宽度有 150mm、300mm 等；长度有 500mm 以上几种。导轨软带的安装部位如图 3-18 所示，软带应粘贴在机床导轨的短导轨面上。圆形导轨应粘贴在下导轨面上。

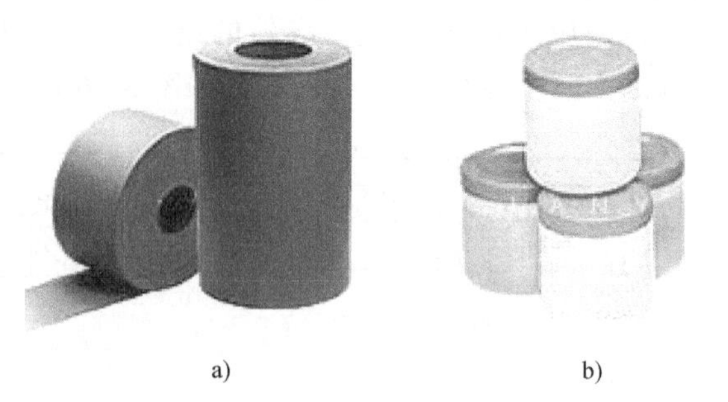

a)　b)

图 3-17　导轨软带和专用胶

a）导轨软带　b）导轨软带专用胶

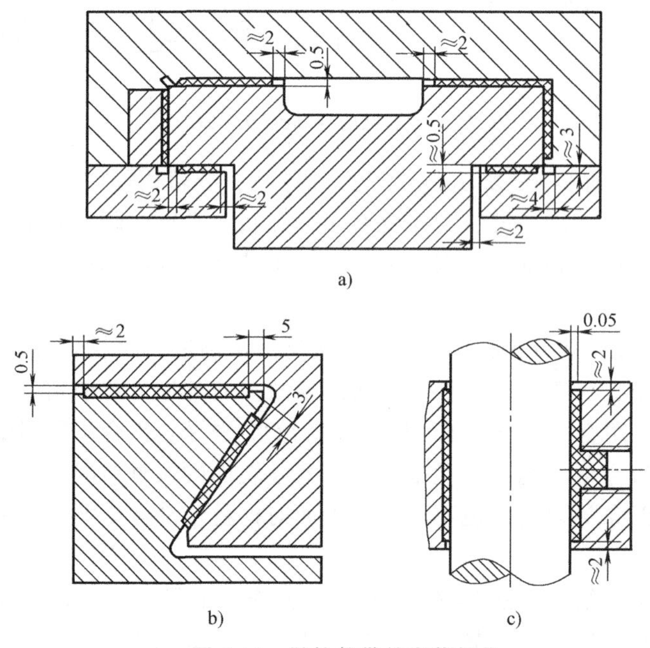

图 3-18　导轨软带的安装部位

贴塑导轨的安装如图 3-19 所示，首先将导轨黏结面加工至表面粗糙度 *Ra* 值为 3.2μm 左右。用汽油或丙酮清洗黏结面后，用胶粘剂黏合。加压初固化 1～2h 后合拢到配对的固定导轨或专用夹具上，施加一定的压力，并在室温固化 24h 后，清除余胶，即可开油槽和精加工。

贴塑导轨的特点：耐磨性好；吸振性好；适用工作温度范围广，能在-200～800℃的环境中工作；动静摩擦因数小且稳定；防爬性能好；可干摩擦；能吸收进入导轨面的硬粒。

(2) 注塑导轨　导轨注塑或抗磨涂层材料是以环氧树脂和二硫化钼（胶体石墨、二氧化钛）为基体，加入增塑剂混合成膏状为一份、固化剂为一份的双组份材料。此材料附着力强，可加工性好，且抗压强度比软带高，固化时体积不收缩，尺寸稳定，适合重型机床和复杂配合型面。

如图 3-20 所示，安装时先将导轨表面粗铣成粗糙表面，把调好的耐磨材料涂抹于导轨面上，厚度为 1.5~2.5mm，固化 24h，3 天后进行下一步加工。

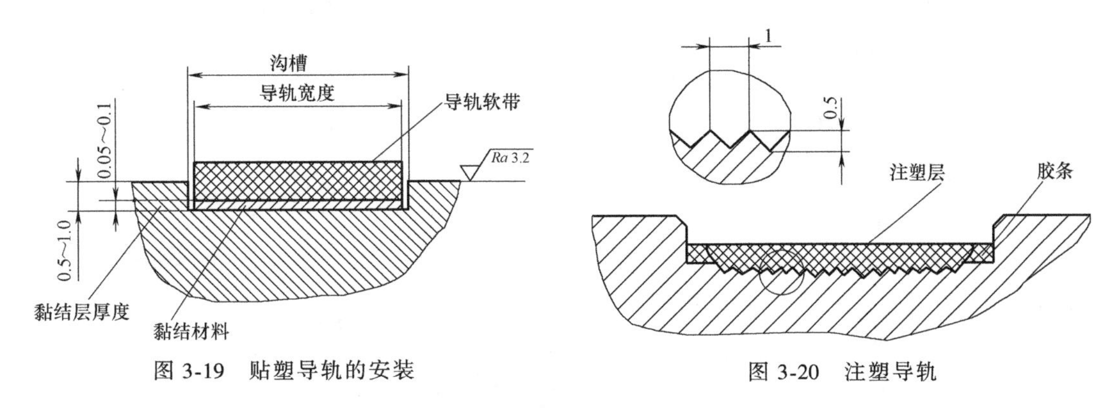

图 3-19　贴塑导轨的安装　　图 3-20　注塑导轨

注塑导轨的特点如下。

1) 良好的加工性。可经车、铣、刨、钻、磨削和刮削。

2) 良好的摩擦性。

3) 耐磨性好。

4) 使用工艺简单。

三、滚动导轨的种类与结构

滚动导轨是在导轨工作面之间安装滚动体，滚动体可以是滚珠、滚柱和滚针，与导轨之间的接触为点接触或者线接触，所以，导轨的摩擦因数小。它的动、静摩擦因数基本相同，起动阻力小，低速运动平稳性好，使定位精度高，微量位移准确，磨损小，精度保持性好，使用寿命长；其缺点是抗振性差，对防护要求高。滚动导轨尤其是直线滚动导轨，近年来被大量采用，随着数控机床往高速化发展，滚动导轨应用越来越广泛。

1. 滚动导轨的类型

滚动导轨按滚动体的不同，可以分为滚珠导轨、滚柱导轨和滚针导轨三类。

(1) 滚珠导轨　滚珠导轨如图 3-21 所示，结构紧凑，制造容易，成本较低，由于是点接触，因而刚度低、承载能力较小，只适用于载荷较小（小于 2000N）、切削力矩和颠覆力矩都较小的机床，如工具磨床工作台导轨、磨床砂轮修整器导轨及仪器导轨等。导轨用淬硬钢制成，淬硬为 60~62HRC。

(2) 滚柱导轨　滚柱导轨如图 3-22 所示，承载能力和刚度较大，用于载荷较大的机床。但这种导轨对安装偏斜反映大，支承轴线与导轨的平行度误差会引起偏移和侧向滑动，使导轨受到磨损，降低精度。ϕ10mm 以下的小滚柱比 ϕ25mm 以上的大滚珠对导轨的不平行度更敏感，但小滚柱抗振性高。目前数控机床采用滚柱导轨较多，尤其是载荷较大的机床。

图 3-21　滚珠导轨

图 3-22　滚柱导轨

（3）滚针导轨　如图 3-23 所示，滚针比滚柱的长径比大，由于直径尺寸小，故结构紧凑；与滚柱导轨相比，可在同样长度上排列更多的滚针。滚针导轨尺寸小，结构紧凑，可用于导轨尺寸受限制的机床。

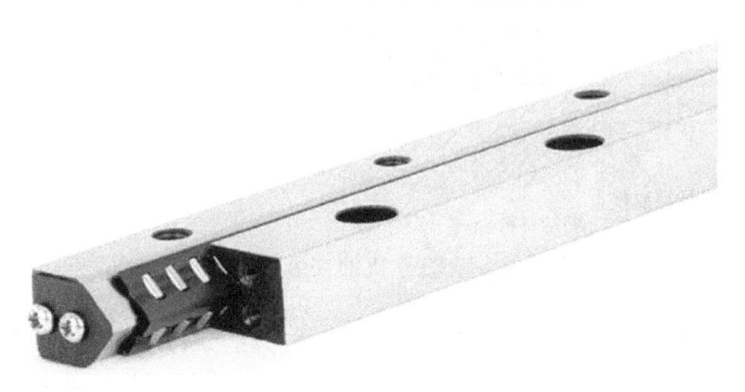

图 3-23　滚针导轨

2. 滚动导轨的形式

（1）滚动导轨块　如图 3-24 所示，滚动导轨块是一种独立标准部件，特点是刚度高，承载能力大，便于拆装，可直接装在任意行程长度的运动部件上。当运动部件移动时，滚柱 3 在支承部件的导轨与本体 6 之间滚动，同时绕本体 6 循环滚动。每一导轨上使用导轨块的数量根据导轨的长度和负载的大小决定。

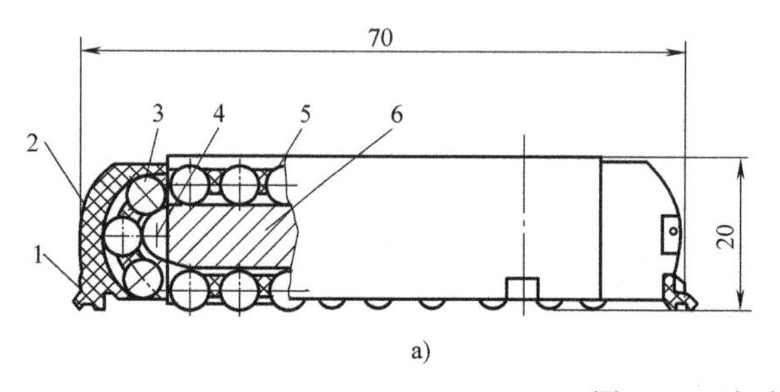

图 3-24　滚动导轨块

1—防护板　2—端盖　3—滚柱　4—导向片　5—保持器　6—本体　7—导轨面

（2）直线滚动导轨副　如图 3-25 所示，直线滚动导轨副是将支承导轨和运动导轨组合在一起，作为独立的标准件由专门的生产厂家制造。使用时，导轨体固定在不运动部件上，滑块固定在运动部件上。直线滚动导轨副包括滚动循环系统、润滑系统和防尘系统：滚动循环系统由滑块、导轨、端盖、回流模组和滚动体组成；润滑系统由油嘴和管接头组成；防尘系统由刮油片、防尘片和螺栓盖组成。当滑块与导轨体相对移动时，滚动体在导轨体和滑块之间的回流模组内滚动，并通过端盖内的滚道，从工作载荷区到非工作载荷区，通过不断循环，从而把导轨体和滑块之间的移动变成滚动体的滚动。为防止灰尘和脏物进入导轨滚道，滑块两端及下部均装有防尘片，滑块上还有润滑系统。

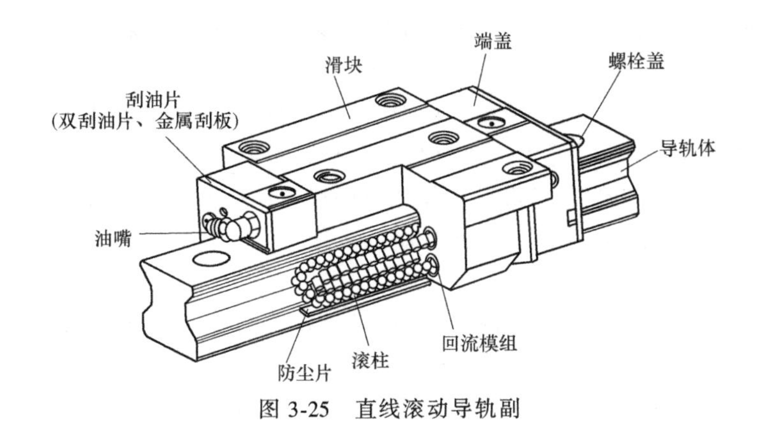

图 3-25　直线滚动导轨副

为了提高滚动导轨的抗振性，可以在直线滚动导轨副上安装阻尼滑块结构，如图 3-26 所示。阻尼滑块与导轨表面不直接接触，中间留有一定的间隙，间隙中充满润滑油，这层油膜能起到一个挤压油膜减振器作用，可达到良好的减振效果。由于这层 0.03mm 的油膜很薄，耗油很少，工作时，只需像滚动滑块一样定时在滑块的注油孔中滴入润滑油即可。这种减振型滚动导向系统既保持了原有直线滚动导轨运行轻捷快速的特点，又具有滑动导轨减振性能好的优点。

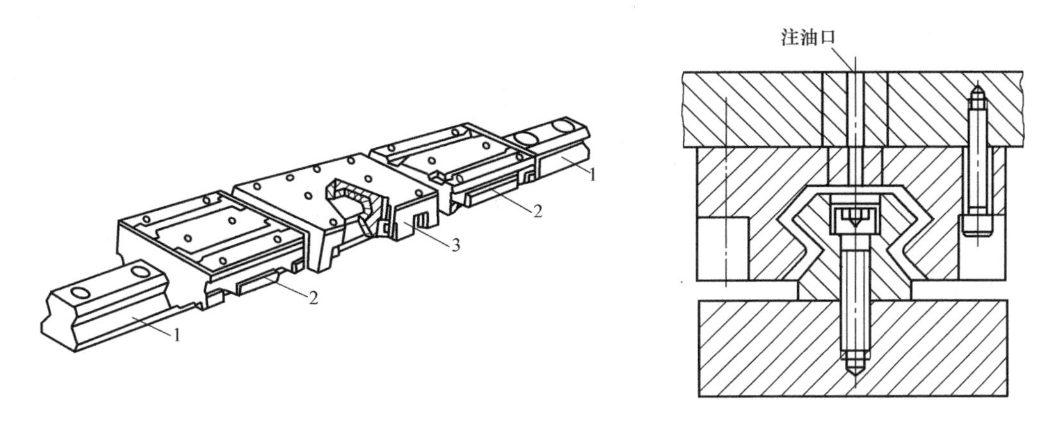

图 3-26　带阻尼滑块的直线滚动导轨副

1—直线导轨　2—循环滚柱滑块　3—抗振阻尼滑块

四、静压导轨的种类与工作原理

机床上使用的液压导轨主要是静压导轨。静压导轨通常在两个相对运动的导轨面间通入液压油，使运动件浮起。油压能随着外加负载的变化而自动调节，以保证导轨面间始终处于纯液体的摩擦状态，所以，静压导轨的摩擦因数最小，功率消耗小。这种导轨不易磨损，精度保持性好，使用寿命长。它的油膜厚度几乎不受速度的影响，油膜承载能力大，刚性高，吸振性好，运行平稳，无爬行现象。但静压导轨结构复杂，并需要过滤效果良好的液压装置，制造成本高。

1. 开式静压导轨

开式静压导轨如图 3-27 所示，液压泵 2 由电动机驱动，油从油箱经过滤器 1 吸入，再经精过滤器 4，通过节流器 5 进入运动导轨 6 与床身导轨 7 间的油腔内，溢流阀 3 起调节油压 P_s 作用，使经过节流后达到油腔压力 P_r，使运动件浮起，形成导轨面间的间隙 h_0。载荷增大时，运动件向下，使油膜间隙减小，使导轨面间的油液外流的阻力增大，由于节流器的调压作用，使油腔压力 P_r 随之增大，直至与载荷平衡时为止。

开式静压导轨依靠运动件自身重量及外载荷保持运动件不从床身导轨上分离，因而只能承受垂直方向的负载，只能用于颠覆力矩较小的机床。

2. 闭式静压导轨

如图 3-28 所示，闭式静压导轨油腔分布在床身导轨的各个方向，只有运动方向未受限制，当运动部件受到颠覆力矩 M 时，下油腔的间隙 h_2 减小，上油腔的间隙 h_1 增大，由于各相应节流阀的作用使 P_2 增大、P_1 减小，两者的大小呈中心对称三角形分布，由此作用在运动部件上的力形成一个与颠覆力矩方向相反的力矩，从而使运动部件保持平衡。而在承受载荷 P_W 时，其工作原理同开式静压导轨。闭式静压导轨多用于颠覆力矩较大的场合。

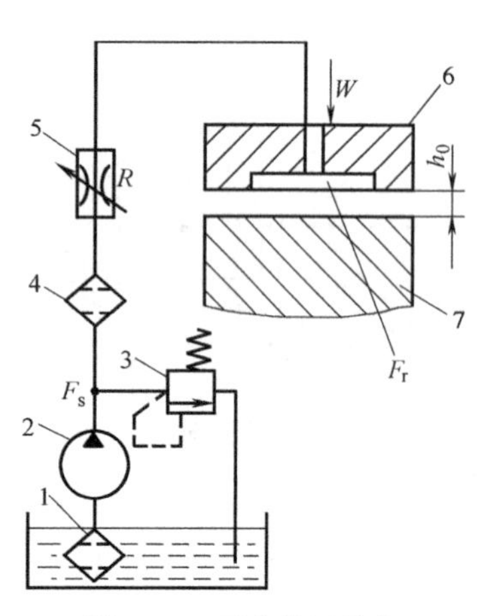

图 3-27 开式静压导轨

1—过滤器 2—液压泵 3—溢流阀 4—精过滤器 5—节流器 6—运动导轨 7—床身导轨

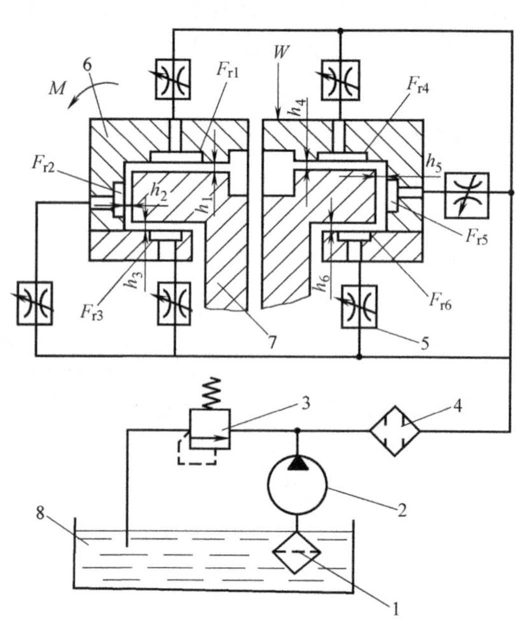

图 3-28 闭式静压导轨

1、4—过滤器 2—油泵 3—溢流阀 5—节流阀 6—运动部件 7—导轨 8—油箱

任务实施

一、导轨间隙的调整

为保证导轨正常工作，导轨滑动表面之间应保持适当的间隙。间隙过小会增大摩擦力，间隙过大又会降低导向精度。所以应根据机床说明书调整间隙。间隙调整方法有镶条调整间隙、压板调整间隙和压板镶条调整间隙。

1. 镶条调整间隙

常用的镶条有两种，即平镶条和斜镶条。

平镶条如图 3-29 所示，为一平行六面体，其截面形状为矩形（图 3-29a）或平行四边形（图 3-29b）。调整时，只要拧动沿镶条全长均布的几个螺钉，便能调整导轨的侧向间隙，调整后再用螺母锁紧。平镶条制造容易，但在全长上只有几个点受力，容易变形，故常用于受力较小的导轨。缩短螺钉间的距离 L 和加大镶条厚度 h 有利于镶条压力的均匀分布，当$L/h=3\sim4$时，镶条压力基本均布（图 3-29c）。

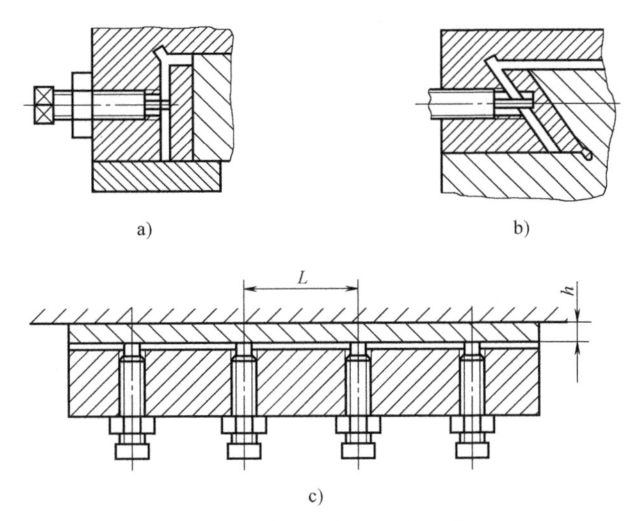

图 3-29　用平镶条调整导轨间隙

如图 3-30 所示，斜镶条的侧面磨成斜度很小的斜面，导轨间隙是用镶条的纵向移动来调整的，为了缩短镶条长度，一般将其放在运动部件上。斜镶条在全长上支承，其斜度为 1∶40 或 1∶100，由于楔形的增压作用会产生过大的横向压力，因此调整时应细心对待。

图 3-30a 所示的结构简单，但螺钉凸肩与斜镶条的缺口间不可避免地存在间隙，可能使镶条产生窜动。图 3-30b 所示的结构较为完善，但轴向尺寸较长，调整也较麻烦。图 3-30c

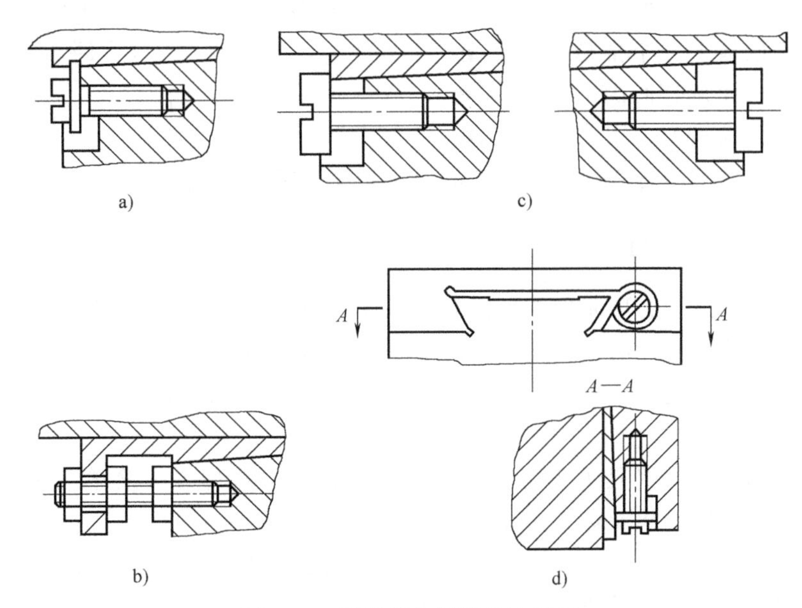

图 3-30　用斜镶条调整导轨间隙

所示是由斜镶条两端的螺钉进行调整，镶条的形状简单，便于制造。图 3-30d 所示是用斜镶条调整燕尾形导轨间隙。

2. 压板调整间隙

矩形导轨上常用的压板装置形式有修复刮研式、镶条式、垫片式。压板用螺钉固定在动导轨上，常用钳工配合刮研及选用调整垫片、平镶条等，使导轨面与支承面之间的间隙均匀，达到规定的接触点数。图 3-31a 所示为加工中心压板结构，如果间隙过大，应修磨或刮研 *B* 面；间隙过小或压板与导轨压得太紧，则可修磨或刮研 *A* 面。图 3-31b 所示为在压板和支承导轨之间装上平镶条，通过锁紧螺母调整间隙。图 3-31c 所示为在压板和运动导轨之间安装垫片，通过更换垫片厚度调整间隙。

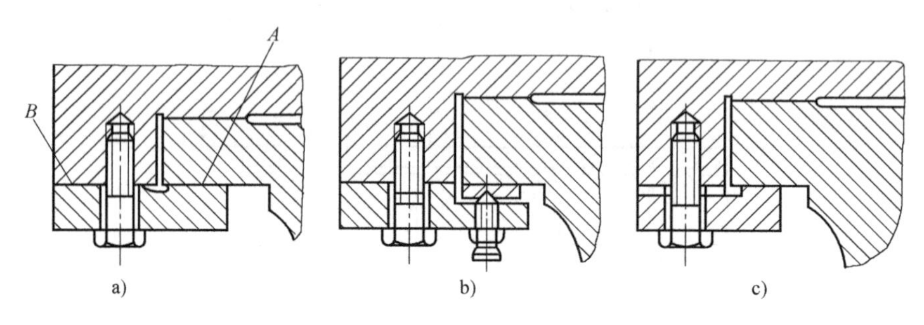

图 3-31　压板调整间隙

a）修磨刮研式　b）镶条式　c）垫片式

3. 压板镶条调整间隙

T 形压板用螺钉固定在运动部件上，如图 3-32 所示，运动部件内侧和 T 形压板之间放置斜镶条，镶条不是在纵向有斜度，而是在高度方面做成倾斜状。加工中心调整时，借助压板上几个推拉螺钉，使镶条上下移动，从而调整间隙。三角形导轨的上滑动面能自动补偿，下滑动面的间隙调整和矩形导轨的下压板调整底面间隙的方法相同。圆形导轨的间隙不能调整。

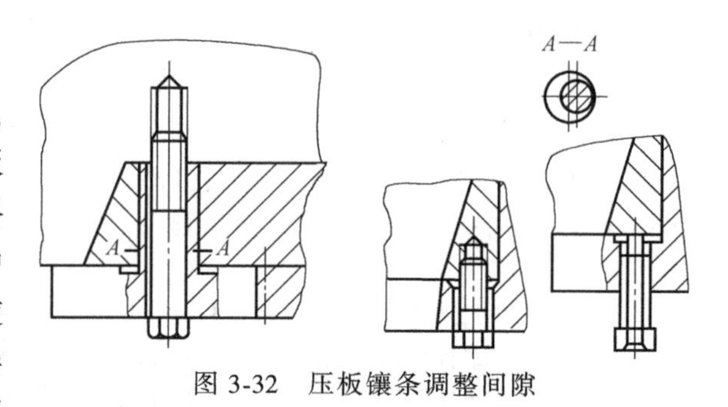

图 3-32　压板镶条调整间隙

二、导轨副的润滑与防护

导轨面上进行润滑后，可降低摩擦因数，减少磨损且可防止导轨面锈蚀，因此必须对导轨面进行润滑。导轨副常用的润滑剂有润滑油和润滑脂，前者用于滑动导轨，滚动导轨两种都能采用。滚动导轨低速时（v<15m/min）推荐用锂基润滑脂润滑。

1. 润滑的方式

导轨最简单的润滑方式是人工定期加油或油杯供油。这种方式简单，成本低，但不可靠，一般用于调节辅助导轨及运动速度低、工作不频繁的滚动导轨。

在数控机床上，对运动速度较高的导轨主要采用压力润滑，如图 3-33 所示，常用压力循环润滑和定时定量润滑两种方式，大都采用润滑泵，以压力供油强制润滑。

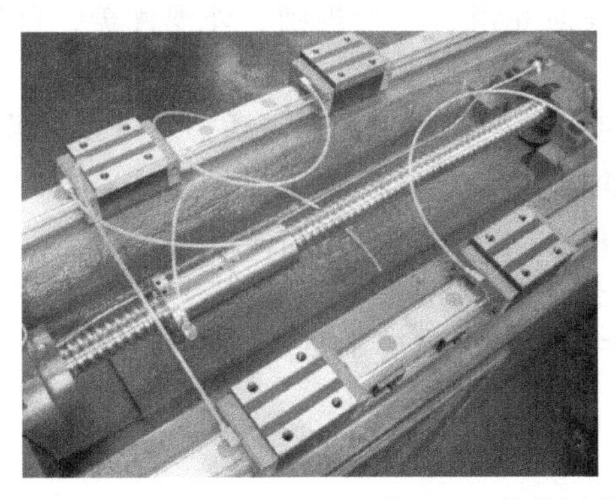

图 3-33　导轨压力润滑系统

2. 油槽形式

为了把润滑油均匀地分布到导轨的全部工作表面，须在导轨面上开出油槽，油经运动部件上的油孔进入油槽。油槽形式如图 3-34 所示。

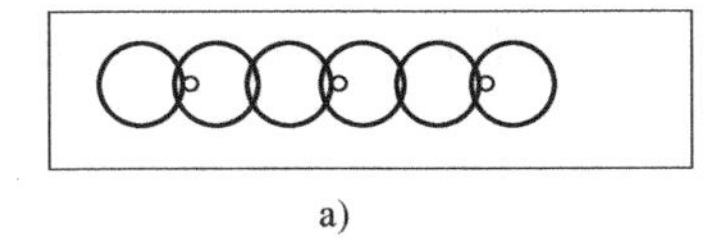

a)

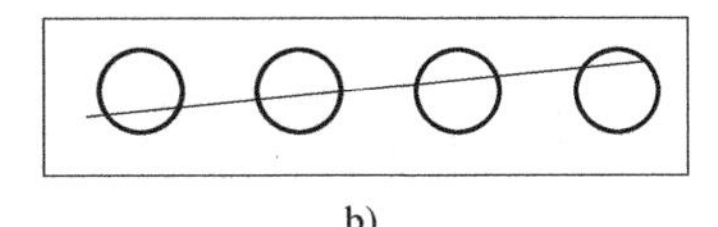

b)

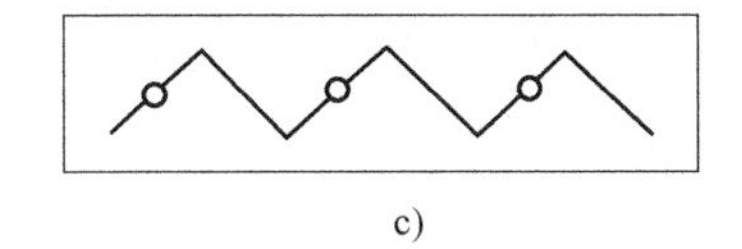

c)

图 3-34　油槽形式

3. 对润滑油的要求

在工作温度变化时，润滑油黏度要小，有良好的润滑性能和足够的油膜强度，油中杂质尽量少且不侵蚀机件。

4. 导轨的防护

为了防止切屑、磨粒或切削液散落在导轨面上而引起磨损加快、擦伤和锈蚀，导轨面上应有可靠的防护装置。机床导轨常用的防护罩如图 3-35 所示。

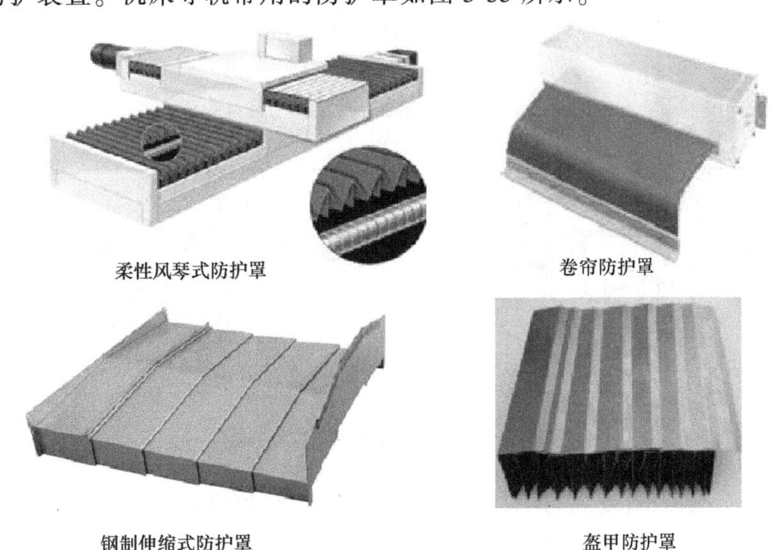

图 3-35　机床导轨常用的防护罩

（1）柔性风琴式防护罩　这种防护罩表面光滑、造型规则、外观优美，可以为机床的整体造型增添色彩。

（2）卷帘防护罩　在空间小且不需严密防护的情况下，卷帘防护罩可以代替其他护罩。

（3）钢制伸缩式防护罩　钢制伸缩式防护罩是机床的传统防护形式，应用广泛，防护效果好。通过一定的结构措施及合适的刮屑板可有效降低切削液的渗入。

（4）盔甲防护罩　这种防护罩每个折层都能经受强烈的振动而不变形，在900℃高温下仍能保持原有的状态，每个折层之间彼此支撑，起着阻碍小碎片渗透的作用。

这些装置结构简单，由专门厂家制造。

直线滚动导轨副的安装

在机床维修中，如遇机床直线导轨损坏，可以进行更换，故直线滚动导轨的安装是现场维修技术人员应该掌握的技能。直线滚动导轨的安装形式可以水平、竖直或倾斜，可以两根或多根平行安装，也可以把两根或多根短导轨接长，以适应各种行程和用途的需要。滚动导轨副安装基面的精度要求不太高，通常只要精铣或精刨。

1. 导轨及滑块的固定形式

当直线滚动导轨副工作时有振动或受到冲击力时，导轨与滑块很可能会偏离原来的固定位置，而影响机床的运行精度，为防止这种现象发生，应用以下的固定形式固定导轨及滑块，如图3-36所示。

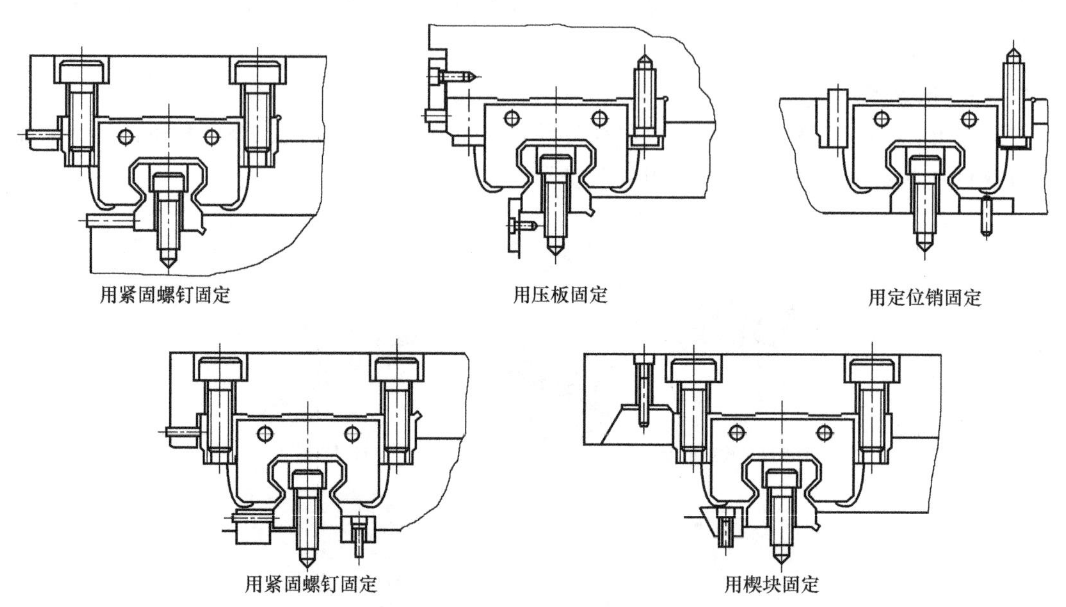

图3-36　导轨及滑块的固定形式

对于需要直线运动的精度高与刚性大的数控机床，必须设有两个导轨基准面及一个平台基准面。首先要正确区分基准导轨副与非基准导轨副，如图3-37所示，一般基准导轨上有J字样标记。滑块上有按规定精度加工出来的磨光的基准侧面。安装时认清导轨副安装时所需的基准侧面，如图 3-38 所示。注意：一套导轨副的导轨和与其组合的滑块都标有相同的制造号码与序号，安装导轨副时，若需先将滑块卸下，重新组装时要务必确认导轨副和滑块具有相同的制造号码与序号，并以相同的方向再安装回去。

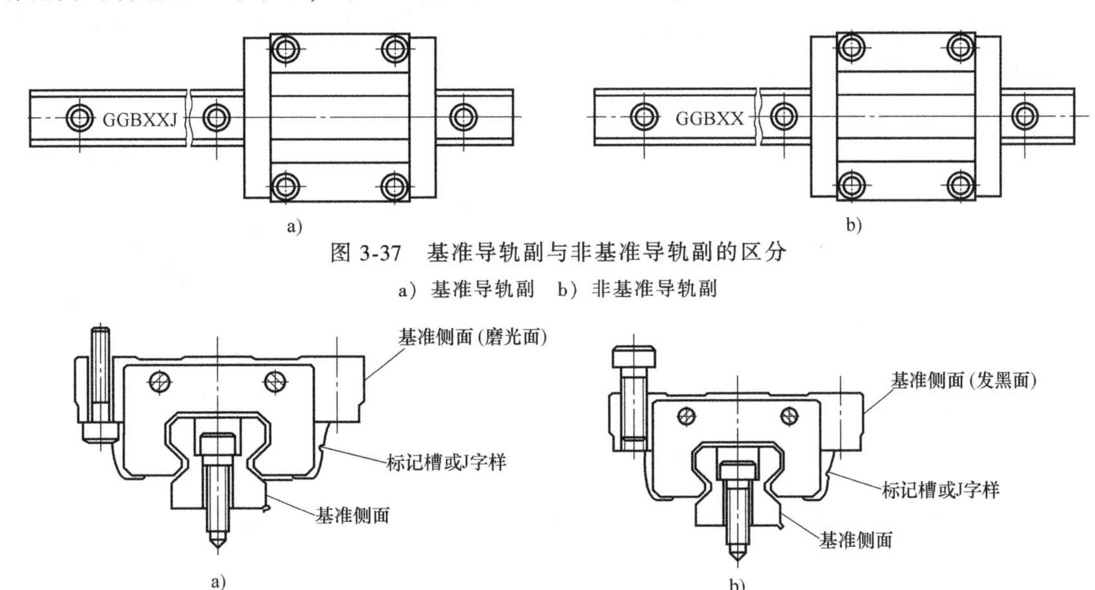

图 3-37　基准导轨副与非基准导轨副的区分

a）基准导轨副　b）非基准导轨副

图 3-38　基准侧面的区分

a）基准导轨副　b）非基准导轨副

直线滚动导轨的安装顺序如下。

（1）清洁装配面　如图 3-39 所示，在安装直线滚动导轨之前必须清除机械安装面的飞边、污物及表面划痕。用油石除去飞边、划痕，再用清洁布擦净导轨。直线滚动导轨的基准面及装配面的防锈油及尘埃需用干净布擦净。

注意：直线滚动导轨在正式安装前均涂有防锈油，安装前用清洗油类将基准面擦净后再安装，通常将防锈油清除后，基准面较容易生锈，所以建议涂抹上黏度较小的主轴用润滑油。

（2）定位基准导轨　如图 3-40 所示，将基准导轨轻轻安置在床台上，使用侧向固定螺栓或压板使导轨与侧向安装定位面轻轻贴合。

注意：安装前要确认导轨和底座的螺纹孔是否吻合，假如底座上加工的螺纹孔不吻合又强行锁紧螺栓，会大大影响到导轨的组合精度与使用品质。

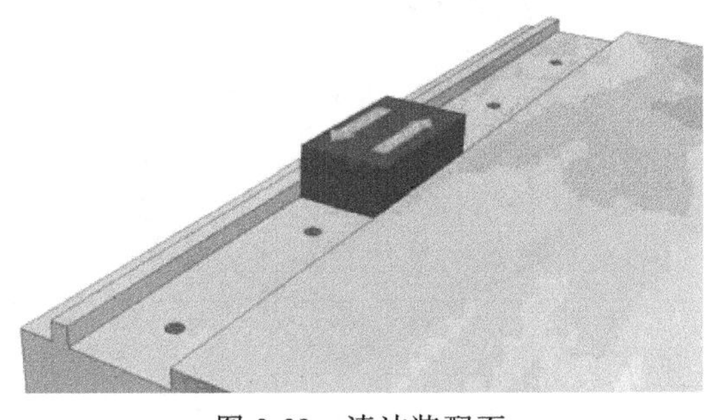

图 3-39　清洁装配面

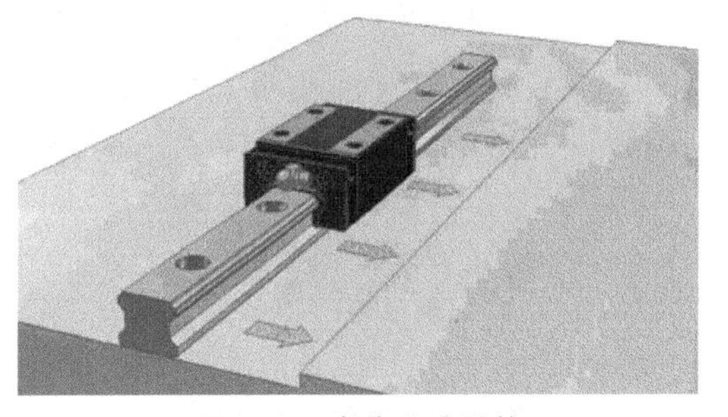

图 3-40　定位基准导轨

（3）预固定基准导轨　如图 3-41 所示，由基准导轨中央向两侧按顺序将导轨的定位螺栓轻微旋紧，进行预固定，使轨道与垂直安装面轻轻贴合，这样可以得到较稳定的精度。垂直基准面稍微旋紧后，加强侧向基准面的锁紧力，使基准导轨可以正确贴合侧向基准面。

（4）固定基准导轨　如图 3-42 所示，使用扭力扳手，依照各种材质所需锁紧扭矩将基准导轨的各定位螺栓慢慢旋紧。

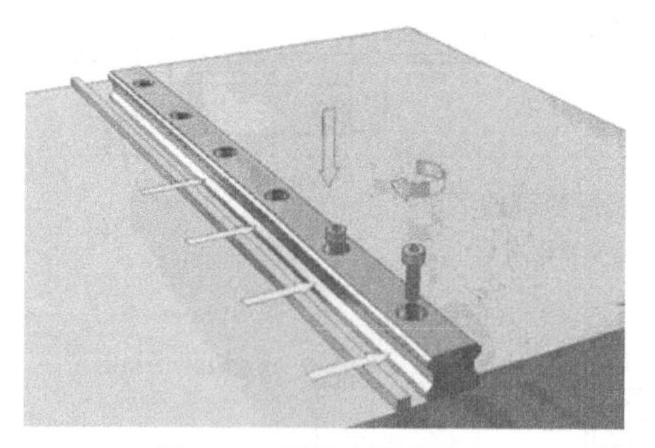

图 3-41　预固定基准导轨

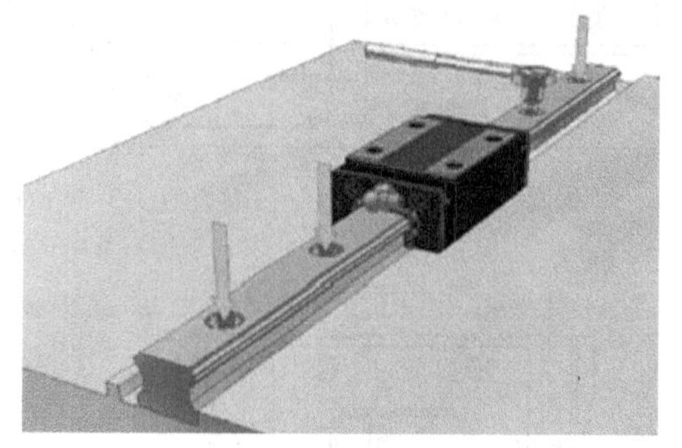

图 3-42　固定基准导轨

（5）安装非基准导轨　如图 3-43 所示，使用上面相同安装方式安装非基准导轨。

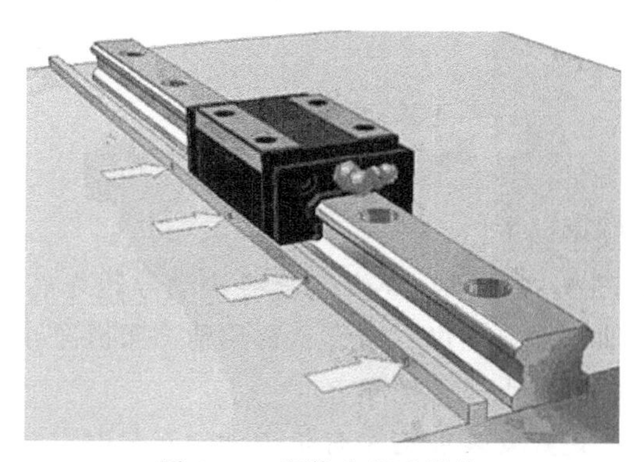

图 3-43　安装非基准导轨

（6）安装移动平台　如图 3-44 所示，轻轻将移动平台安置到基准导轨与非基准导轨的滑块上，先锁紧移动平台上的侧向锁紧螺钉，安装定位后按照图 3-45 所示的锁紧顺序将移动平台固定在滑块上。

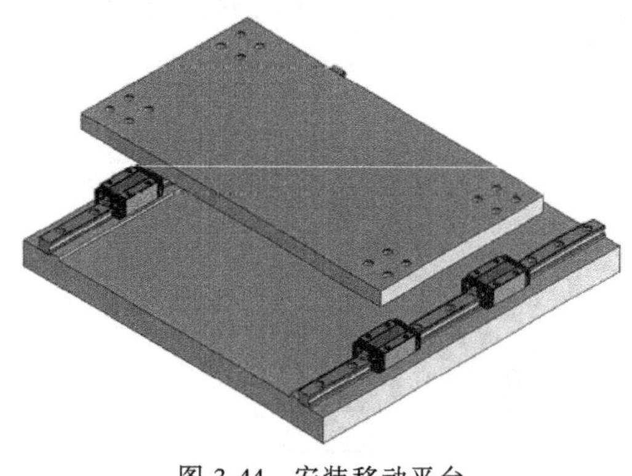

图 3-44　安装移动平台

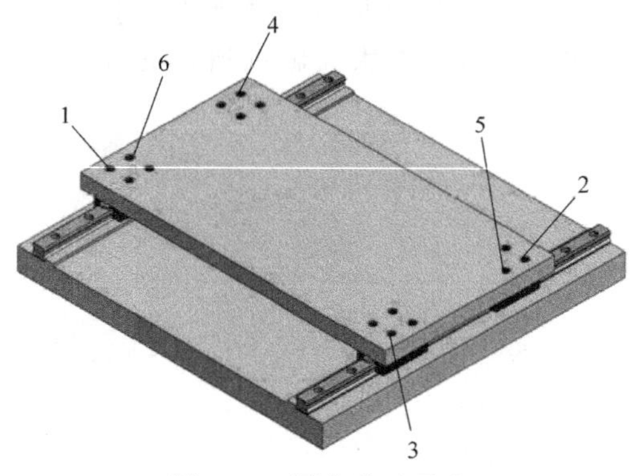

图 3-45　固定移动平台

考核评价（表 3-5）

表 3-5　任务完成评价表

姓名		班级		任务	任务二　导轨副结构与维护		
项目	序号	内容	配分	评分标准	检查记录		得分
					互查	教师复查	
基础知识（40分）	1	数控机床对导轨的要求	5	根据掌握情况评分			
	2	滑动导轨	10	根据掌握情况评分			
	3	滚动导轨	15	根据掌握情况评分			
	4	静压导轨	10	根据掌握情况评分			
技能训练（30分）	1	检查导轨的间隙，并对其进行装调维护	10	根据完成情况和完成质量评分			
	2	对导轨进行保养	10				
	3	操作流程正确、动作规范、时间合理	5	不规范每处扣 0.5 分 超时扣 2 分			
	4	安全文明生产	5	违反安全操作规程全扣			
综合能力（20分）	1	自主学习、分析并解决问题、有创新意识	7	根据个人表现评分			
	2	团队合作、协调沟通、语言表达、竞争意识	7	根据个人表现评分			
	3	作业完成	6	根据完成情况和完成质量评分			
其他（10分）		出勤方面、纪律方面、回答问题、知识掌握	10	根据个人表现评分			
合计							
综合评价							

课后测评

一、填空题

1. 数控机床导轨按摩擦性质不同，可分为____________导轨、____________导轨和__________导轨。

2. 滚动导轨分为__________、__________和__________三类。

3. 在导轨副中，运动的一方称为__________，不动的一方称为__________。

二、选择题

1.（　　）导轨主要用于大型、重型数控机床上。

A. 贴塑导轨　　　　　　B. 注塑导轨

2.（　　）静压导轨具有承受各方向载荷的能力。

A. 开式　　　　　　B. 闭式

3.（　　）导轨承载能力小、刚度低。

A. 滚珠　　　　　　B. 滚柱　　　　　　C. 滚针

三、判断题

1. 贴塑导轨是以聚四氟乙烯为基体，添加合金粉和氧化物等构成的高分子复合材料。（　　）

2. 贴塑导轨比注塑导轨抗压强度高。（　　）

3. 当振动和冲击较大、精度要求高时，应用双导轨定位安装。（　　）

4. 开式导轨能承受颠覆力矩，闭式导轨不能承受颠覆力矩。（　　）

四、简答题

数控机床常用的导轨有哪些？

任务三　齿轮传动副结构与维护

任务目标

知识目标：

1. 掌握直齿圆柱齿轮传动间隙的调整方法。
2. 掌握斜齿圆柱齿轮传动间隙的调整方法。
3. 掌握锥齿轮传动间隙的调整方法。
4. 了解齿轮传动副的安装要求。

能力目标：

能对齿轮传动间隙进行调整与维护。

任务描述

齿轮传动机构是数控机床进给传动系统中较常见的传动机构。请同学们检查数控机床齿轮传动机构的工作状况、润滑状态，齿轮的磨损程度和齿轮啮合间隙，视情况进行调整，并按要求对齿轮传动机构进行调整与维护。

知识储备

在机床伺服系统中，除了滚珠丝杠螺母副将执行元件输出的高转速、小转矩动力转换成被控对象所需的低转速、大转矩动力外，齿轮传动副应用也较广泛。数控机床传动系统中的调速齿轮除了本身要求很高的运动精度和工作平稳性以外，还需尽可能消除传动齿轮副间的传动间隙。齿侧间隙会造成进给系统每次反向运动滞后于指令信号，丢失指令脉冲并产生反向死区，对加工精度影响很大。因此，必须采用各种方法去减小或消除齿轮传动间隙。

一、直齿圆柱齿轮传动间隙的调整

直齿圆柱齿轮的传动间隙有三种调整方法。

1. 轴向垫片调整法

1）如图 3-46 所示，在加工相互啮合的两个齿轮 1、2 时，将分度圆柱面制成带有小锥度的圆锥面，使齿轮齿厚在轴向稍有变化，装配时只需改变垫片 3 的厚度，使齿轮 2 做轴向移动，调整两齿轮在轴向的相对位置即可达到消除齿侧间隙的目的。

2）特点：结构比较简单，传动刚性好，调整后的间隙不能自动补偿。

2. 偏心套调整法

1）如图 3-47 所示，电动机 1 通过偏心套 2 装到壳体上，通过转动偏心套就能够方便地调整两齿轮的中心距，从而消除齿侧间隙。

2）特点：结构比较简单，传动刚性好，能传递较大的动力，调整后的间隙不能自动补偿。

以上两种方法均属于刚性调整法，属于调整后齿侧间隙不能自动补偿的调整方法。因此，齿轮的齿距公差及齿厚要严格控制，否则会影响传动的灵活性，这两种调整方法结构比较简单，且有较好的传动刚度。

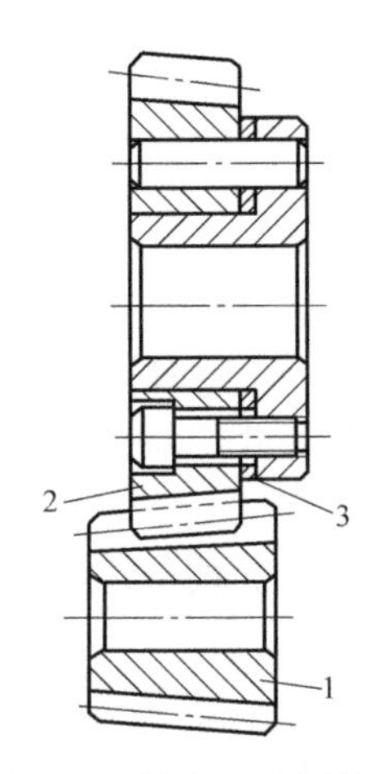

图 3-46　轴向垫片调整法

1、2—齿轮　3—垫片

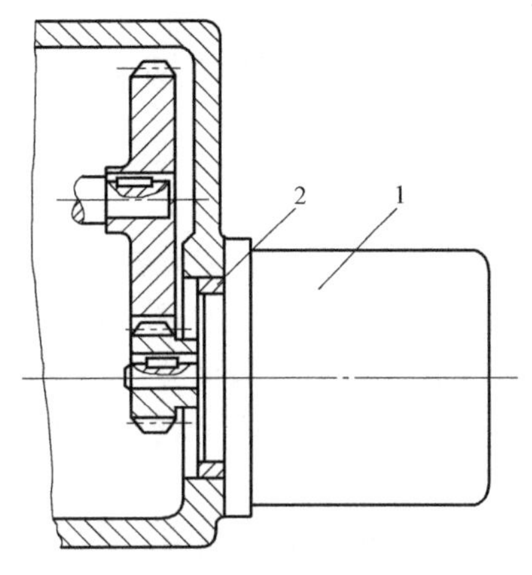

图 3-47　偏心套调整法

1—电动机　2—偏心套

3. 双片薄齿轮错齿调整法

1）结构。如图 3-48 所示，两个相同齿数的薄齿轮 1、2 与另一个宽齿轮相啮合，齿轮 2 用键固定在轴上，齿轮 1 空套在齿轮 2 上，故两个薄齿轮可以相对回转。在两个薄齿轮的端面分别装上凸耳 3、8。薄齿轮 1 的端面还有另外四个通孔，长凸耳 8 可以在其中穿过，弹簧 4 的两端分别勾在短凸耳 3 和长凸耳 8 后面的螺钉 7 上。在弹簧的拉力作用下，两片薄齿轮的轮齿相互错位，分别贴紧在与之啮合的齿轮左右齿廓面上，从而消除了齿侧间隙。弹簧拉力的大小可以用调整螺母调节。

2）特点：结构比较复杂，传动刚性差，能传递较小的转矩。无论正向或反向旋转因都分别只有一个齿轮承受转矩，因此承载能力受到限制，设计时须计算弹簧4的拉力，使它能克服最大转矩，否则起不到消隙作用。这种调整方法称为柔性调整法，它是指调整后的齿侧间隙仍可以自动补偿的调整方法。这种方法一般采用调整压力弹簧的压力来消除齿侧间隙，并在齿轮的齿厚和齿距有变化的情况下，也能保持无间隙啮合，但不宜传递大转矩，对齿轮的齿厚和齿距要求较低，可始终保持啮合无间隙，尤其适用于检测装置。

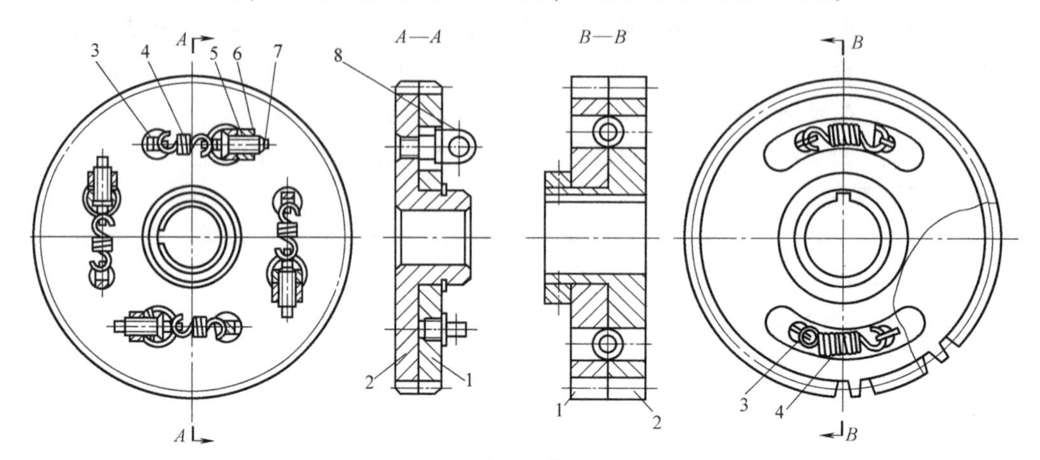

图 3-48　双片薄齿轮错齿调整法

1、2—薄齿轮　3—短凸耳　4—弹簧　5—调整螺母　6—锁紧螺母　7—螺钉　8—长凸耳

二、斜齿圆柱齿轮传动间隙的调整

斜齿圆柱齿轮的传动间隙有以下两种调整方法。

1. 垫片调整法

1）如图 3-49 所示，宽齿轮 4 同时与两个相同齿数的斜齿轮 1、2 啮合，斜齿轮经平键与轴连接，相互间无相对回转。斜齿轮间加厚度为 t 的垫片 3，用螺母拧紧，使两齿轮的螺旋线产生错位，其后两齿面分别与宽齿轮 4 的齿面贴紧以消除间隙。

2）特点。调整后的间隙能自动补偿，但结构比较复杂，传动刚性差，能传递较小的转矩。

2. 轴向压簧调整法

1）如图 3-50 所示，斜齿轮 1、2 用键固定在轴上，斜齿轮 1、2 同时与宽齿轮 6 啮合，螺母 4 调节碟形弹簧 3 对斜齿轮 2 的轴向压力，使斜齿轮 1、2 的螺旋线产生错位，齿侧分别贴紧宽齿轮 6 的齿槽左右两侧，从而消除了齿侧间隙。

2）特点。结构较复杂，轴向尺寸大，传动刚度低，同时传动平稳性差。

三、锥齿轮传动间隙的调整

锥齿轮传动间隙一般常用轴向压簧调整法，如图 3-51 所示。

锥齿轮 1、2 相互啮合。其中在装锥齿轮 1 的传动轴 5 上装有压簧 3，锥齿轮 1 在弹力作用下可沿轴向移动，从而消除锥齿轮 1、2 的间隙。弹簧力的大小由螺母 4 调节。

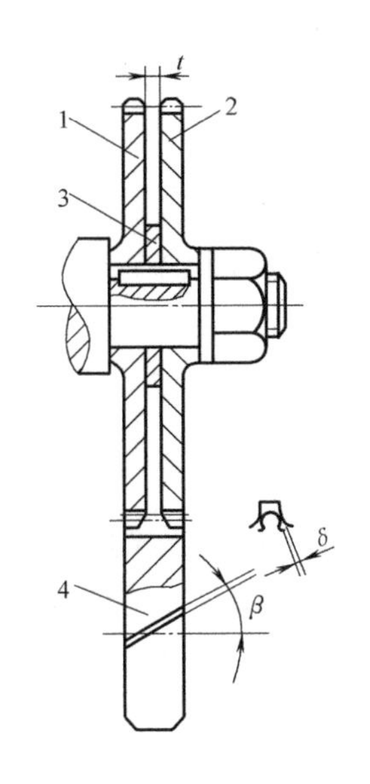

图 3-49　垫片调整法

1、2—斜齿轮　3—垫片　4—宽齿轮

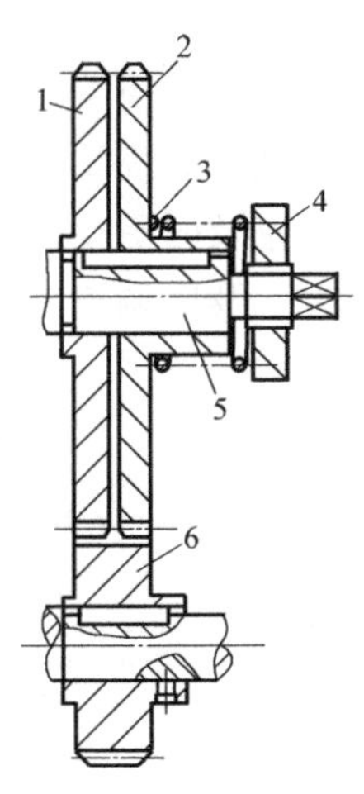

图 3-50　轴向压簧调整法（一）

1、2—斜齿轮　3—蝶形弹簧　4—螺母

5—轴　6—宽齿轮

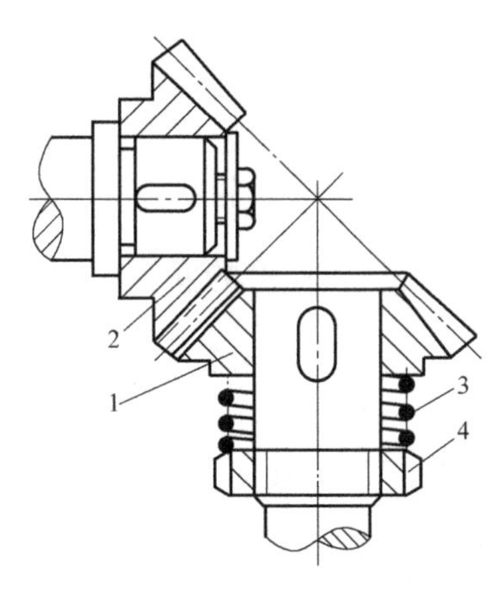

图 3-51　轴向压簧调整法（二）

1、2—锥齿轮　3—压簧

4—螺母　5—传动轴

任务实施

一、齿轮传动副的安装要求

1. 制造精度要求

首先要考虑接触精度，通过齿轮传动中的齿面接触斑点来判断，同时接触的位置也是评判的一个重要依据；其次确保运动精度，通过保证齿轮传动运转时的传动比保持精确。根据实际应用的情况，还要充分考虑传动比的变化来保证运行的平稳性，以及一对齿轮在非工作齿面上所留出的齿侧间隙的大小和比例。这些都需要达到很高的精度，才能确保齿轮传动整体结构的精度和工作质量、工作效率的提升。

2. 装配要求

首先要保证齿轮孔和轴之间不能出现歪斜或者偏心的情况，孔和轴之间的配合与安装时做到精密无比，避免出现端面未紧贴轴肩这一类误差；中心距和齿侧间隙要准确，齿侧间隙过大或过小都会对整体结构产生不良影响。如果齿侧间隙太小，齿轮传动在受热膨胀时，齿轮会出现被咬住或者卡死等现象，这样齿轮传动不能灵活工作，就会对齿面造成严重损坏。反之，如果齿侧间隙太大，容易产生振动或是强力的冲击。

另外，还要特别注意，相啮合的一对齿轮之间的接触面积要测算和安置准确，接触部位要妥当。根据需要，如果齿轮要进行高速传动，装配后应做相应的平衡试验，保证齿轮在高速运转时保持规定范围内的稳定度。在装配过程中，一定要避免滑动齿轮的阻滞或者齿轮互相啃住的现象，而导致整个齿轮传动系统无法正常运转。齿轮传动在进行机构变换时，要确定好齿轮定位的规范值，保持准确性。精度要求较高的齿轮传动副在安装后都需要进行检查，确保轴上齿轮的位置和咬合没有障碍，进一步提高齿轮传动的精确度。

二、数控机床的齿轮传动副维护

1）检查齿轮传动在起动、加载、换档及制动过程中是否平稳。

2）检查润滑系统的工作状况，补充油量或更换规定牌号的润滑油。

3）检查齿轮传动的工作状况，注意是否存在齿轮工作声音过大或数控车床箱体过热的情况。

4）检查齿轮轮齿，若有严重损坏，应及时更换齿轮。

5）检查齿轮啮合间隙，若间隙过大，及时调整啮合间隙。

三、齿轮的润滑

常用的齿轮润滑方式有齿轮油润滑、半流体润滑脂润滑、固体润滑剂润滑等几种方式。对于密封性较好、转速较高、载荷大的可以使用齿轮油润滑；对于密封性不好、转速较低的可以使用半流体润滑脂润滑；对于禁油场合或高温场合可以使用二硫化钼超微粉润滑。

（表 3-6）

表 3-6　任务完成评价表

姓名		班级		任务	任务三　齿轮传动副结构与维护		
项目	序号	内容	配分	评分标准	检查记录		得分
					互查	教师复查	
基础知识（40分）	1	直齿圆柱齿轮传动间隙的调整	15	根据掌握情况评分			
	2	斜齿圆柱齿轮传动间隙的调整	15	根据掌握情况评分			
	3	锥齿轮传动间隙的调整	10	根据掌握情况评分			
技能训练（30分）	1	检查齿轮的工作情况，对其进行维护	10	根据完成情况和完成质量评分			
	2	对齿轮进行润滑	10				
	3	操作流程正确、动作规范、时间合理	5	不规范每处扣 0.5 分 超时扣 2 分			
	4	安全文明生产	5	违反安全操作规程全扣			
综合能力（20分）	1	自主学习、分析并解决问题、有创新意识	7	根据个人表现评分			
	2	团队合作、协调沟通、语言表达、竞争意识	7	根据个人表现评分			
	3	作业完成	6	根据完成情况和完成质量评分			
其他（10分）		出勤方面、纪律方面、回答问题、知识掌握	10	根据个人表现评分			
合计							
综合评价							

课后测评

一、填空题

1. 直齿圆柱齿轮传动间隙的调整方法主要有__________、__________和__________。

2. 常用的齿轮润滑方式有__________润滑、__________润滑、__________润滑等几种方式。

二、判断题

1. 轴向垫片调整法和偏心套调整法调整后的间隙能自动补偿。 ( )

2. 一般情况下，小齿轮与大齿轮咬合，都是大齿轮磨损的速度比较快。 ( )

3. 装配齿轮传动副要保证齿轮孔和轴之间不能出现歪斜或者偏心的情况，孔和轴之间的配合与安装时必须做到精密无比，还要避免出现端面未紧贴轴肩这一类误差。 ( )

三、选择题

1. 调整齿轮传动间隙有刚性调整法和柔性调整法，其中（ ）属于柔性调整法。

A. 轴向垫片调整法 B. 偏心套调整法 C. 轴向弹簧调整法

2. 用（ ）法调整直齿圆柱齿轮传动间隙时能自动补偿间隙。

A. 轴向垫片调整法 B. 偏心套调整法 C. 双片薄齿轮错齿调整法

四、简答题

直齿圆柱齿轮、斜齿圆柱齿轮和锥齿轮的传动间隙调整方法各有哪些?

任务四 齿轮齿条传动结构与维护

任务目标

知识目标：

1. 熟悉齿轮齿条的传动原理。
2. 掌握齿轮齿条传动的应用与特点。

能力目标：

能对齿轮齿条传动机构进行调整与维护。

任务描述

在大型数控机床（如大型数控龙门铣床）上工作台行程很大，不宜采用滚珠丝杠螺母副传动，因为太长的丝杠制造困难且易于弯曲下垂，故常用齿轮齿条传动。请检查数控机床齿轮齿条传动机构的工作状况、润滑状态，按要求对齿轮齿条传动机构进行调整与维护。

知识储备

齿轮齿条传动依靠齿轮与齿条的啮合来传递运动和动力。齿轮齿条传动常应用于行程较长的大型机床上，其传动比大，刚度和效率较高，容易得到高速直线运动，但传动不够平稳，传动精度不够高且不能自锁。

一、齿轮齿条的传动原理

齿轮齿条机构是由齿轮和齿条构成的，如图 3-52 所示。齿条分为直齿齿条和斜齿齿条，齿条的齿廓为直线而非渐开线（对齿面而言则为平面），相当于分度圆半径为无穷大圆柱齿轮。齿轮齿条传动是将齿轮的回转运动转变为齿条的往复直线运动，或将齿条的往复直线运动转变为齿轮的回转运动。

图 3-52 齿轮齿条传动机构

二、齿轮齿条传动的应用与特点

1. 齿轮齿条传动的应用范围

1）适用于快速、精准的定位机构。

2）适用于重载荷、高精度、高刚性、高速度和长行程的数控机床、加工中心、切割机械、焊接机械等。

3）适用于工厂自动化快速移栽机械、工业机器人手臂抓取机构等。

2. 齿轮齿条传动的特点

（1）优点

1）传递动力大、传递功率高。齿轮齿条传动用来传递任意两轴间的运动和动力，其圆周速度可达到 300m/s，传递功率可达 105kW，齿轮直径可从不到 1mm 到 150m 以上，是现代机械中应用最广的一种机械传动。

2）使用寿命长，工作平稳，可靠性高。

3）能保证恒定的传动比，能传递任意夹角两轴间的运动。

（2）缺点　齿轮齿条传动机构制造、安装精度要求较高，因而成本也较高。

一、调整齿轮齿条的传动间隙

数控机床进给传动系统经常处于自动变向状态，反向时齿轮与齿条之间存在间隙，就会使进给运动的反向滞后于指令信号，从而影响其驱动精度，所以采用齿轮齿条传动时，必须采取措施消除齿侧间隙。

1. 齿轮齿条传动间隙的调整方法

（1）双厚齿轮消除间隙　当进给力不大时，可以采用类似于圆柱齿轮传动中的双薄齿轮结构，通过错齿的方法来消除间隙；当进给力较大时，通常采用双厚齿轮的传动结构。图3-53所示为双厚齿轮消除间隙。进给运动由轴2输入，通过两对斜齿轮将运动传给轴1和轴3，然后由两个直齿轮4、5去传动齿条，带动工作台移动。轴2上面两个斜齿轮的螺旋线方向相反。如果通过弹簧在轴2上作用一个进给力F，使斜齿轮产生微量的轴向移动，这时轴1和轴3便以相反的方向转过微小的角度，使直齿轮4、5分别与齿条的两齿面贴紧，从而消除了间隙。

（2）径向加载法消除间隙　如图3-54所示，两个小齿轮1、6分别与齿条7啮合，并用加载装置4在齿轮3上预加负载，齿轮3使啮合的大齿轮2、5向外伸开，与其同轴的齿轮1、6也同时向外伸开，与齿条7上齿槽的左、右两侧面相应贴紧消除间隙。齿轮3由液压马达直接驱动。

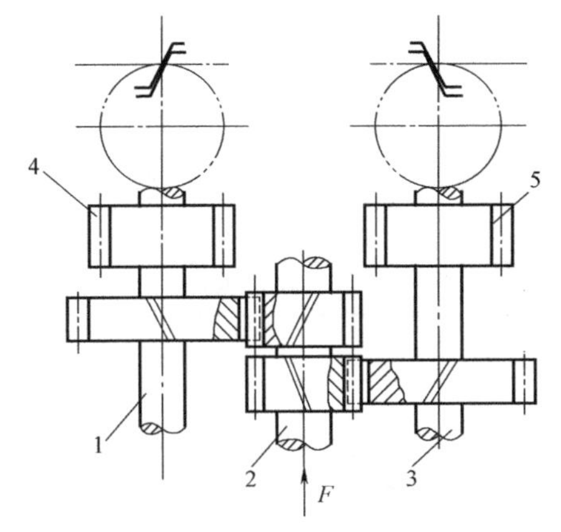

图3-53　双厚齿轮消除间隙

1、2、3—轴　4、5—直齿轮

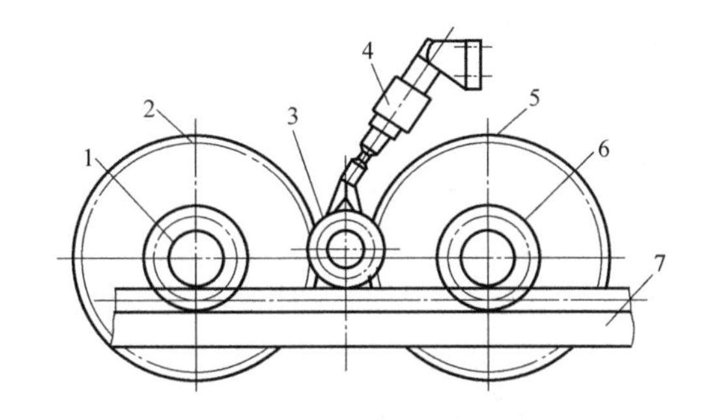

图3-54　径向加载法消除间隙

1、6—小齿轮　2、5—大齿轮　3—齿轮　4—加载装置　7—齿条

（3）拉簧控制消除间隙　如图3-55所示，主动齿轮1以摆转驱动从动齿条2做往复移动。为消除啮合间隙的影响，在从动齿条2的右端装有拉伸（或压缩）弹簧3，使啮合齿廓在运动中始终一侧接触，从而降低啮合间隙的影响。

2. 测量齿轮副侧隙的方法

如图3-56所示，在齿轮面沿齿长两端并垂直于齿长方向放置两条铅丝，宽齿可放3~4条铅丝。铅丝的直径不宜超过最小侧隙的4倍。经滚动齿轮挤压后，测量铅丝挤压最薄处的厚度，即为齿轮副的侧隙，范围在0.12~0.16mm之间。

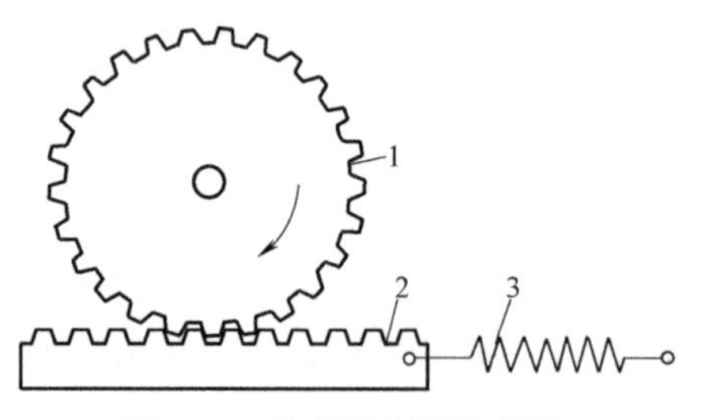

图 3-55　拉簧控制消除间隙

1—主动齿轮　2—从动齿条　3—拉伸（或压缩）弹簧

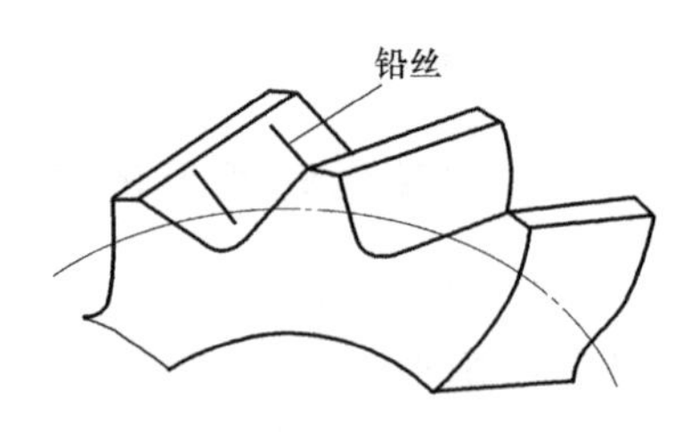

图 3-56　测量齿轮副侧隙

另外，也可将百分表触头直接触及未固定的齿轮齿面上，将可动齿轮从一侧啮合迅速转到另一侧啮合，百分表上的读数差值即为齿轮副的侧隙值。

二、齿轮齿条传动的配合要求

1）齿轮齿条的齿面棱角处应无缺口、裂纹、锈蚀和刮伤等。

2）齿轮正圆度良好，运转径向无跳动（正圆度≤0.02mm、装配后径向圆跳动≤0.03mm）。

3）齿条平直无变形、弯曲，齿形在齿条上分布均匀，齿尖一致、无高低错差（齿尖错差≤0.03mm）。

4）齿轮、齿条的运行面上应无严重的打痕、压痕、摩擦等印痕。

考核评价（表 3-7）

表 3-7　任务完成评价表

姓名		班级		任务	任务四　齿轮齿条传动结构与维护		
项目	序号	内容	配分	评分标准	检查记录		得分
					互查	教师复查	
基础知识（40分）	1	齿轮齿条的传动原理	20	根据掌握情况评分			
	2	齿轮齿条的应用与特点	20	根据掌握情况评分			
技能训练（30分）	1	齿轮齿条的间隙调整与维护	20	根据完成情况和完成质量评分			
	2	操作流程正确、动作规范、时间合理	5	不规范每处扣 0.5 分 超时扣 2 分			
	3	安全文明生产	5	违反安全操作规程全扣			
综合能力（20分）	1	自主学习、分析并解决问题、有创新意识	7	根据个人表现评分			
	2	团队合作、协调沟通、语言表达、竞争意识	7	根据个人表现评分			
	3	作业完成	6	根据完成情况和完成质量评分			

（续）

姓名		班级			任务	任务四　齿轮齿条传动结构与维护			
项目	序号	内容		配分	评分标准		检查记录		得分
							互查	教师复查	
其他（10分）		出勤方面、纪律方面、回答问题、知识掌握		10	根据个人表现得分				
合计									
综合评价									

课后测评

一、填空题

1. 齿轮齿条传动依靠齿轮与齿条的啮合来传递__________和________________。

2. 齿轮齿条传动是将齿轮的__________运动转变为齿条的__________运动，或将齿条的__________运动转变为齿轮的__________运动。

二、判断题

1. 齿轮齿条传动常应用于行程较短的大型机床上。（　　）

2. 齿轮、齿条的运行面上应无严重的打痕、压痕、摩擦等印痕。（　　）

三、选择题

当进给力较大时，通常采用（　　）。

A. 双厚齿轮消除间隙　　B. 径向加载法消除间隙　　C. 拉簧控制消除间隙

四、简答题

齿轮齿条传动间隙的调整方法有哪些？

任务五　静压蜗杆-蜗轮条传动结构与维护

任务目标

知识目标：

1. 掌握静压蜗杆-蜗轮条传动的工作原理。
2. 熟悉静压蜗杆-蜗轮条传动的特点。
3. 掌握静压蜗杆-蜗轮条传动方案。

能力目标：

能对静压蜗杆-蜗轮条传动机构进行调整与维护。

任务描述

龙门式铣床的移动工作台或桥式镗铣床桥架进给驱动机构中常用静压蜗杆-蜗轮条传动机构，请同学们检查静压蜗杆-蜗轮条传动机构的工作状况，按要求对静压蜗杆-蜗轮条传动机构进行调整与维护。

知识储备

静压蜗杆-蜗轮条传动机构是丝杠螺母传动机构的一种特殊形式。如图 3-57 所示，蜗杆可看作长度很短的丝杠，其长径比很小。蜗轮条则可以看作一个很长的螺母沿轴向剖开后的一部分，其包容角常在 90°~120°之间。

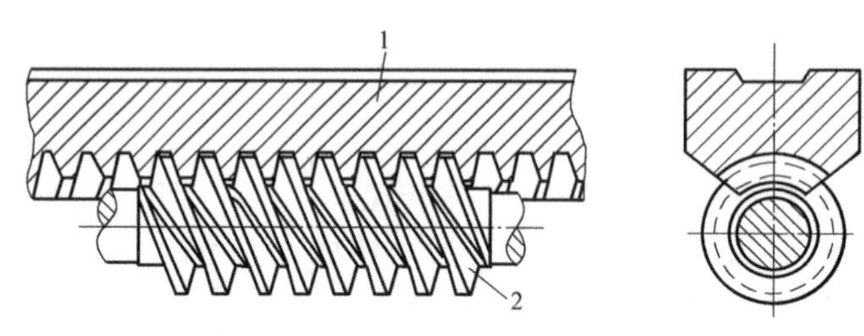

图 3-57 静压蜗杆-蜗轮条传动机构

1—蜗轮条 2—蜗杆

一、静压蜗杆-蜗轮条传动的工作原理

液体静压蜗杆-蜗轮条传动机构是在蜗杆-蜗轮条的啮合面间注入液压油，以形成一定厚度的油膜，使两啮合面间形成液体摩擦，其工作原理如图 3-58 所示。图 3-58 中油腔开在蜗轮条上，用毛细管节流的定压供油方式给静压蜗杆-蜗轮条提供液压油。从液压泵输出的液压油，经过蜗杆螺纹内的毛细管节流器 10，分别进入蜗轮条齿的两侧面油腔内，然后经过啮合面之间的间隙，再进入齿顶与齿根之间的间隙，压力降为零，流回油箱。

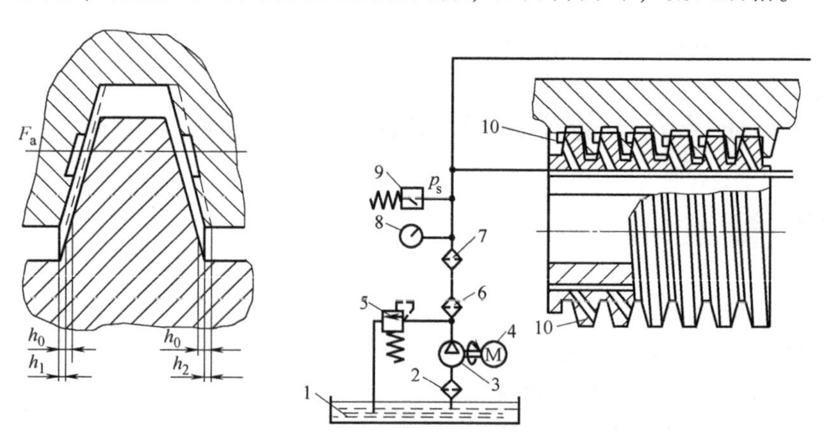

图 3-58 静压蜗杆-蜗轮条传动的工作原理

1—油箱 2—过滤器 3—液压泵 4—电动机 5—溢流阀 6—粗过滤器 7—精过滤器 8—压力表 9—压力继电器 10—节流器

二、静压蜗杆-蜗轮条传动的特点

静压蜗杆-蜗轮条传动由于既有纯液体摩擦的特点，又有蜗杆-蜗轮条机构结构的特点，因此，特别适合应用于重型铣床的进给传动系统。它的优点如下。

1）摩擦阻力小，起动摩擦因数小于0.0005，功率消耗少，传动效率高，可达0.94~0.98，在很低的速度下运动也很平稳。

2）使用寿命长。齿面不直接接触，不易磨损，能长期保持精度。

3）抗振性能好。油腔内的液压油层有良好的吸振能力。

4）有足够的轴向刚度。

5）蜗轮条能无限接长，因此运动部件的行程可以很长，不像滚珠丝杠受结构的限制。

三、静压蜗杆-蜗轮条的传动方案

静压蜗杆-蜗轮条在数控机床上的传动方案常用的有两种。

1. 蜗杆箱固定的形式

这种形式是蜗杆箱固定，蜗轮条固定在运动部件上。如图3-59所示，伺服电动机4和进给箱3置于机床床身上，并通过联轴器2使蜗杆轴产生旋转运动。蜗轮条1与运动部件（如工作台）相连，以获得往复直线运动。这种传动方案常应用于龙门式铣床的移动工作台进给驱动机构中。

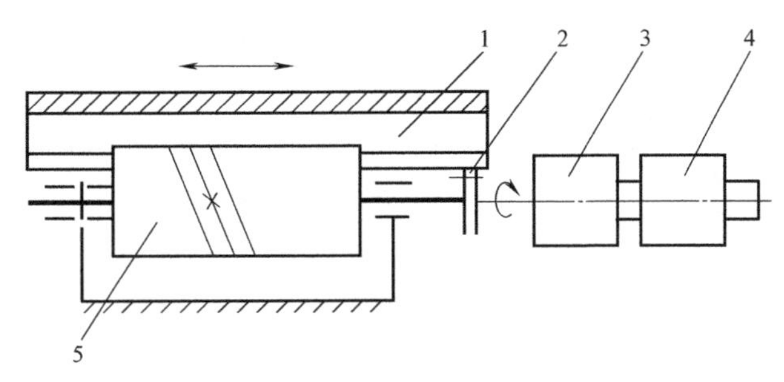

图3-59 蜗杆箱固定的形式

1—蜗轮条 2—联轴器 3—进给箱 4—伺服电动机 5—蜗杆

2. 蜗轮条固定的形式

这种形式是蜗轮条固定，蜗杆箱固定在运动部件上。如图3-60所示，伺服电动机4和进给箱3与蜗杆箱5相连接，使蜗杆旋转。蜗轮条固定不动，蜗杆箱与运动部件（如立柱、溜板等）相连接，这样行程长度可以大大超过运动部件的长度。这种传动方案常用于桥式镗铣床桥架进给驱动机构中。

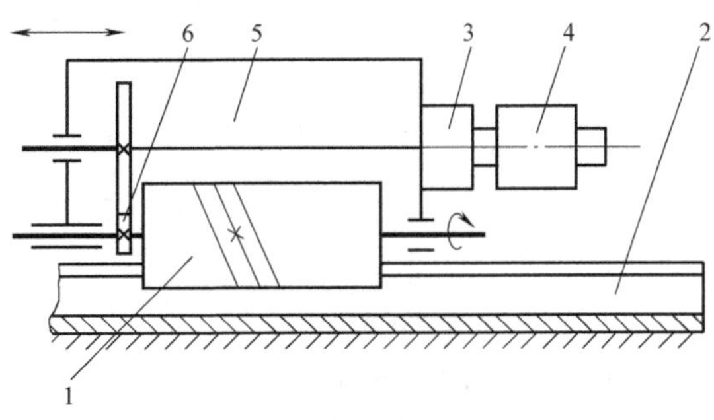

图3-60 蜗轮条固定的形式

1—蜗杆 2—蜗轮条 3—进给箱 4—伺服电动机 5—蜗杆箱 6—变速齿轮

静压蜗杆-蜗轮条传动机构的维护

1. 静压蜗杆-蜗轮条传动机构的主要失效形式

液体静压蜗杆-蜗轮条传动机构的主要失效形式有齿面疲劳点蚀、胶合、磨损及轮齿折断。

2. 静压蜗杆-蜗轮条传动机构的润滑

润滑的主要目的在于减摩与散热。具体润滑方法与齿轮传动的润滑相近。

1）润滑油：润滑油的种类很多，需根据蜗杆、蜗轮配对材料和运转条件选用。

2）润滑油黏度及给油方法：一般根据相对滑动速度及载荷类型进行选择。给油方法包括油池润滑、喷油润滑等，若采用喷油润滑，喷油嘴要对准蜗杆啮入端，而且要控制一定的油压。

3）润滑油量：油量选择既要考虑充分的润滑，又不致产生过大的搅油损耗。对于下置蜗杆或侧置蜗杆传动，浸油深度应为蜗杆的一个齿高；当蜗杆上置时，浸油深度约为蜗轮外径的1/3。

（表3-8）

表3-8　任务完成评价表

姓名		班级		任务	任务五　静压蜗杆-蜗轮条传动结构与维护		
项目	序号	内容	配分	评分标准	检查记录		得分
					互查	教师复查	
基础知识（40分）	1	静压蜗杆-蜗轮条传动机构的工作原理	10	根据掌握情况评分			
	2	静压蜗杆-蜗轮条传动的特点	15	根据掌握情况评分			
	3	静压蜗杆、蜗轮条的传动方案	15	根据掌握情况评分			
技能训练（30分）	1	维护静压蜗杆-蜗轮条传动机构	20	根据完成情况和完成质量评分			
	2	操作流程正确、动作规范、时间合理	5	不规范每处扣0.5分 超时扣2分			
	3	安全文明生产	5	违反安全操作规程全扣			
综合能力（20分）	1	自主学习、分析并解决问题、有创新意识	7	根据个人表现评分			
	2	团队合作、协调沟通、语言表达、竞争意识	7	根据个人表现评分			
	3	作业完成	6	根据完成情况和完成质量评分			

（续）

姓名			班级		任务	任务五　静压蜗杆-蜗轮条传动结构与维护		
项目	序号	内容	配分	评分标准	检查记录		得分	
					互查	教师复查		
其他（10分）		出勤方面、纪律方面、回答问题、知识掌握	10	根据个人表现评分				
合计								
综合评价								

课后测评

一、填空题

1. ＿＿＿＿＿传动机构是丝杠螺母传动机构的一种特殊形式，蜗杆可看作长度很短的丝杠，其长径比很小。

2. 液体静压蜗杆-蜗轮条传动机构的主要失效形式有齿面疲劳点蚀、＿＿＿＿＿、＿＿＿＿＿及＿＿＿＿＿。

二、判断题

1. 液体静压蜗杆-蜗轮条传动机构是在蜗杆-蜗轮条的啮合面间注入液压油，以形成一定厚度的油膜，使两啮合面间成为液体摩擦。（　　）

2. 蜗轮条不能无限接长，因此，运动部件的行程可以很短。（　　）

三、选择题

（　　）常应用于龙门式铣床的移动工作台进给驱动机构中。

A. 蜗杆箱固定的形式　　B. 蜗轮条固定的形式

四、简答题

蜗杆-蜗轮条传动机构在数控机床上的传动方案有哪些？

任务六　直线电动机结构与维护

在机床进给传动系统中，采用直线电动机（图 3-61）直接驱动与原旋转电动机传动的最大区别是取消了从电动机到工作台（拖板）之间的机械传动环节，把机床进给传动链的长度缩短为零，因而这种传动方式又被称为零传动，如图 3-62 所示。正是由于这种零传动方式，带来了原旋转电动机驱动方式无法达到的性能指标和优点。

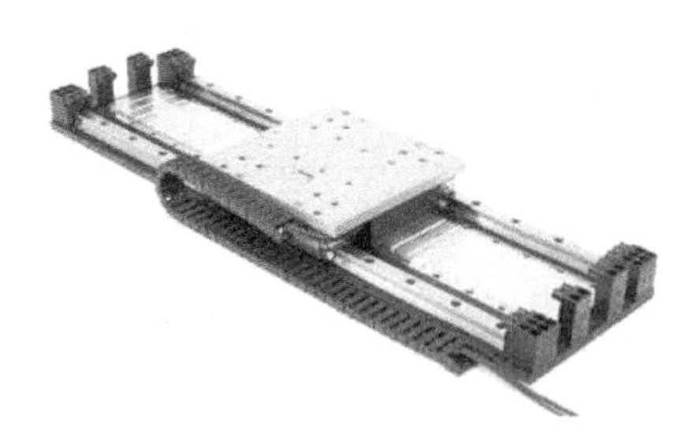

图 3-61 直线电动机

图 3-62 采用滚柱导轨直线电动机的数控机床

任务目标

知识目标：

1. 熟悉直线电动机在数控机床上的应用。
2. 掌握直线电动机的结构与工作原理。
3. 掌握直线电动机的类型及特点。

能力目标：

能对直线电动机进行维护。

任务描述

直线电动机是指可以直接产生直线运动的电动机，可以作为数控机床的进给驱动系统，请同学们认识直线电动机的结构及应用，掌握其安装方法。

知识储备

一、直线电动机在数控机床上的应用

数控机床正在朝着精密、高速、复合、智能、环保的方向发展。精密和高速加工对传动系统及其控制提出了更高的要求，即更高的动态特性和控制精度，更高的进给速度和加速度，更低的振动噪声和更小的磨损。而传统的传动链从作为动力源的电动机到工作部件要通过齿轮、蜗杆副、传动带、丝杠副、联轴器、离合器等中间传动环节，这些环节中产生了较大的转动惯量、弹性变形、反向间隙、运动滞后、摩擦、振动、噪声及磨损，虽然在这些方面通过不断改进使传动性能有所提高，但问题很难从根本上解决，因此出现了“直接传动”的概念，即取消从电动机到工作部件之间的各种中间环节，如图 3-63 所示。随着电动机及其驱动控制技术的发展，电主轴、直线电动机、力矩电动机的出现和技术的日益成熟，使主轴、直线和旋转坐标运动的“直接传动”概念变为现实，并日益显示其巨大的优越性。直线电动机及其驱动控制技术在机床进给驱动上的应用，使机床的传动结构出现了重大变化，

并使机床性能有了新的飞跃。

1845年英国人就已经发明了直线电动机，但当时的直线电动机气隙过大导致效率很低，无法应用。19世纪70年代，科尔摩根也推出过直线电动机，但因成本高、效率低限制了它的发展。直到20世纪70年代以后，直线电动机才逐步发展并应用于一些特殊领域，20世纪90年代，直线电动机开始应用于机械制造业，如图3-64所示，现在世界一些技术先进的加工中心厂家开始在其高速机床上应用它，具有代表性的直线电动机产品的技术指标如下。

发那科L17000C3/2is：最大推力17000N；连续推力3400N（自然冷）/4080N（气冷）/6800（水冷）；最大速度240m/min(4m/s)；最大加速度30m/s^2；分辨率0.01μm。

西门子1FN3：最大推力20700N；连续推力8100N（水冷）；最大速度253m/min。

在控制系统方面，西门子、发那科等系统供应商都可提供与直线电动机控制相对应的控制软件和接口。由于欧洲机床上应用直线电动机较多，因此采用西门子系统（如810D、840D）最多。

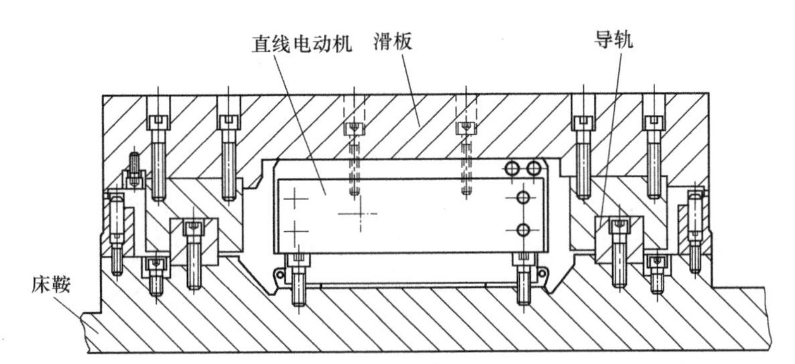

图3-63　安装有直线电动机的数控机床进给传动系统结构

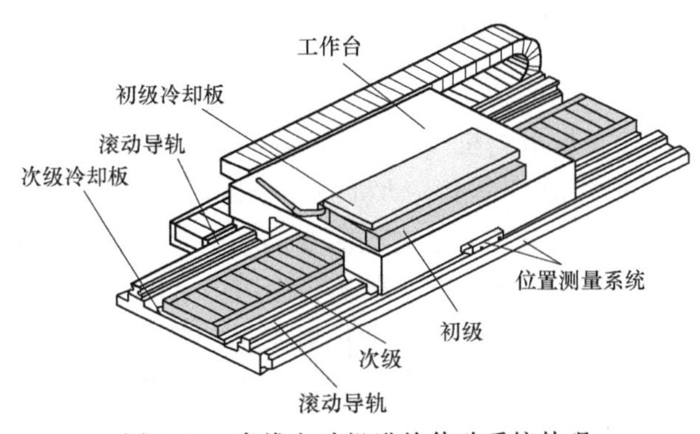

图3-64　直线电动机进给传动系统外观

二、直线电动机的结构与工作原理

如图3-65所示，直线电动机是一种将电能直接转换成直线运动机械能，而不需要任何中间转换机构的传动装置。它可以看成是一台旋转电动机按径向剖开，并展成平面而成。对应于旋转电动机的定子部分，称为直线电动机的初级；对应于旋转电动机的转子部分，称为直线电动机的次级。当交变电流通入多相对称绕组时，在直线电动机初级和次级之间的气隙中产生行波磁场，行波磁场与次级相互作用产生电磁推力使初级和次级之间相对移动。

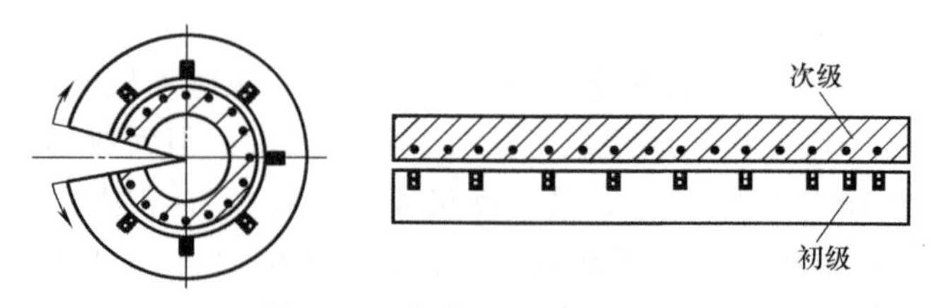

图 3-65　直线电动机的结构

直线电动机可以是短初级长次级，也可以是长初级短次级。以直线感应电动机为例：当初级绕组通入交流电源时，便在气隙中产生行波磁场，次级在行波磁场切割下，将感应出电动势并产生电流，该电流与气隙中的磁场相互作用就产生电磁推力。如果初级固定，则次级在推力作用下做直线运动；反之，则初级做直线运动。为了减少发热量和降低成本，高速机床用直线电动机一般采用短初级结构。

三、直线电动机的分类

如图 3-66 所示，常用的直线电动机类型有平板式、U 形槽式和圆柱形三种。

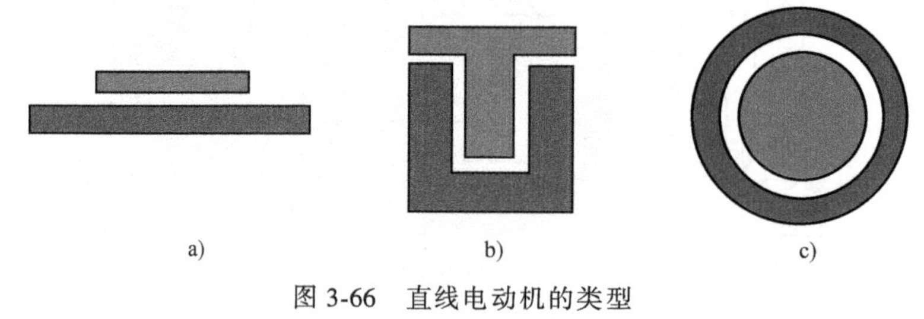

图 3-66　直线电动机的类型

a）平板式　b）U 形槽式　c）圆柱形

1. 平板式

分为三种类型的平板式直线电动机（均为无刷）：无槽无铁心，无槽有铁心和有槽有铁心。图 3-67 所示为装有平板式伺服直线电动机的进给机构。

无槽无铁心平板式直线电动机是一系列线圈安装在一个铝板上。由于没有铁心，电动机没有吸力和接头效应（与 U 形槽式相同），在某些应用中有助于延长轴承寿命。次级可以从上面或侧面安装以适合大多数应用。这种电动机对要求控制速度平稳的应用是理想的，如扫描应用。但是平板磁轨产生的推力输出最低。通常，平板磁轨具有高的磁通泄露，所以需要谨慎操作以防操作者受它们之间和其他被吸材料之间的磁力吸引而受到伤害。

无槽有铁心平板式直线电动机结构上和无槽无铁心式直线电动机相似。除了铁心安装在钢叠片结构然后再安装到铝背板上，铁叠片结构用于指引磁场和增加推力。无槽有铁心比无槽无铁心直线电动机有更大的推力。

有槽有铁心式直线电动机中，铁心线圈被放进一个钢结构里以产生铁心线圈单元。铁心有效增强电动机的推力输出通过聚焦线圈产生的磁场。铁心电枢和磁轨之间强大的吸引力可以被预先用作气浮轴承系统的预加载荷。这些力会增加轴承的磨损，磁铁的相位差可减少接头力。

2. U 形槽式

U 形槽式直线电动机有两个介于金属板之间且都对着次级线圈的平行磁轨，如图 3-66b

所示。次级线圈由导轨系统支承在两磁轨中间。次级线圈是非钢的，意味着无吸力且在磁轨和推力线圈之间无干扰力产生。非钢线圈装配惯量小，允许非常高的加速度。线圈一般是三相的，无刷换相。可以用空气冷却法冷却电动机来获得性能的增强，也有采用水冷方式。这种设计可以较好地减少磁通泄露，因为磁体面对面安装在 U 形导槽里，也最大减弱了强大的磁力吸引带来的伤害。

这种电动机的磁轨允许组合以增加行程长度，图 3-68 所示为装有 U 形槽式伺服直线电动机的进给机构线圈。

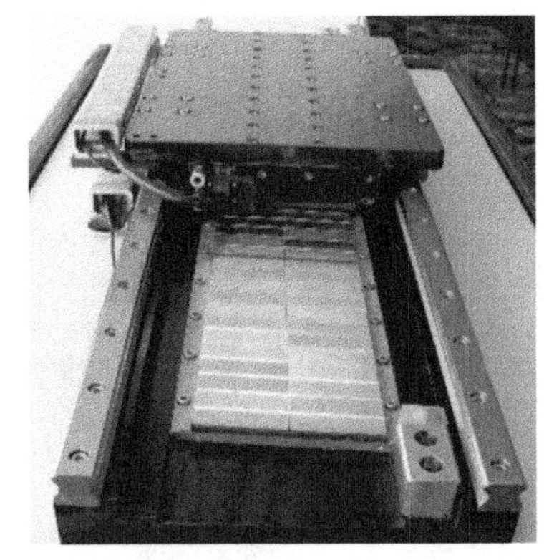

图 3-67　装有平板式伺服直线电动机的进给机构

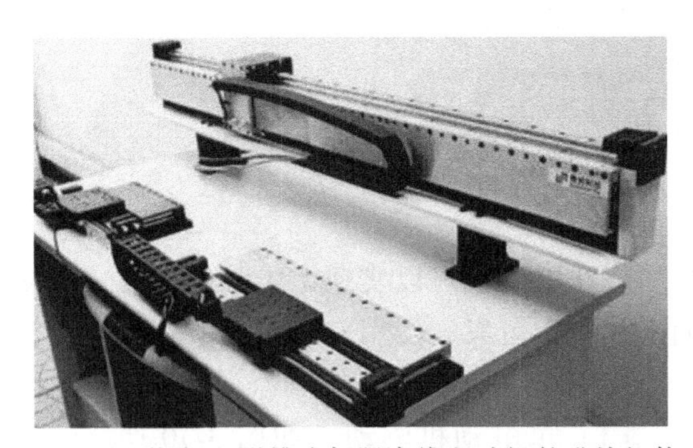

图 3-68　装有 U 形槽式伺服直线电动机的进给机构

3. 圆柱形

圆柱形动磁体直线电动机次级线圈是圆柱形结构，如图 3-66c 所示，沿固定着磁场的圆柱体运动。圆柱形动磁体直线电动机的磁路与动磁执行器相似，区别在于线圈可以复制以增加行程。图 3-69 所示为装有圆柱形伺服直线电动机的进给机构。

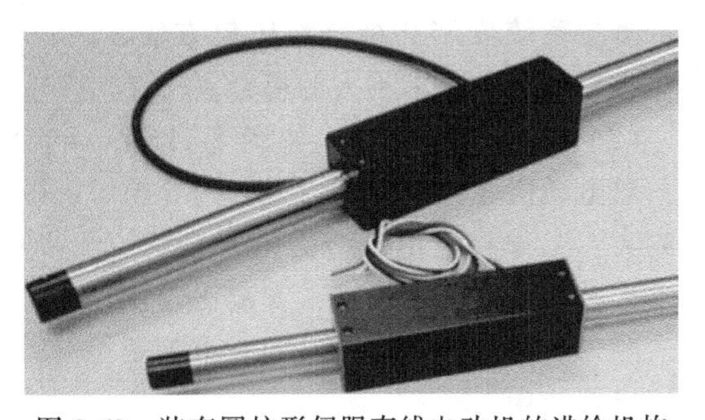

图 3-69　装有圆柱形伺服直线电动机的进给机构

四、直线电动机的特点

1. 优点

1）进给速度范围宽，可从 1m/s 到 20m/min 以上，加工中心的快进速度已达 208m/min，而传统机床快进速度<60m/min，一般为 20～30m/min。

2）速度特性好。速度偏差可达 0.01%以下。

3）加速度大。直线电动机最大加速度可达 $30m/s^2$，加工中心的进给加速度已达 $3.24m/s^2$，激光加工机的进给加速度已达 $5m/s^2$，而传统机床进给加速度在 $1m/s^2$ 以下，一般为 $0.3m/s^2$。

4）定位精度高。采用光栅闭环控制，定位精度可达 0.1～0.01mm。应用前馈控制的直线电动机驱动系统可减少跟踪误差 200 倍以上。由于运动部件的动态特性好，响应灵敏，加上插补控制的精细化，可实现纳米级控制。

5）行程不受限制。传统的丝杠传动受丝杠制造工艺限制，一般 4～6m，更长的行程需要接长丝杠，无论从制造工艺还是性能上都不理想。而采用直线电动机驱动，初级可无限加长，且制造工艺简单，已有大型高速加工中心 X 轴长达 40m 以上。

6）结构简单、运动平稳、噪声小，运动部件摩擦小、磨损小、使用寿命长、安全可靠。

2. 缺点

1）存在严重的端部效应。

2）推力波动大。

3）控制难度大。

4）安装困难，需要隔磁处理。

5）成本高。

直线电动机的安装

直线电动机可以实现无接触传递力，机械摩擦损耗几乎为零，所以故障少、免维修，因而工作安全可靠、使用寿命长。

1. 水平布局

（1）单电动机驱动　如图 3-70 所示，结构简单，工作台两导轨间跨距小，测量系统安装和维修都比较方便，主要应用于推力要求不大的场合。

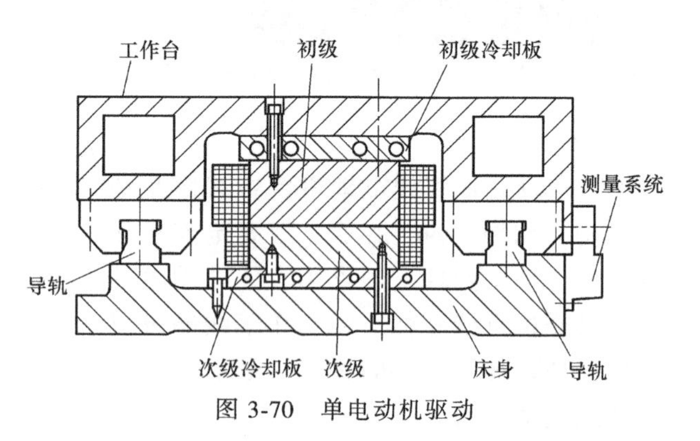

图 3-70　单电动机驱动

（2）双电动机驱动　如图 3-71 所示，双电动机驱动合成推力大，两导轨距离大，工作台受电磁吸力变形较大，对工作台的刚度要求较高，安装比较困难，测量和控制也复杂，只适合中等载荷的场合使用。

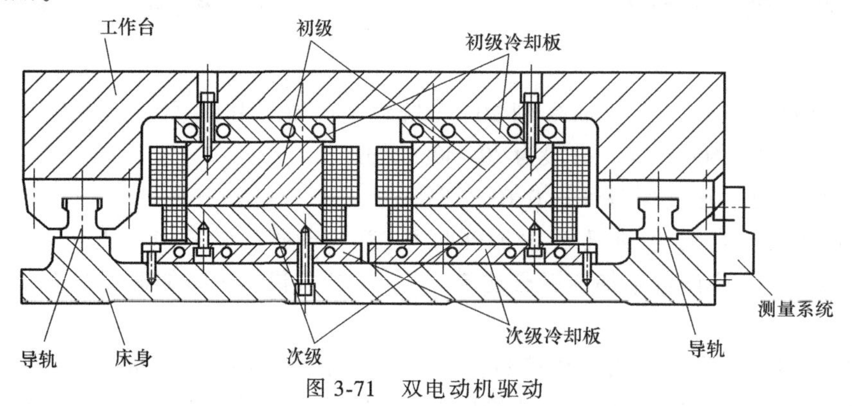

图 3-71　双电动机驱动

2. 垂直布局

（1）外垂直　如图 3-72 所示，机床的导轨跨距较小，对初级与次级间的间隙影响也小，结构比较复杂，设计难度比较大，只适合中等载荷的场合使用。

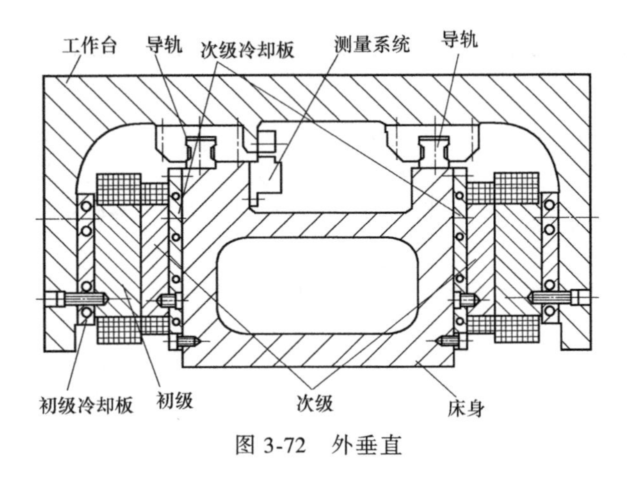

图 3-72　外垂直

（2）内垂直　如图 3-73 所示，导轨间距离较大，安装和维修也较难，适用于推力大和高精度的应用场合。

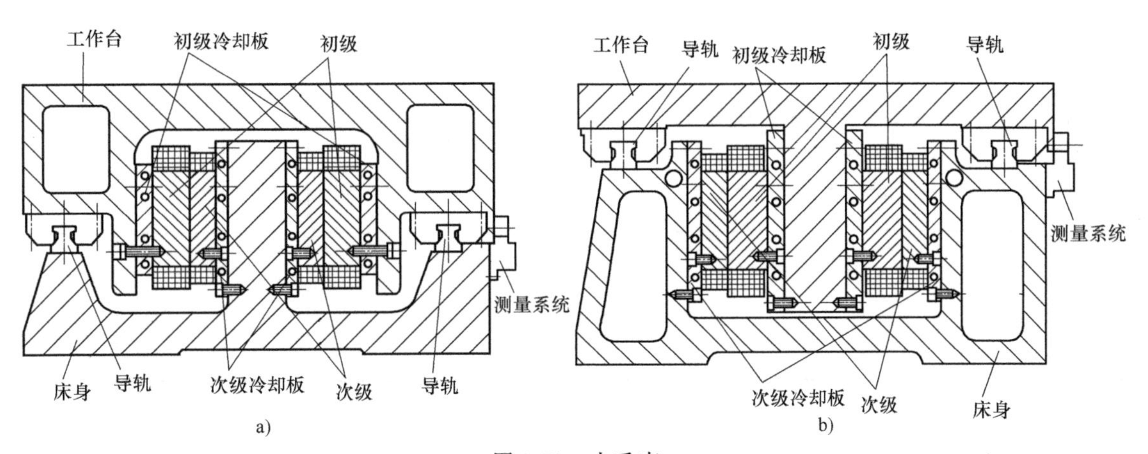

图 3-73　内垂直

（表 3-9）

表 3-9　任务完成评价表

姓名		班级			任务	任务六　直线电动机结构与维护		
项目	序号	内容		配分	评分标准	检查记录		得分
						互查	教师复查	
基础知识（40 分）	1	直线电动机在数控机床上的应用		5	根据掌握情况评分			
	2	直线电动机的结构与工作原理		15	根据掌握情况评分			
	3	直线电动机的分类		15	根据掌握情况评分			
	4	直线电动机的特点		5	根据掌握情况评分			

（续）

姓名		班级		任务	任务六　直线电动机结构与维护		
项目	序号	内容	配分	评分标准	检查记录		得分
					互查	教师复查	
技能训练（30分）	1	安装直线电动机	20	根据完成情况和完成质量评分			
	2	操作流程正确，动作规范，时间合理	5	不规范每处扣0.5分 超时扣2分			
	3	安全文明生产	5	违反安全操作规程全扣			
综合能力（20分）	1	自主学习、分析并解决问题、有创新意识	7	根据个人表现评分			
	2	团队合作、协调沟通、语言表达、竞争意识	7	根据个人表现评分			
	3	作业完成	6	根据完成情况和完成质量评分			
其他（10分）		出勤方面、纪律方面、回答问题、知识掌握	10	根据个人表现评分			
合计							
综合评价							

课后测评

一、填空题

1. 直线电动机是一种将__________直接转换成__________，而不需要任何中间转换机构的传动装置。

2. 对应于旋转电动机的定子部分，称为直线电动机的__________；对应于旋转电动机的转子部分，称为直线电动机的__________。

二、判断题

1. 采用直线电动机驱动，初级可无限加长，且制造工艺简单，已有大型高速加工中心 X 轴长达40m以上。（　　）

2. 为了减少发热量和降低成本，高速机床用直线电动机一般采用短次级结构。（　　）

三、选择题

1.（　　）结构简单，工作台两导轨间跨距小，测量系统安装和维修都比较方便，主要应用于推力要求不大的场合。

A. 单电动机驱动　　　　　B. 双电动机驱动

2. (　　) 导轨间距离较大，安装和维修也较难，适用于推力大和高精度的应用场合。

A. 外垂直　　　　　B. 内垂直

四、简答题

常用的直线电动机类型有哪些？

项目四

数控机床自动换刀装置结构与维护

数控机床为了能在工件一次装夹中完成多种甚至所有加工工序，以缩短辅助时间和减少多次安装工件所引起的误差，必须带有自动换刀装置。随着制造业不断发展，对机床特别是高精度和高效率的数控机床的要求也越来越高，而数控机床自动换刀装置作为机床的主要构件直接影响机床的加工效率。

任务一　数控车床自动换刀装置结构与维护

知识目标：

1. 了解数控车床对自动换刀装置的要求。
2. 熟悉排式刀架的结构及工作原理。
3. 掌握电动方刀架的结构及工作原理。
4. 掌握盘形自动回转刀架的结构及工作原理。

能力目标：

1. 能对电动方刀架进行拆装和维护。
2. 能对盘形自动回转刀架进行维护。

任务描述

刀架的结构直接影响机床的加工性能和加工效率，在一定程度上，其性能和结构体现了机床的设计和制造水平。在这一任务加工中，我们要学习数控车床上常用刀架的结构和工作原理；学习对电动方刀架进行拆装和维护，对盘形自动回转刀架进行维护。

知识储备

数控车床上使用的刀架是一种自动换刀装置，按数控装置发出的脉冲指令进行回转、换刀。由于数控车床的切削加工精度在很大程度上取决于刀尖的位置，在加工过程中刀尖位置不能进行人工调整，因此刀架的结构直接影响数控车床的加工性能和加工效率。

一、数控车床对自动换刀装置的要求

1）具有良好的强度和刚度。

2）换刀时间短。

3）换刀空间小。

4）动作可靠、使用稳定。

5）刀具重复定位精度高。

按换刀方式的不同，数控车床的刀架系统主要有回转刀架、排式刀架和带刀库的自动换刀装置等多种形式。

二、排式刀架的结构及工作原理

排式刀架一般用在小规格数控车床上，以加工棒料。排式刀架的结构形式如图 4-1 所示，夹持着各种不同用途刀具的刀夹沿着机床的 X 轴方向排列在横向滑板上。因为没有任何刀架的累积运动、重复定位等，误差完全是由丝杠处引起的，所以同样车床结构的前提下，加工精度是最高的。排式刀架的装刀数量和 X 轴的行程有很大关系，由于装刀方法灵活，一般平床身 X 轴行程短，故快换台板的长度也短，可以装 4~5 把刀；斜床身的 X 轴行程长，故快换台板的长度长，可以装 6 把刀。

图 4-1　排式刀架的结构形式

排式刀架的工作原理如图 4-2 所示。这种刀架在刀具布置和机床调整等方面都较为方便，可以根据具体工件的车削工艺要求，任意组合各种不同用途的刀具，一把刀具完成车削任务后，横向滑板只要按程序沿 X 轴移动预先设定的距离后，第二把刀具就到达加工位置，这样就完成了车床的换刀动作。使用快换台板，可以实现成组刀具的机外预调，大大缩短换刀时间，还可成组更换刀具。这种换刀方

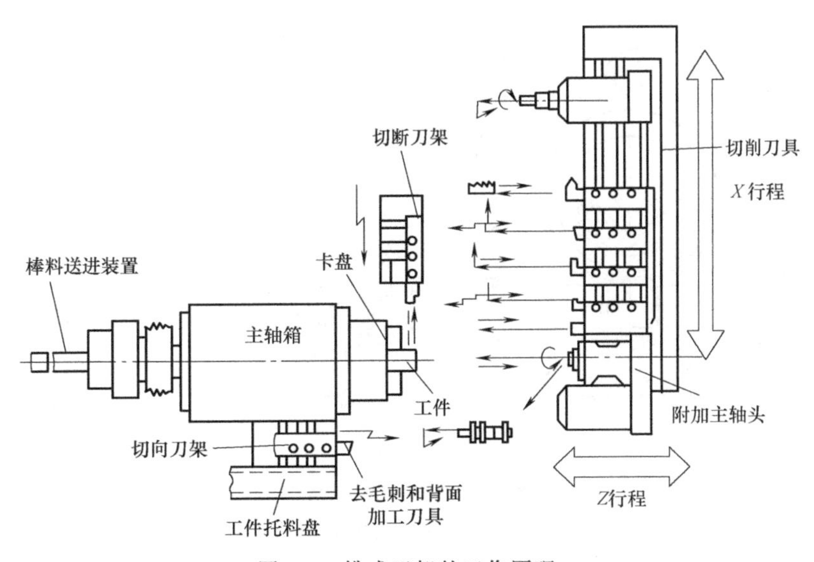

图 4-2　排式刀架的工作原理

式迅速省时，有利于提高车床的生产率。另外，还可以安装各种不同用途的动力刀具来完成一些简单的钻孔、铣削、攻螺纹等加工工序，使车床在一次安装中完成工件全部或大部分的加工工序。宝鸡机床厂生产的 CK7620P 全功能数控车床配置的就是排式刀架。

三、电动方刀架的结构及工作原理

WZD4 型电动方刀架为典型的端齿盘式四工位自动回转刀架，是经济型数控车床普遍采用的类型，其特点为：转位快、稳定、定位可靠；外形长度尺寸短、造型美观，切向扭矩大，夹紧力恒定。它是一种最简单的自动换刀装置。

WZD4 型电动方刀架有 4 个刀位，能装夹 4 把刀具，方刀架回转 90°时，刀具交换一个刀位。方刀架的回转和刀位号的选择由加工程序指令控制。电动方刀架结构如图 4-3 所示，换刀过程及工作原理如下。

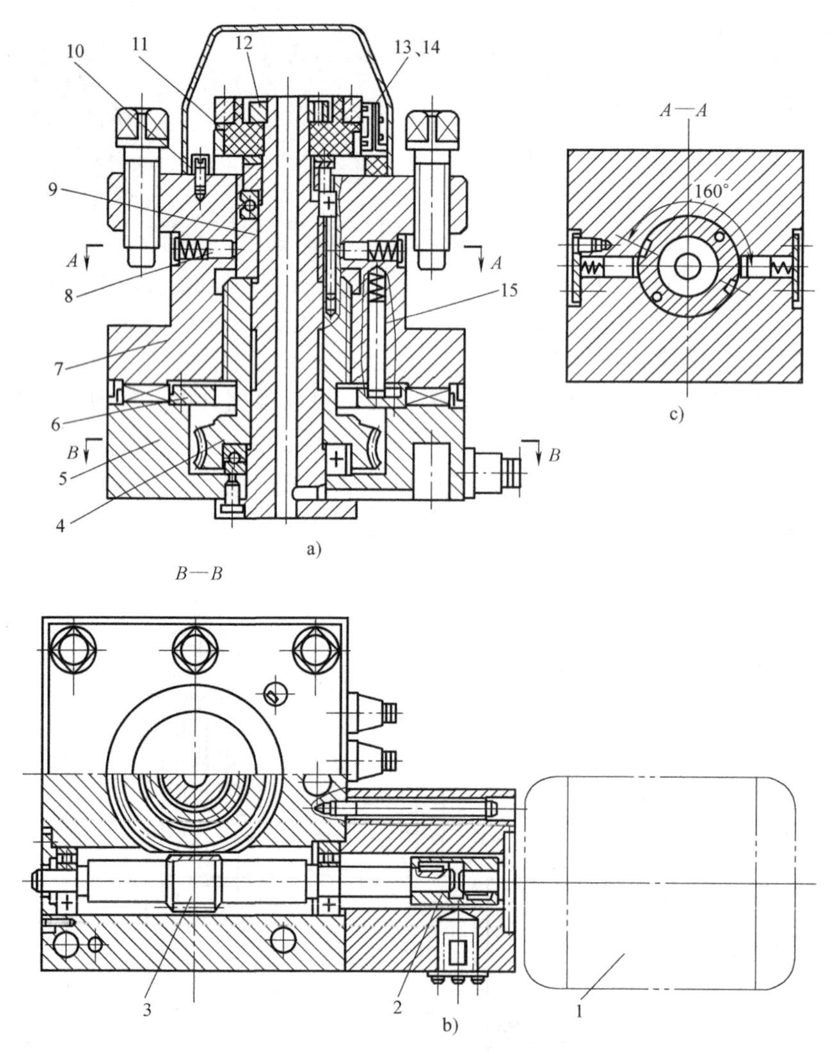

图 4-3　电动方刀架结构

1—直流伺服电动机　2—联轴器　3—蜗杆轴　4—蜗轮丝杠　5—刀架底座　6—粗定位盘　7—刀架体　8—球头销　9—转位盘　10—电刷座　11—发信盘　12—螺母　13、14—电刷　15—粗定位销

1. 刀架抬起

当换刀指令发出后，直流伺服电动机1起动正转，通过联轴器2使蜗杆轴3转动，从而带动蜗轮丝杠4转动（蜗轮的上部外圆柱加工有外螺纹，所以该零件称为蜗轮丝杠）。刀架体7内孔加工有内螺纹，与蜗轮丝杠4旋合。蜗轮丝杠4内孔与刀架中心轴外圆是间隙配合，在转位换刀时，中心轴固定不动，蜗轮丝杠4绕中心轴旋转。当蜗轮丝杠4转动时，刀架底座5和刀架体7上的端面齿处于啮合状态，且蜗轮丝杠4轴向固定，这时抬起刀架体7。

2. 刀架转位

当刀架体7抬至一定距离后，端面齿脱开。转位盘9用销与蜗轮丝杠4连接，随蜗轮丝杠4一同转动，当端面齿完全脱开，转位盘9正好转过160°（图4-3a），球头销8在弹簧力的作用下进入转位盘9的槽中，带动刀架体7转位。

3. 刀架定位

刀架体7转动时带着电刷座10转动，当转到程序指定的刀号时，粗定位销15在弹簧的作用下进入粗定位盘6的槽中进行粗定位，同时电刷13、14接触导通使伺服电动机1反转，由于粗定位槽的限制，刀架体7不能转动，使其在该位置垂直落下，刀架体7和刀架底座5上的端面齿啮合实现精确定位。

4. 刀架反锁压紧

电动机继续反转，此时蜗轮停止转动，蜗杆轴3继续转动，随夹紧力增加，转矩不断增大，达到一定值时在传感器的控制下，电动机1停止转动（译码装置由发信盘11、电刷13、14组成，电刷13负责发信，电刷14负责位置判断）。

四、盘形自动回转刀架的结构及工作原理

盘形自动回转刀架是普通型及高级型数控车床的核心配套附件。

1. BA200L盘形自动回转刀架的结构

CK7815型数控车床用BA200L盘形自动回转刀架可配置12位（A型或B型）或8位（C型）刀盘，如图4-4b所示。A型和B型回转刀盘的外切刀可使用25mm×25mm×150mm标准刀具和刀杆截面为25mm×25mm的可调工具，C型回转刀盘可使用20mm×20mm×125mm的标准刀具。镗刀杆直径最大为32mm。

刀具在刀盘上由压板15和调节楔铁16夹紧，更换刀具和对刀很方便。刀位选择由电刷选择器进行，松开、夹紧位置检测由微动开关12控制。

2. BA200L盘形自动回转刀架的换刀过程和工作原理

如图4-4a所示，BA200L盘形自动回转刀架的换刀过程和工作原理如下。

（1）齿盘脱齿　刀架转位为机械传动，端面齿盘定位。转位开始时，电磁制动器断电，电动机11通电转动，通过传动齿轮10、9、8带动蜗杆7旋转，使蜗轮5转动。蜗轮5内孔有螺纹与轴6上的螺纹配合。

端面齿盘3被固定在刀架箱体上，轴6固定连接在端面齿盘2上，端面齿盘2和3处于啮合状态，当蜗轮5转动时，使得轴6、端面齿盘2和刀架1同时向左移动，直到端面齿盘2、3脱离啮合。

（2）刀架转位换刀　轴6的外圆柱面上有两个对称槽，内装滑块4。蜗轮5的右侧固定连接圆环14，圆环14左侧端面上有凸块，所以蜗轮5和圆环14同时旋转。

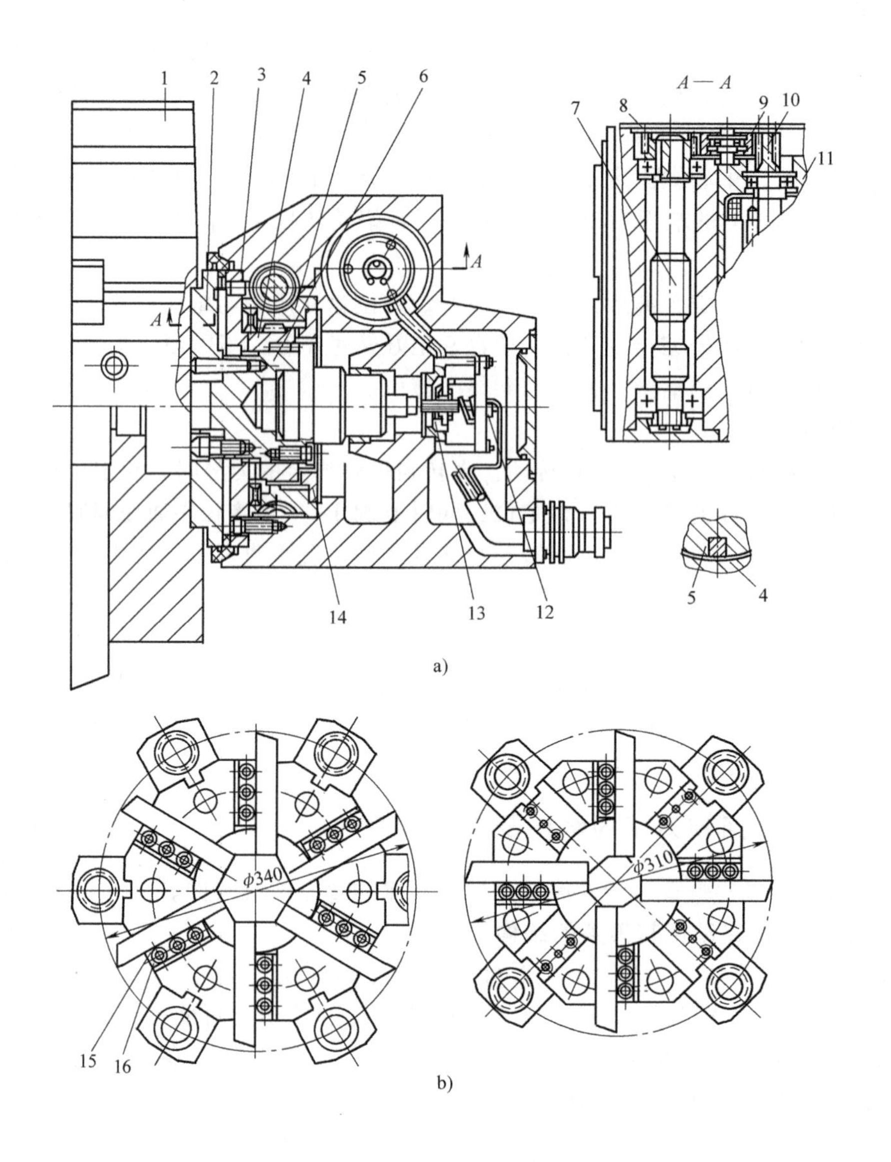

图 4-4　BA200L 盘形自动回转刀架的结构

1—刀架　2、3—端面齿盘　4—滑块　5—蜗轮　6—轴　7—蜗杆　8、9、10—传动齿轮　11—电动机
12—微动开关　13—小轴　14—圆环　15—压板　16—调节楔铁

当端面齿盘 2、3 脱开后，与蜗轮 5 固定在一起的圆环 14 上的凸块正好碰到滑块 4，蜗轮 5 继续转动，通过圆环 14 上的凸块带动滑块 4 连同轴 6、刀盘一起进行转位。

（3）合齿定位　到达所要求的位置后，电刷选择器发出信号，使电动机 11 反转，这时蜗轮 5 和圆环 14 反向旋转，凸块与滑块 4 脱离，不再带动轴 6 转动；同时，蜗轮 5 与轴 6 上的旋合螺纹使轴 6 右移，端面齿盘 2、3 啮合并定位。压紧端面齿盘的同时，轴 6 右端的小轴 13 压下微动开关 12，发出转位结束信号，电动机断电，电磁制动器通电，维持电动机轴上的反转力矩，以保持端面齿盘 2、3 之间有一定的压紧力。

任务实施

一、拆装维护电动方刀架

1. 电动方刀架拆装与维护的要求

1）看懂刀架的结构再动手拆卸。

2）拆卸装配件之前先看清楚组合方向、排列顺序，以免装配时出错。

3）拆卸下来的零件要按拆卸下的先后顺序摆放整齐，注意避免零件掉落。

4）拆卸零件时不能用铁锤猛砸，拆不下或装不上时，应分析原因。

2. 拆卸电动方刀架

1）关闭电源，拆下上防护盖，如图 4-5 所示。

2）如图 4-6 和图 4-7 所示，拆下发信盘上的六根信号线（牢记接线位置），拆下发信盘锁紧螺母，取出发信盘。

图 4-5　拆下上防护盖

图 4-6　信号线

图 4-7　发信盘

3）拆下电刷座、转位盘锁紧部件，取出转位盘，如图 4-8 所示。

4）将刀架体及内部零件拉出，松开刀架底座与机床连接的 4×M12 内六角圆柱头螺钉，逆时针方向旋转刀架体，取出刀架体，如图 4-9 所示。

5）拆下粗定位盘，如图 4-10 所示。

图 4-8　转位盘

图 4-9　刀架体

图 4-10　拆下粗定位盘

6）拆下刀架底座，如图 4-11 所示。

7）松开刀架底座底部的 3×M5 螺钉，将六根信号线从刀架主轴中抽出，取出主轴和蜗轮丝杠。

3. 维护、装配电动方刀架

图 4-11　拆下刀架底座

1）装配前对刀架零部件进行维护，清洗刀架各零部件，在旋转部位加清洁的润滑脂。端齿部位及下端齿盘与底座旋转面加注清洁的全损耗系统用油。

2）将信号线穿入刀架主轴，将主轴从刀架底座底部装入。

3）将蜗轮丝杠套装在刀架主轴上。

4）将两个粗定位销涂上润滑脂插入销孔，将刀架体旋入蜗轮丝杠，从刀架体上面将弹簧和球头销装入销孔中。装上转位盘，转动刀架体，使球头销插入转位盘的槽中。

5）装上轴承、键、压紧螺母等。

6）手动旋转蜗杆轴端的螺栓，使每个刀位能正常锁紧、松开和转位。

7）装上发信盘，接上信号线。

二、维护盘形自动回转刀架

1）下班前清扫散落在刀架表面上的灰尘和切屑。

2）及时清理刀架体上的异物，防止其进入刀架内部，保证刀架换位的顺畅无阻，利于保持刀架回转精度。

3）避免超载荷使用刀架。

4）避免撞击、挤压通往刀架的连线。

5）减少刀架被间断撞击（断续切削）的机会。

6）保持刀架润滑良好。

7）尽可能减少腐蚀性液体的喷溅，关机后应及时擦拭涂油。

8）注意刀架预紧力的大小要调节适度，如过大会导致刀架不能转动。

9）定期检查刀架内部机械配合是否松动，若松动会造成刀架不能正常夹紧故障。

10）定期检查刀架内部蜗杆传动、齿轮传动间隙。

认识车削中心用自驱动力刀架

车削中心用自驱动力刀架主要由动力源、变速装置和刀具附件（钻孔附件或铣削附件等）三部分组成，如图 4-12 所示。

意大利巴拉法蒂公司生产的适用于全功能数控车床及车削中心的动力转塔刀架，刀盘上既可以安装各种非动力辅助刀夹（车刀夹、镗刀夹、弹簧夹头、莫氏刀柄）夹持刀具进行加工，也可以安装动力刀夹进行主动切削，配合主机完成车削、铣削、钻孔、镗削等各种复杂工序，从而实现加工程序的自动化和高效化。图 4-12b 所示为该刀架传动示意图，刀架采用端齿盘作为分度定位元件，刀架转位由三相异步电动机驱动，电动机内部带有制动装置，刀位由二进制绝对编码器识别，并可双向转位和任意刀位就近选刀。动力刀具由交流伺服电动机驱动，通过同步带、传动轴、传动齿轮、端面齿离合器将动力传递到动力刀夹，再通过

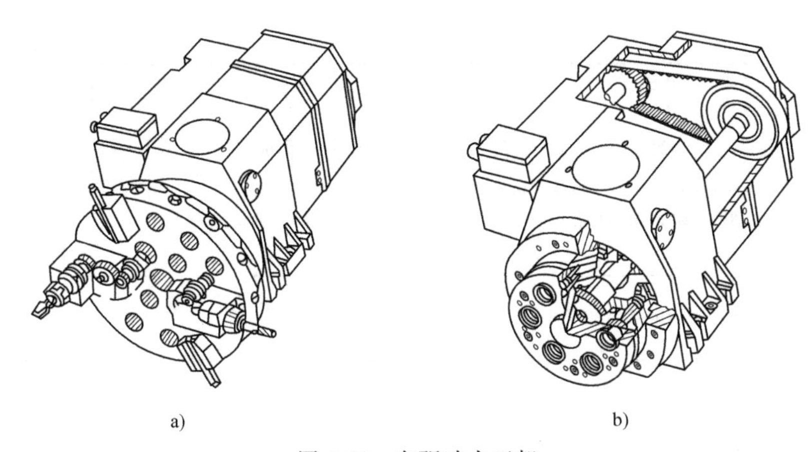

图 4-12 自驱动力刀架

a）刀架外形 b）刀架传动示意图

刀夹内部的齿轮传动使刀具回转，实现主动切削。

图 4-13 所示为高速钻孔附件。轴套 4 的 *A* 部装入动力转塔刀架的刀具孔中。刀具主轴 3 的右端装有锥齿轮 1，与动力转塔刀架的中央锥齿轮相啮合。主轴前端支承是三个角接触球轴承 5，后端支承为滚针轴承 2。主轴头部有弹簧夹头 6，拧紧外面的套就可依靠锥面的收紧力夹持刀具。

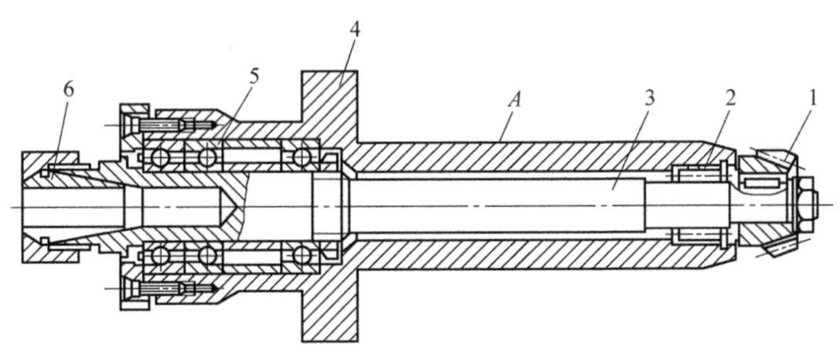

图 4-13 高速钻孔附件

1—锥齿轮 2—滚针轴承 3—主轴 4—轴套 5—角接触球轴承 6—弹簧夹头

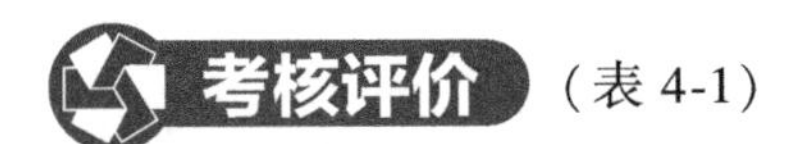

考核评价（表 4-1）

表 4-1 任务完成评价表

姓名		班级		任务	任务一 数控车床自动换刀装置结构与维护		
项目	序号	内容	配分	评分标准	检查记录		得分
					互查	教师复查	
基础知识（40分）	1	数控车床对自动换刀装置的要求	5	根据掌握情况评分			
	2	排式刀架的结构及工作原理	5	根据掌握情况评分			
	3	电动方刀架的结构及工作原理	15	根据掌握情况评分			
	4	盘形自动回转刀架的结构及工作原理	15	根据掌握情况评分			

（续）

姓名		班级		任务	任务一　数控车床自动换刀装置结构与维护		
项目	序号	内容	配分	评分标准	检查记录		得分
					互查	教师复查	
技能训练（30分）	1	盘形自动回转刀架的维护	5	根据完成情况和完成质量评分			
	2	电动方刀架的拆装维护	15	根据完成情况和完成质量评分			
	3	操作流程正确、动作规范、时间合理	5	不规范每处扣0.5分 超时扣2分			
	4	安全文明生产	5	违反安全操作规程全扣			
综合能力（20分）	1	自主学习、分析并解决问题、有创新意识	7	根据个人表现评分			
	2	团队合作、协调沟通、语言表达、竞争意识	7	根据个人表现评分			
	3	作业完成	6	根据完成情况和完成质量评分			
其他（10分）		出勤方面、纪律方面、回答问题、知识掌握	10	根据个人表现评分			
合计							
综合评价							

课后测评

一、填空题

1. 经济型数控车床方刀架有__________个刀位，能装夹__________把不同功能的刀具，方刀架回转__________时，刀具交换一个刀位，但方刀架的回转和刀位号的选择是由__________控制的。

2. 经济型数控机床方刀架换刀时的动作顺序是__________、__________、刀架定位和__________。

3. BA200L盘形自动回转刀架的换刀过程分__________、__________、__________三步。

二、判断题

1. 排式刀架一般用于小规格的数控车床，以加工直径较大的棒料。（　　）

2. 及时清理刀架体上的异物，防止其进入刀架内部，保证刀架换位顺畅无阻，利于刀

架回转精度的保持。 ( )

3. 刀具在刀盘上由压板和调节楔铁夹紧，更换刀具和对刀很方便。 ( )

三、选择题

1. ( ) 的刀具安装数量多一些。

A. 经济型数控车床方刀架 B. 盘形自动回转刀架

2. 回转刀架换刀装置常用数控 ( )。

A. 车床 B. 铣床 C. 钻床

3. CK7815 型数控车床用 BA200L 盘形自动回转刀架可配置 12 位或 ( ) 刀盘。

A. 8 位 B. 10 位 C. 14 位

四、问答题

1. 简述经济型电动方刀架是如何实现换刀的？

2. 简述盘形自动回转刀架是如何实现换刀的？

任务二 加工中心自动换刀系统结构与维护

加工中心区别于普通数控镗铣床的主要特征是它具有根据工艺要求自动更换所需刀具的功能。加工中心的自动换刀系统通常由刀库和刀具交换装置两部分组成。

任务目标

知识目标：

1. 掌握刀库的类型。
2. 了解刀库的容量。
3. 掌握刀具的选择方式。
4. 掌握刀具识别装置的种类和特点。
5. 熟悉刀具交换方式。
6. 掌握机械手的形式与种类。
7. 掌握加工中心自动换刀系统的典型结构和工作原理。

能力目标：

能对刀库和机械手进行保养维护。

任务描述

加工中心具有刀库和刀具交换装置，加工工件过程中可以自动换刀，提高了机床的工作效率和自动化程度。在这一任务中，我们要学习加工中心的刀库类型、典型刀库的结构与工作原理、刀具识别装置的种类、结构和工作原理，并要对加工中心的自动换刀系统进行维护和保养。

知识储备

一、刀库的类型

刀库是加工中心上储存刀具和辅具的随机库房。刀库的主要作用是储存加工工序所需的各种刀具；按程序指令，把将要用的刀具送至换刀位置，并接收从主轴送来的刀具。刀库的容量、布局以及具体结构对数控机床的设计都有很大影响。根据刀库的容量、外形和取刀方式可将刀库分为以下几种。

1. 直线刀库

刀具在刀库中直线排列，如图 4-14a 所示，其结构简单，刀库容量小，一般可容纳 8~12 把刀具，故较少使用。此形式多见于自动换刀数控车床，在数控钻床上也采用过此形式。

2. 圆盘刀库

圆盘刀库存刀具少则 6~8 把，多则 50~60 把，其中有多种形式。

1）图 4-14b 所示的刀库中，刀具径向布局，占有较大空间，刀库位置受限制，一般置于机床立柱上端，其换刀时间较短，使整个换刀装置较简单。

2）图 4-14c 所示的刀库中，刀具轴向布局，常置于主轴侧面。刀库中心线可垂直放置，也可以水平放置，此种形式使用较多。

3）图 4-14d 所示的刀库中，刀具与刀库中心线成一定角度（小于 90°），呈伞状布置，这可根据机床的总体布局要求安排刀库的位置，多斜放于立柱上端，刀库容量不宜过大。

上述三种圆盘刀库是较常用的形式，其存刀量最多为 50~60 把，存刀量过多，则结构尺寸庞大，会使机床布局不协调。为进一步扩大存刀量，有的机床使用多圈分布刀具的圆盘刀库，如图 4-14e 所示；多层圆盘刀库，如图 4-14f 所示；多排圆盘刀库，如图 4-14g 所示。多排圆盘刀库每排 4 把刀，可整排更换。但后三种刀库形式使用较少。

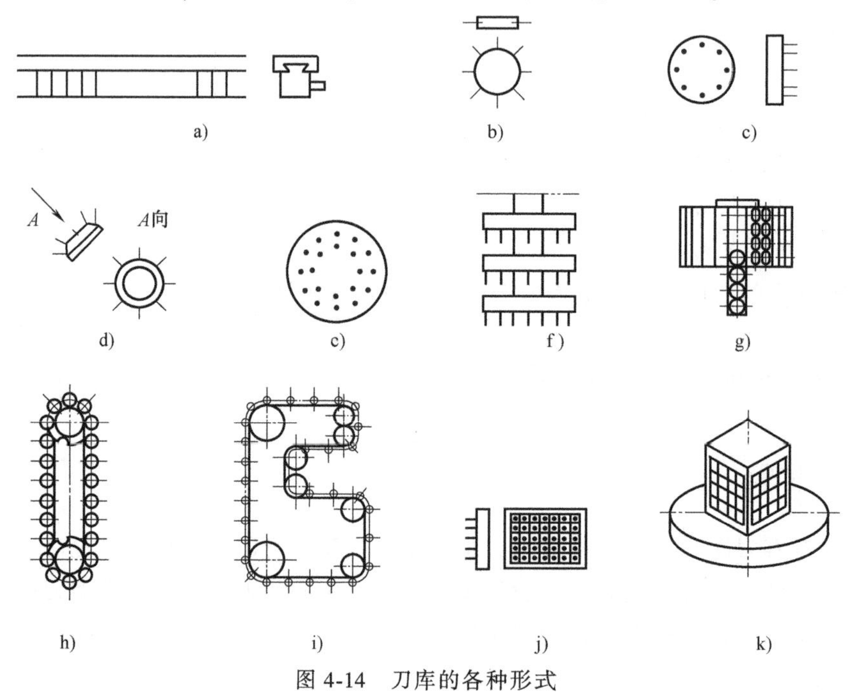

图 4-14　刀库的各种形式

3. 链式刀库

链式刀库是较常用的形式。这种刀库刀座固定在环形链节上。常用的有单排链式刀库，如图 4-14h 所示。这种刀库使用加长链条，让链条折叠回绕可提高空间利用率，进一步增加存刀量，如图 4-14i 所示。链式刀库结构紧凑，刀库容量大，链环的形状可根据机床的布局制成各种形状，同时也可以将换刀位突出以便于换刀。在一定范围内，需要增加刀具数量时，可增加链条的长度，而不增加链轮直径。因此，链轮的圆周速度（链条线速度）不增加，刀库运动惯量的增加可不予考虑。这些为系列刀库的设计与制造提供了很多方便。一般当刀具数量在 30~120 把时，多采用链式刀库。

图 4-15 所示为方形链式刀库的结构。主动链轮由伺服电动机通过蜗轮减速装置驱动。这种传动方式，不仅在链式刀库中采用，在其他形式的刀库传动中也多采用。

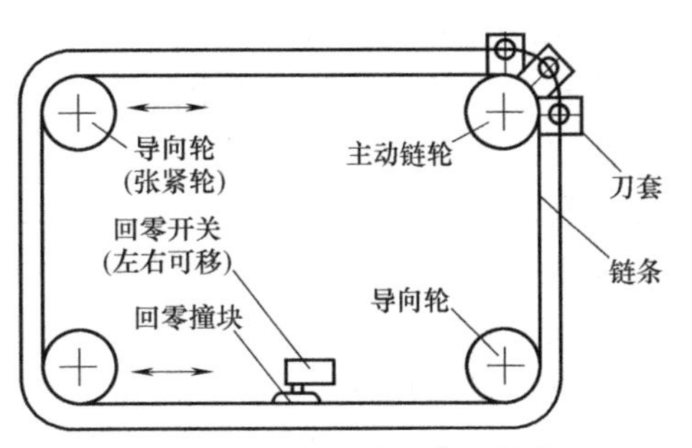

图 4-15　方形链式刀库的结构

4. 其他刀库

刀库的形式还有很多，如格子箱式刀库，图 4-14j 所示为单面式，由于布局不灵活，通常刀库安置在工作台上，应用较少；图 4-14k 所示为多面式，为减少换刀时间，换刀机械手通常利用前一把刀具加工工件的时间，预先取出要更换的刀具（所配数控系统应具备该项功能）。该刀库占地面积小，结构紧凑，在相同的空间内可以容纳的刀具数目较多。但由于它的选刀和取刀动作复杂，现已较少用于单机加工中心，多用于 FMS（柔性制造系统）的集中供刀系统。

二、刀库的容量

刀库中的刀具并不是越多越好，太大的容量会增加刀库的尺寸和占地面积，使选刀时间增长。刀库的容量首先要考虑加工工艺的需要。根据以钻、铣为主的立式加工中心所需刀具数量的统计，绘制出图 4-16 所示的曲线。曲线表明，用 10 把孔加工刀具可完成 70% 的钻削工艺，4 把铣刀可完成 90% 的铣削工艺。据此可以看出，用 14 把刀具就可以完成 70% 以上的钻铣加工。若是从完成对被加工工件的全部工序进行统计，得到的结果是，大部分（超过 80%）的工件完成全部加工过程只需 40 把刀具就够了。因此，从使用角度出发，刀库的容量一般取为 10~40 把，盲目地加大刀库容量，将会降低刀库的利用率，使其结构过于复杂，造成很大浪费。

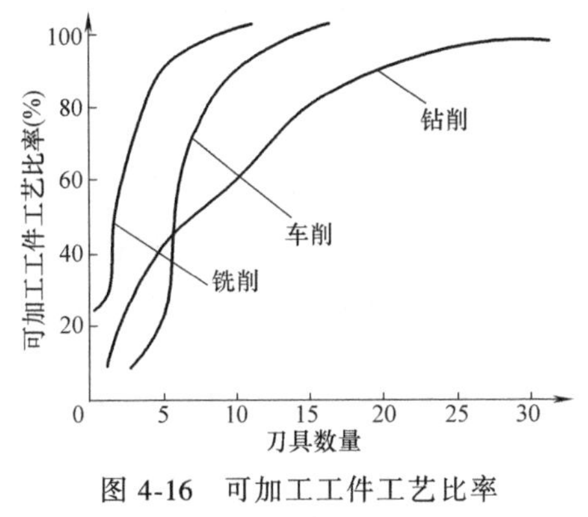

图 4-16　可加工工件工艺比率与刀具数量的关系

三、刀具的选择方式

根据数控装置发出的换刀指令，刀具交换装置从刀库中将所需的刀具转换到取刀位置，称为自动选刀。自动选择刀具通常又有顺序选择刀具和任意选择刀具两种方式。

1. 顺序选择刀具

顺序选择刀具方式是将刀具按加工工序的顺序，依次放入刀库的每一个刀座内。每次换刀时，刀库按顺序转动一个刀座的位置，并取出所需要的刀具。已经使用过的刀具可以放回到原来的刀座内，也可以按顺序放入下一个刀座内。采用这种方式的刀库，不需要刀具识别装置，而且驱动控制也比较简单，可以直接由刀库的分度机构来实现。因此，顺序选择刀具方式具有结构简单、工作可靠等优点。由于刀库中刀具在不同的工序中不能重复使用，因而必须相应地增加刀具的数量和刀库的容量，这样就降低了刀具和刀库的利用率。此外，人工装刀操作必须十分谨慎，如果刀具在刀库中的顺序发生差错，将造成设备或质量事故。

2. 任意选择刀具

这种方式是根据程序指令的要求来选择所需要的刀具，采用任意选择刀具方式的自动换刀系统中必须有刀具（或刀座）识别装置。刀具在刀库中不必按照工件的加工顺序排列，可任意存放。每把刀具（或刀座）都编上代码，自动换刀时，刀库旋转，每把刀具（或刀座）都经过刀具（或刀座）识别装置接受识别。当某把刀具的代码与数控指令的代码相符合时，该刀具就被选中，并将刀具送到换刀位置，等待机械手来抓取。

任意选择刀具方式的优点是刀库中刀具的排列顺序与工件加工顺序无关，相同的刀具可重复使用。因此，这种方式刀具数量比顺序选择方式的刀具可少一些，刀库也相应地小一些。

任意选择刀具方式必须对刀具编码，以便识别。编码方式主要有以下三种。

（1）刀具编码方式　这种方式是采用特殊的刀柄结构进行编码。由于每把刀具都有自己的代码，因此，可以存放于刀库的任一刀座中。这样刀库中的刀具在不同的工序中也就可重复使用，用过的刀具也不一定要放回原刀座中，这对装刀和选刀都十分有利，刀库的容量也可以相应减少，而且还可避免由于刀具存放在刀库中的顺序差错而造成的事故。

刀具编码的具体结构如图 4-17 所示。在刀柄后端的拉杆上套装着等间隔的编码环，由锁紧螺母固定。编码环既可以是整体的，也可以由圆环组装而成。编码环直径有大、小两种，大直径为二进制的“1”，小直径为二进制的“0”。通过这两个圆环的不同排列，可以得到一系列代码。例如：由六个大、小直径的圆环便可组成 63（$2^6-1=63$）种刀具的编码。通常全部为 0 的代码不许使用，以避免与刀座中没有刀具的状况相混淆。为了便于操作者的记忆和识别，也可采用二-八进制编码来表示。

（2）刀座编码方式　这种方式对刀库中的每个刀座都进行编码，刀具也编码，并将刀具放到与其号码相符的刀座中。换刀时刀库旋转，使各个刀座依次经过刀座识别装置，直至找到规定的刀座，刀座便停止旋转。由于这种编码方式取消了刀柄中的编码环，使刀柄结构大为简化。因此，刀具识别装置的结构不受刀柄尺寸的限制，而且可以放在较适当的位置。另外，在自动换刀过程中，必须将用过的刀具放回原来的刀座中，增加了换刀动作。与顺序选择刀具的方式相比，刀座编码方式的突出特点是刀具在加工过程中可以重复使用。

图 4-18 所示为圆盘刀库的刀座编码装置，在各刀座相对应的圆周上安装一组编码块，而在刀库圆周外固定一个刀座识别装置，识别刀座的编码。此方式只识别刀座不识别刀具。因此各刀具必须“对号入座”，已使用过的刀具也需放回刀库原来的刀座中，否则将发生错误与混乱。刀座编码的识别原理与上述刀具编码的识别原理完全相同。

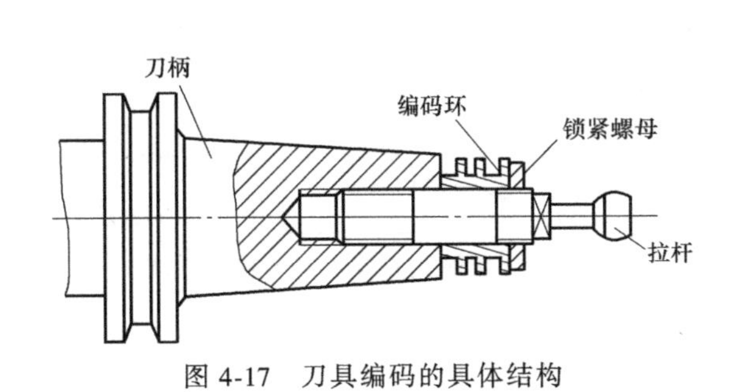

图 4-17　刀具编码的具体结构

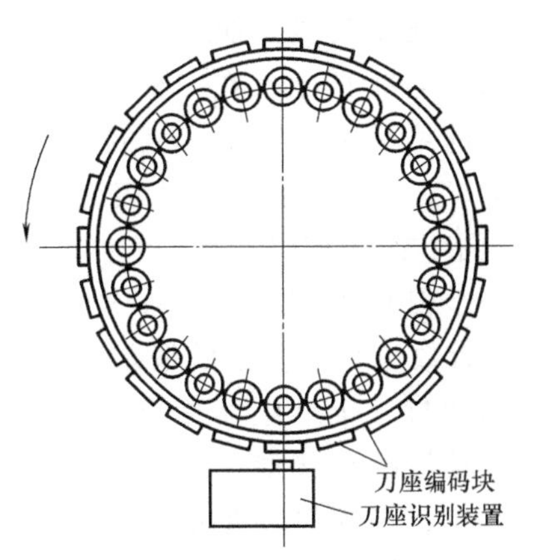

图 4-18　圆盘刀库的刀座编码装置

（3）编码附件方式　编码附件方式可以分为编码钥匙、编码卡片、编码杆和编码盘等，其中应用最多的是编码钥匙。这种方式是先给各刀具都缚上一把表示该刀具号的编码钥匙，当把各刀具存放到刀库中时，将编码钥匙插进刀座旁边的钥匙孔中，这样就把钥匙的号码转记到刀座中，给刀座编上了号码。识别装置可以通过识别钥匙上的号码来选取该钥匙旁边刀座中的刀具。

编码钥匙的形状如图 4-19 所示。钥匙的两边最多可带有 22 个方齿，除导向用的 2 个方齿外，共有 20 个凸出或凹下的位置，可区别 99999 把刀具。

图 4-20 所示为编码钥匙孔的剖视图，钥匙沿着水平方向的钥匙缝插入钥匙孔中，然后顺时针方向旋转 90°，处于钥匙代码凸处的第一弹簧接触片被撑起，表示代码“1”；处于代码凹处的第二弹簧接触片保持原状，表示代码“0”。由于钥匙上每个凸凹部分的旁边各有相应的电刷，故可将钥匙各个凸凹部分识别出来，即识别出相应的刀具。

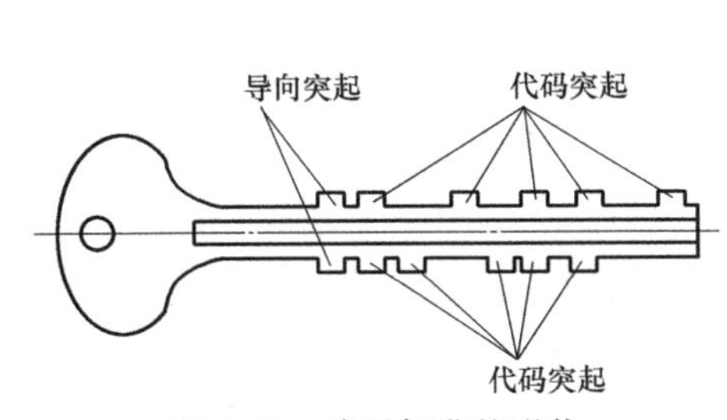

图 4-19　编码钥匙的形状

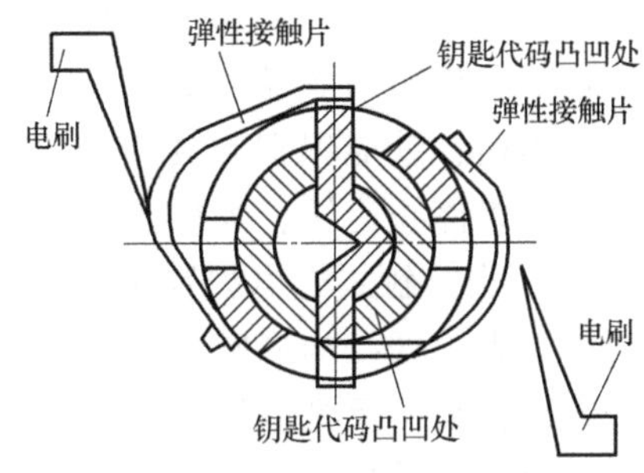

图 4-20　编码钥匙孔的剖视图

这种编码方式称为临时性编码，因为从刀座中取出刀具时，刀座中的编码钥匙也取出，刀座中原来的编码便随之消失。因此，这种方式具有更大的灵活性。采用这种编码方式用过的刀具必须放回原来的刀座中。

四、刀具识别装置

刀具识别装置是可任意选择刀具的自动换刀系统中的重要组成部分，常用的有以下两种。

1. 接触式刀具识别装置

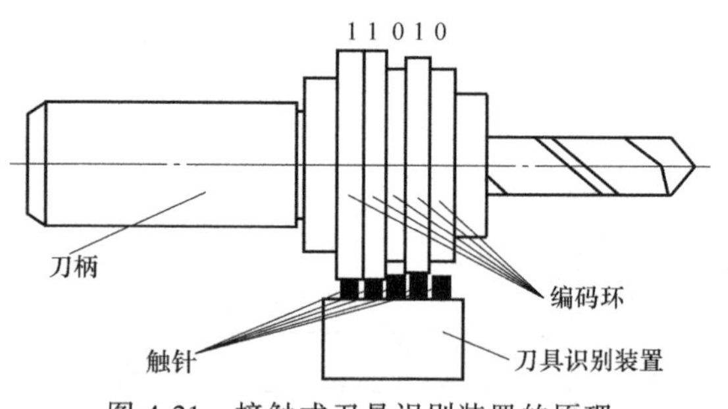

图 4-21 接触式刀具识别装置的原理

如图 4-21 所示，在刀柄上装有两种直径不同的编码环，规定大直径的环表示二进制的“1”，小直径的环表示二进制的“0”。图 4-21 中编码环有 5 个，在刀库附近固定一个刀具识别装置，从中伸出几个触针，触针数量与刀柄上的编码环个数相等。每个触针与一个继电器相连，当编码环是大直径时与触针接触，继电器通电，其数码为“1”；当编码环是小直径时与触针不接触，继电器不通电，其数码为“0”。当各继电器读出的数码与所需刀具的编码一致时，由控制装置发出信号，使刀库停转，等待换刀。

接触式刀具识别装置的结构简单，但由于触针有磨损，故其使用寿命较短，可靠性较差，且难于快速选刀。

2. 非接触式刀具识别装置

非接触式刀具识别装置没有机械装置直接接触，因而无磨损、无噪声、使用寿命长、反应速度快，适应于高速、换刀频繁的工作场合。常用的识别方法有非接触式磁性识别法和非接触式光电识别法。

（1）非接触式磁性识别法　非接触式磁性识别法是利用磁性材料和非磁性材料的磁感应强弱的不同，通过感应线圈读取代码。编码环的直径相等，分别由导磁材料（如软钢）和非导磁材料（如黄铜、塑料等）制成，并规定前者编码为“1”，后者编码为“0”。图 4-22 所示为非接触式磁性识别原理图，图中刀柄上装有非导磁材料编码环和导磁材料编码环，与编码环相对应的有一组检测线圈组成的非接触式识别装置。在检测线圈的一次线圈中输入交流电压时，如编程环为导磁材料，则磁感应较强，能在二次线圈中产生较大的感应电压；如编程环为非导磁材料，则磁感应较弱，在二次线圈中感应的电压就较弱。利用感应电压的强弱，就能识别刀具的号码。当编码的号码与指令刀号相符时，控制电路便发出信号，使刀库停止运转，等待换刀。

（2）非接触式光电识别法　非接触式光电识别法是利用光导纤维良好的光传导特性，采用多束光导纤维构成阅读法。用靠近的两束光导纤维来阅读二进制编码的一位时，其中一束将光源投到能反光或不能反光（被涂黑）的金属表面上，另一束光导纤维将反射光送至光电转换元件转换成电信号，以判断正对这两束光导纤维的金属表面有无反射光，有反射光时（表面光亮）为“1”，无反射光时（表面涂黑）为“0”，如图 4-23b 所示。在刀具的某个磨光部位按二进制规律涂黑或不涂黑，就可给刀具编上号码。正当中的一小块反光部分用来发出同步增长信号。阅读头端面如图 4-23a 所示，共用的投光射出面为一矩形框，中间嵌进一排共 8 个圆形的受光入射面。当阅读头端面正对刀具编码部位，沿箭头方向相对运动时，在同步信号的作用下，可将刀具编码读入，并与给定的刀具号进行比较而选刀。

五、刀具交换方式

数控机床的自动换刀系统中，实现刀库与机床主轴之间传递和装卸刀具的装置称为刀具交换装置。刀具交换方式和它们的具体结构对机床的生产率和工作可靠性有着直接的影响。刀具的交换方式很多，一般可分为以下两大类。

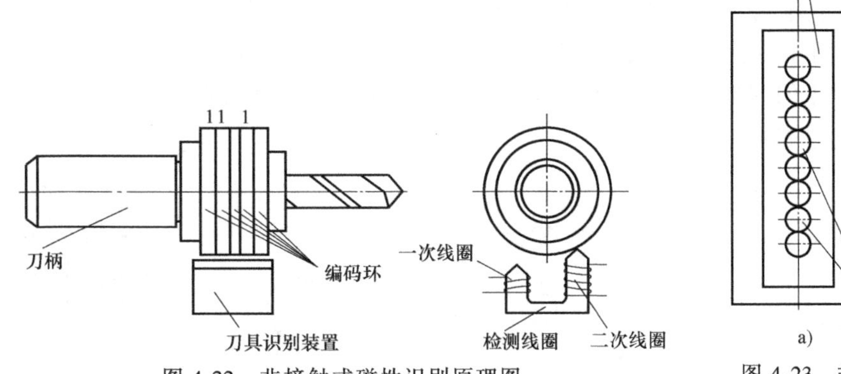

图 4-22　非接触式磁性识别原理图

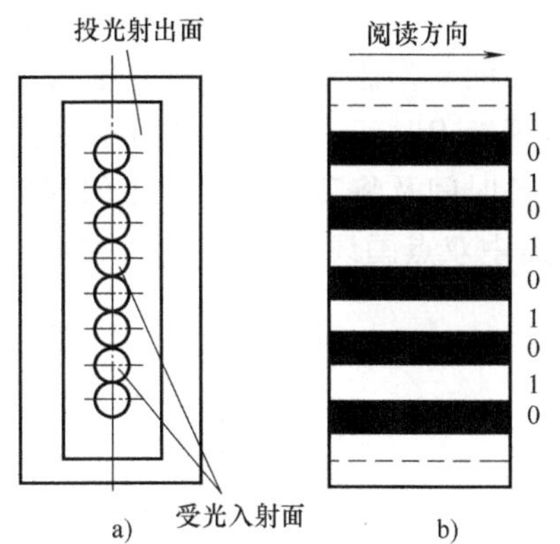

图 4-23　非接触式光电识别原理图

1. 无机械手换刀

无机械手换刀是由刀库和机床主轴的相对运动实现的刀具交换。换刀时，必须首先将用过的刀具送回刀库，然后再从刀库中取出新刀具，这两个动作不可能同时进行，因此，换刀时间长。它的选刀和换刀由三个坐标轴的数控定位系统来完成，因此每交换一次刀具，工作台和主轴箱就必须沿着三个坐标轴做两次来回运动，因而增加了换刀时间。另外，由于刀库置于工作台上，减少了工作台的有效使用面积。图 4-24 所示为立柱不动式卧式加工中心无机械手换刀装置的换刀过程。

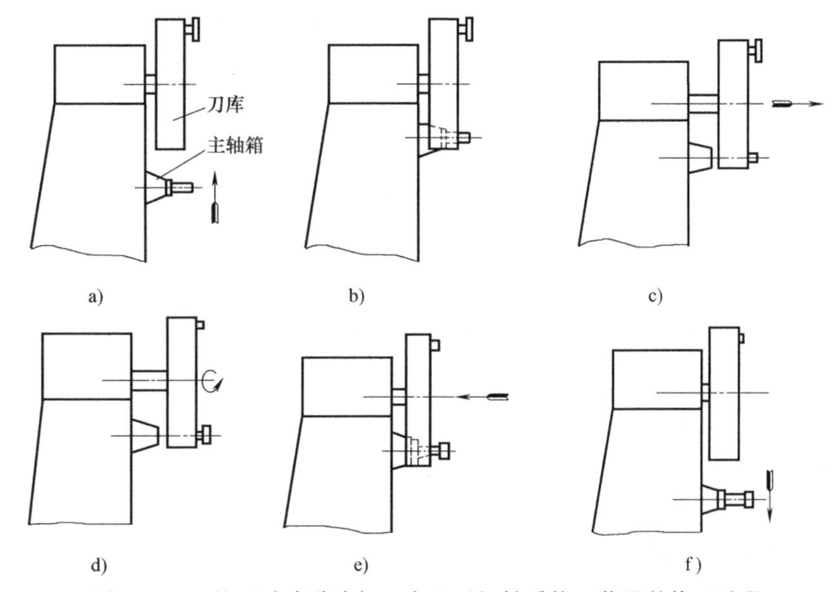

图 4-24　立柱不动式卧式加工中心无机械手换刀装置的换刀过程

2. 机械手换刀

由于刀库及刀具交换方式的不同，换刀机械手也有多种形式。因为机械手换刀有很大的灵活性，而且还可以减少换刀时间，应用最为广泛。

在各种类型的机械手中，双臂机械手全面地体现了以上优点，图 4-25 所示为双臂机械手中常见的几种结构形式，这几种机械手能够完成抓刀、拔刀、回转、插刀以及返回等全部动作。为了防止刀具掉落，各机械手的活动爪都必须带有自锁结构。图 4-25a～c 所示双臂机械手的动作比较简单，而且能够同时抓取和装卸机床主轴和刀库中的刀具，因此可以进一步缩短换刀时间。图 4-25d 所示双臂机械手，虽不是同时抓取主轴和刀库中的刀具，但是换刀准备时间及将刀具送回刀库的时间（图中实线所示位置）与机械加工时间重合，因而换刀（图中双点画线所示位置）时间较短。

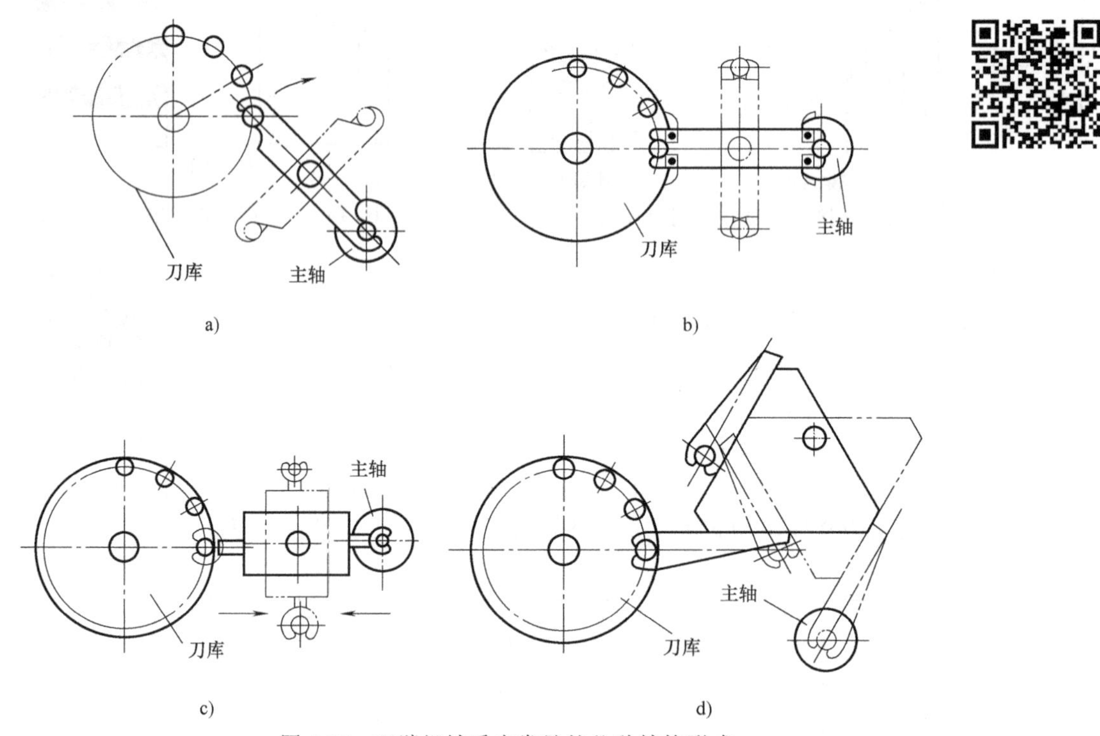

图 4-25　双臂机械手中常见的几种结构形式

六、机械手的形式与种类

在自动换刀数控机床中，机械手的形式也是多种多样，常见的有以下几种形式。

1. 单臂单爪回转式机械手

这种机械手的手臂可以回转不同的角度来进行自动换刀，其手臂上只有一个卡爪，不论在刀库上或是在主轴上，均靠这个卡爪来装刀及卸刀，因此换刀时间较长，如图 4-26a 所示。

2. 单臂双爪回转式机械手

这种机械手的手臂上有两个卡爪，两个卡爪有所分工。一个卡爪只执行从主轴上取下"旧刀"送回刀库的任务，另一个卡爪则执行由刀库取出"新刀"送到主轴的任务。它的换刀时间较单爪回转式机械手要短，如图 4-26b 所示。

3. 双臂回转式机械手

这种机械手的两臂上各有一个卡爪，两个卡爪可同时抓取刀库及主轴上的刀具，回转

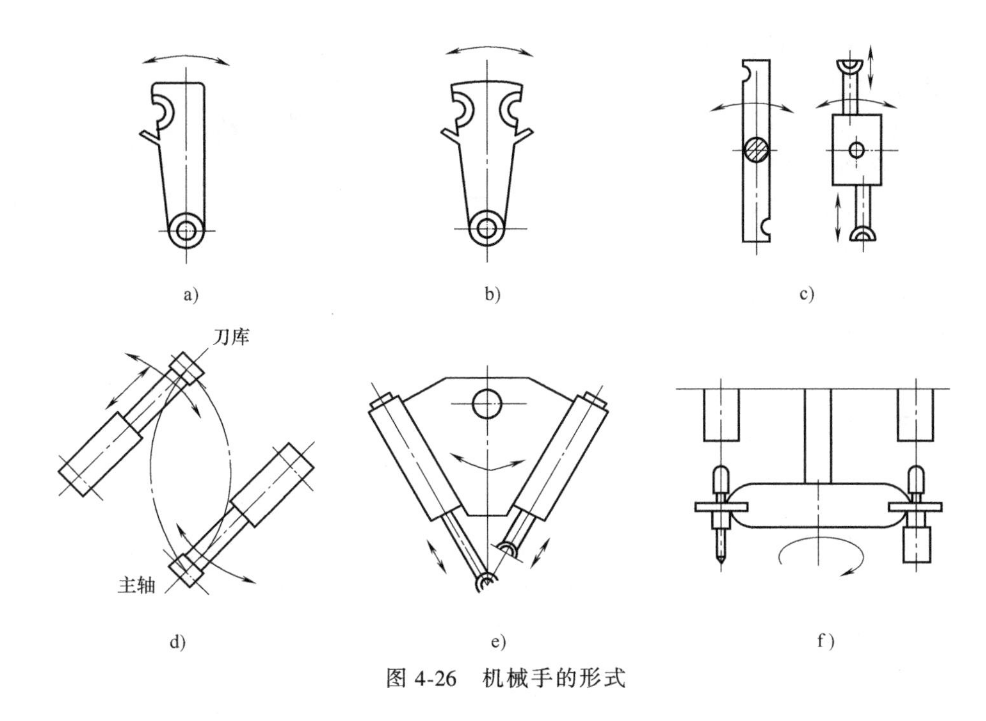

图 4-26　机械手的形式

180°后又同时将刀具放回刀库及装入主轴。这种机械手换刀时间较以上两种单臂机械手均短，是最常用的一种形式。图 4-26c 所示右边的机械手在抓取刀具或将刀具送入刀库及主轴上，两臂可伸缩。

4. 双机械手

这种机械手相当于两个单臂单爪机械手，它们互相配合进行自动换刀。其中一个机械手从主轴上取下“旧刀”送回刀库，另一个机械手由刀库中取出“新刀”装入机床主轴，如图 4-26d 所示。

5. 双臂往复交叉式机械手

这种机械手的两手臂可以往复运动，并交叉成一定的角度。一个手臂从主轴上取下“旧刀”送回刀库，另一个手臂由刀库中取出“新刀”装入主轴。整个机械手可沿某导轨直线移动或绕某个转轴回转，以实现刀库与主轴间的运刀工作，如图 4-26e 所示。

6. 双臂端面夹紧式机械手

这种机械手只是在夹紧部位上与前几种不同。前几种机械手均靠夹紧刀柄的外圆表面来抓取刀具，这种机械手则是靠夹紧刀柄的两个端面来抓取刀具，如图 4-26f 所示。

七、机械手夹持结构

在换刀过程中，由于机械手抓住刀柄要做快速回转，要做拔、插刀具的动作，还要保证刀柄键槽的角度位置对准主轴上的驱动键。因此，机械手的夹持部分要十分可靠，并保证有适当的夹紧力，其活动爪要有锁紧装置，以防止刀具在换刀过程中转动脱落。机械手夹持刀具的方法有以下两种。

1. 柄式夹持

柄式夹持也称为轴向夹持或 V 形槽夹持，刀柄前端有 V 形槽，供机械手夹持用，目前我国数控机床较多采用这种夹持方式。机械手手掌结构示意图如图 4-27 所示。它由固定爪及活动爪组成，活动爪可绕回转轴回转，其一端在弹簧柱塞的作用下支靠在挡销上，调整螺栓以保持手掌适当的夹紧力，锁紧销使活动爪牢固地夹持刀柄，防止刀具在交换过程中松脱。锁紧销还可轴向移动，使活动爪放松，以便权刀从刀柄 V 形槽中退出。

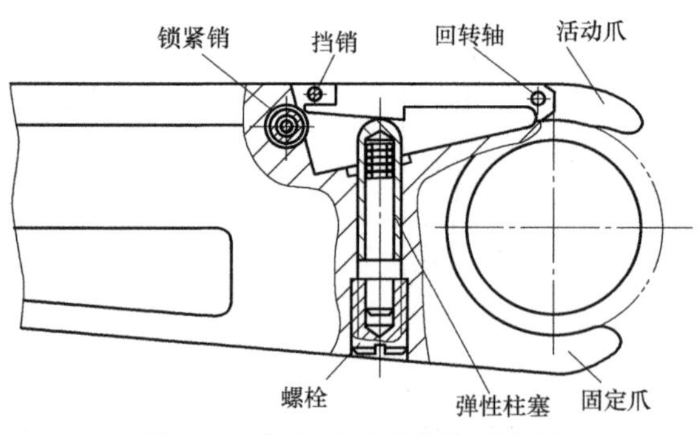

图 4-27　机械手手掌结构示意图

2. 法兰盘式夹持

法兰盘式夹持也称为径向夹持或碟式夹持，如图 4-28 所示。刀柄的前端有供机械手夹持的法兰盘，如图 4-28a、b 所示。图 4-28c 所示上图为机械手夹持松开状态，图 4-28c 所示下图为机械手夹持夹紧状态。采用法兰盘式夹持的优点是：当采用中间搬运装置时，可以很方便地从一个机械手过渡到另一个辅助机械手上，如图 4-28d 所示。对于法兰盘式夹持方式，其换刀动作较多，不如柄式夹持方式应用广泛。

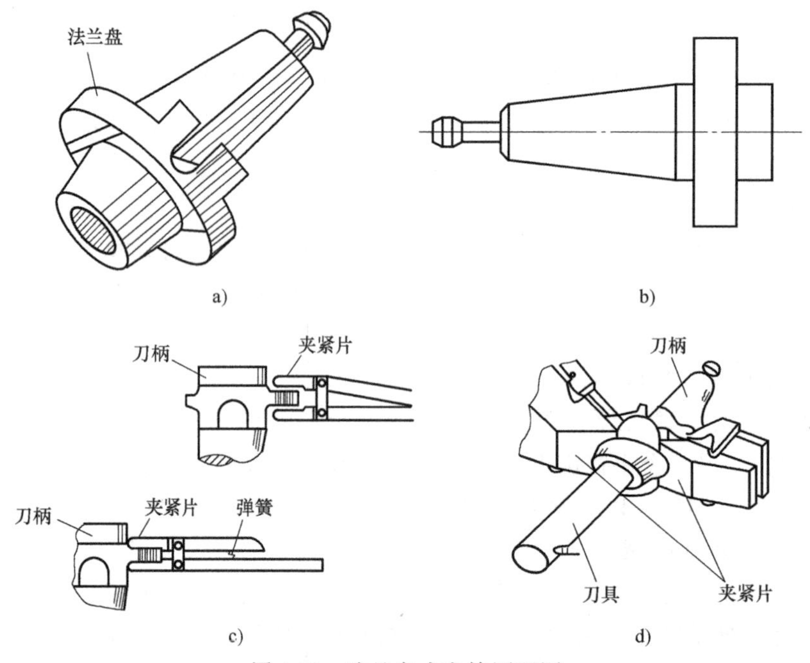

图 4-28　法兰盘式夹持原理图

八、加工中心自动换刀系统的典型结构与工作原理

1. 典型刀库的结构与工作原理

因刀库的容量、布局不同，换刀方式不同，加工中心自动换刀系统有很大区别，以 JCS-018A 型加工中心为例，如图 4-29 所示。该机床的刀库装置安装在立柱的左侧上部，刀具的安装方向与主轴轴线垂直，换刀前改变换刀位置的刀具轴线方向，使刀具轴线与主轴轴线平行，如图 4-30 所示。换刀装置采用双臂回转式机械手。

刀库的结构如图 4-31 所示，直流伺服电动机 1 的运动经过十字滑块联轴器 2、蜗杆 4、蜗轮 3 传到刀盘 14 上，每个刀套尾部有一个滚子，当刀具转到换刀位置时，滚子 11 进入拨叉 7 的槽内。气缸 5 通过活塞杆 6 带动拨叉 7 升降，使刀具翻转。

当数控系统发出换刀指令后，直流伺服电动机 1 接通，其运动经过十字滑块联轴器 2、蜗杆 4、蜗轮 3 传到刀盘 14，刀盘带动其上面的 16 个刀套 13 转动，来完成选刀工作。

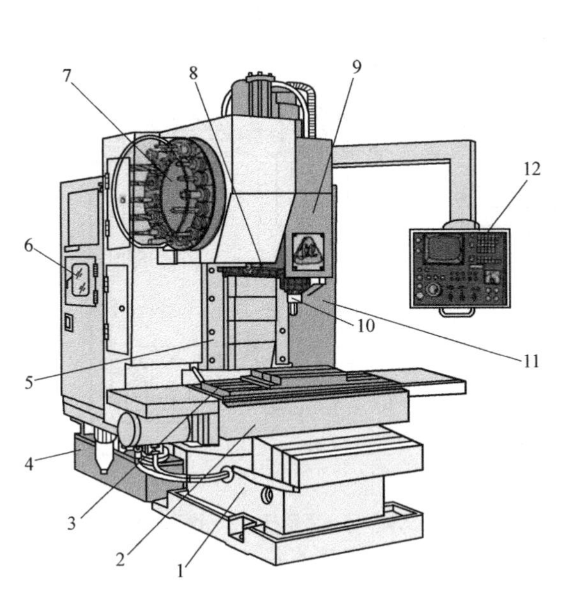

图 4-29　JCS-018A 型加工中心

1—床身　2—滑座　3—工作台　4—润滑油箱　5—立柱　6—数控柜　7—刀库　8—机械手　9—主轴箱　10—主轴　11—驱动电枢　12—控制装置

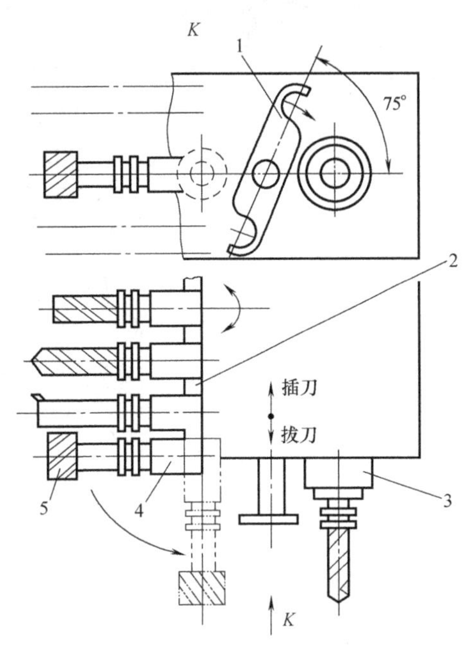

图 4-30　JCS-018A 型加工中心的自动换刀系统

1—换刀机械手　2—刀库链　3—主轴　4—刀套　5—刀具

每个刀套 13 尾部有一个滚子 11，当待换刀具转到换刀位置时，滚子 11 进入拨叉 7 的槽内。同时，气缸 5 的下腔通入压缩空气，活塞杆 6 带动拨叉 7 上升，放开位置开关 9，用以断开相关的电路，防止刀库、主轴等有误动作。拨叉 7 在上升的过程中，带动刀套绕着销轴 12 逆时针方向向下翻转 90°，从而使刀具轴线与主轴轴线平行。刀套下转 90°后，拨叉 7 上升到终点，压住定位开关 10，发出信号使机械手抓刀。通过螺杆 8，可以调整拨叉的行程。拨叉的行程决定刀具轴线相对主轴轴线的位置。

刀套的结构如图 4-32 所示，*F—F* 剖视图中的件 7 即为图 4-31 所示的滚子 11，*E—E* 剖视图中的件 6 即为图 4-31 所示的销轴 12。刀套 4 的锥孔尾部有两个球头销 3。在螺纹套 2 与球头销 3 之间装有弹簧 1，当刀具插入刀套后，由于弹簧力的作用，使刀柄被夹紧。拧动螺纹套 2，可以调整夹紧力的大小，当刀套在刀库中处于水平位置时，依靠刀套上部的滚子 5 来支承。

2. 典型机械手的结构与工作原理

以 JCS-018A 型加工中心为例。换刀装置采用双臂回转式机械手。

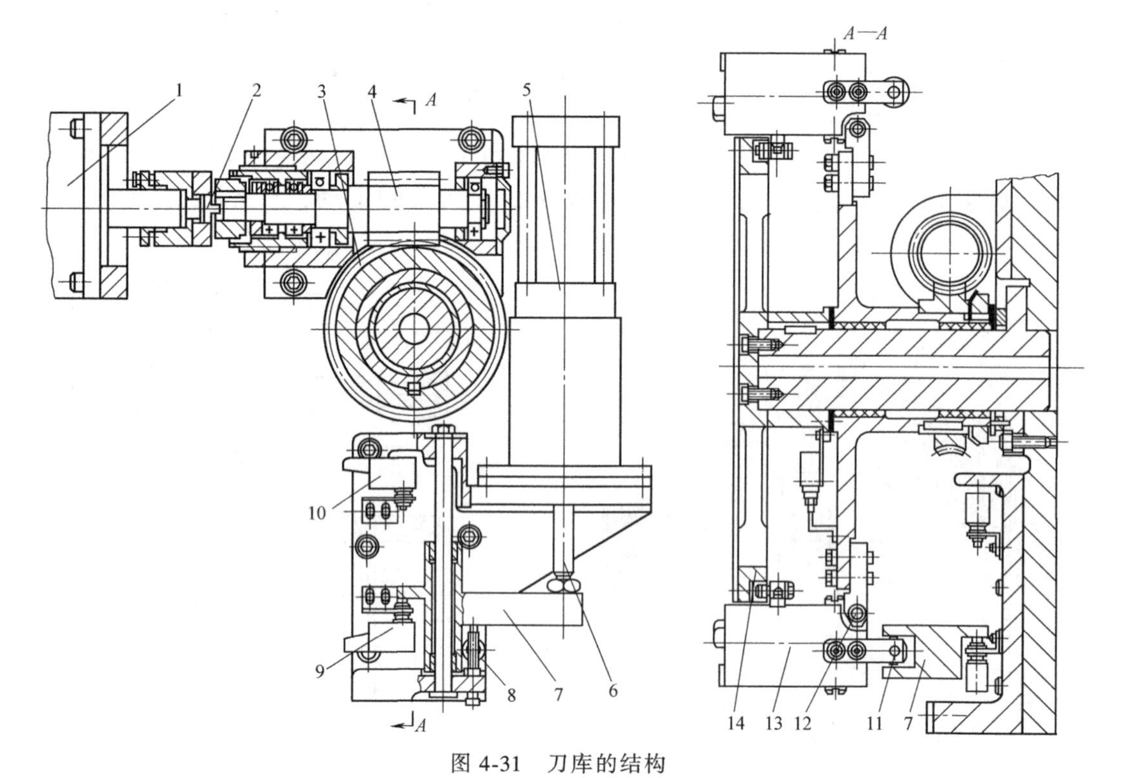

图 4-31　刀库的结构

1—直流伺服电动机　2—十字滑块联轴器　3—蜗轮　4—蜗杆　5—气缸　6—活塞杆　7—拨叉　8—螺杆　9—位置开关　10—定位开关　11—滚子　12—销轴　13—刀套　14—刀盘

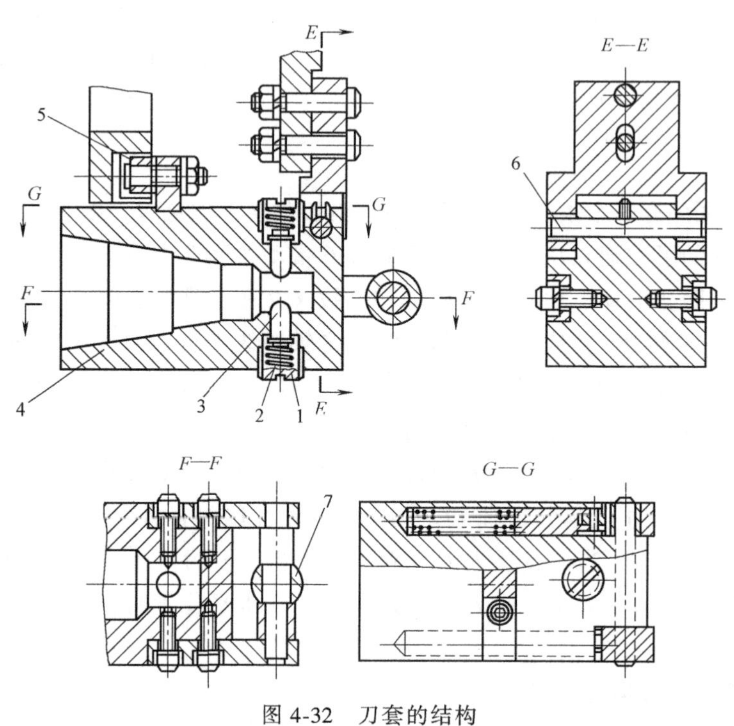

图 4-32　刀套的结构

1—弹簧　2—螺纹套　3—球头销　4—刀套　5、7—滚子　6—销轴

JCS-018A 型加工中心机械手传动示意图如图 4-33 所示。如图 4-31 所示刀库结构，刀套下转 90°后，压住定位开关，发出机械手抓刀信号。此时，机械手 21 正处在图 4-33 所示的位置，液压缸 18 右腔通入液压油，活塞杆推动齿条 17 向左移动，带动齿轮 11 转动。

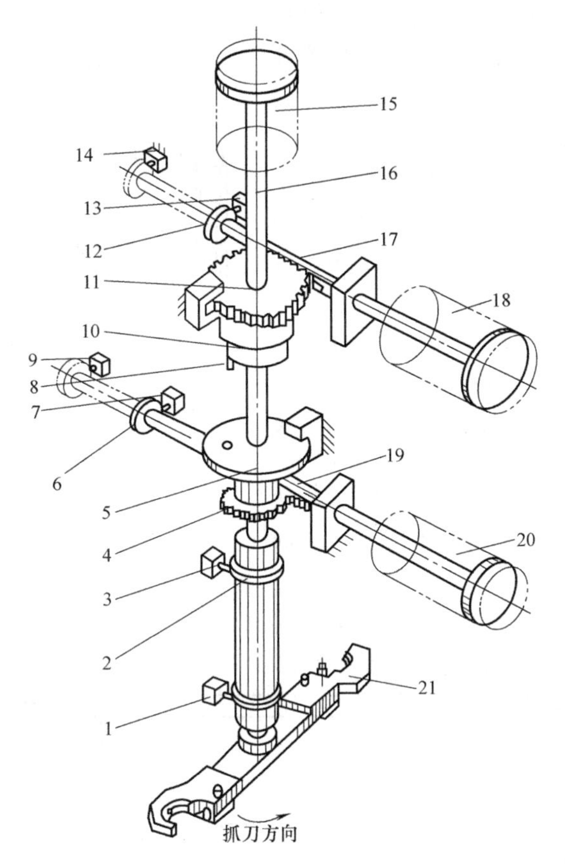

图 4-33　JCS-018A 型加工中心机械手传动示意图

1、3、7、9、13、14—位置开关　2、6、12—挡环　4、11—齿轮　5—连接盘　8—销　10—传动盘
15、18、20—液压缸　16—机械手臂轴　17、19—齿条　21—机械手

如图 4-34 所示，齿轮 1、齿条 7 和机械手臂轴 2 分别为图 4-33 所示的齿轮 11、齿条 17 和机械手臂轴 16。连接盘 3 与齿轮 1 用螺钉连接，它们空套在机械手臂轴 2 上，传动盘 5 与机械手臂轴 2 用花键连接，它上端的销 4 插入连接盘 3 的销孔中，因此齿轮转动时便带动机械手臂轴 2 转动，使机械手回转 75°抓刀。抓刀动作结束时，如图 4-33 所示，齿条 17 上的挡环 12 压下位置开关 14，发出拔刀信号，于是升降液压缸 15 的上腔通入液压油，活塞杆推动机械手臂轴 16 下降拔刀。在机械手臂轴 16 下降时，传动盘 10 也随之下降，其下端的销 8（图 4-34 所示的销 6）插入连接盘 5 的销孔中，连接盘 5 和其下面的齿轮 4 也是用螺钉连接的，它们空套在机械手臂轴 16 上。当拔刀动作完成后，机械手臂轴 16 上的挡环 2 压下位置开关 1，发出换刀信号。

这时转位液压缸 20 的右腔通入液压油，活塞杆推动齿条 19 向左移动，带动齿轮 4 和连接盘 5 转动，通过销 8 由传动盘 10 带动机械手转动 180°，交换主轴上和刀库上的刀具。换刀动作完成后，齿条 19 上的挡环 6 压下位置开关 9，发出插刀信号，使升降液压缸下腔通液压油，活塞杆带着机械手臂轴 16 上升插刀，同时传动盘 10 下面的销 8 从连接盘 5 的销孔中移出。插刀动作完成后，机械手臂轴 16 上的挡环压下位置开关 3，使转位液压缸 20 的左腔通液压油，活塞杆带着齿条 19 向右移动复位，齿轮 4 空转，机械手无动作。齿条 19 复位后，其上挡环 6 压下位置开关 7，使液压缸 18 的左腔通入液压油，活塞杆带着齿条 17 向右移动，通过齿轮 11 使机械手反转 75°后复位。机械手复位后，齿条 17 上的挡环 12 压下位置开关 13，发出换刀完成信号，使刀套向上翻转 90°，为下次选刀做好准备。

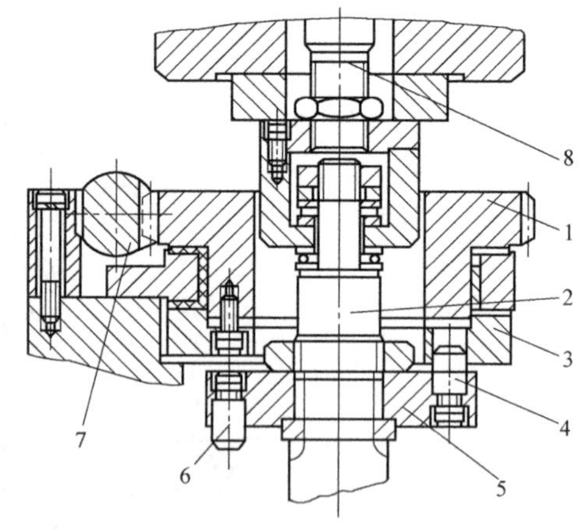

图 4-34　JCS-018A 型加工中心机械手传动局部图
1—齿轮　2—机械手臂轴　3—连接盘　4、6—销　5—传动盘　7—齿条　8—活塞杆

如图 4-35 所示，机械手抓刀部分主要由手臂 1 和固定其两端的结构完全相同的两个手爪 7 组成，手爪上握刀的圆弧部分有一个锥销 6，机械手抓刀时，锥销插入刀柄的键槽中，手爪上的长销 8 分别被主轴前端和刀库上的挡块压下，锁紧销 3 被压下，活动销 5 轴向（开有长槽）移动。机械手拔刀时，长销与挡块脱开，锁紧销被弹簧弹起，使活动销 5 顶住刀具不能后退，锁紧刀柄。机械手插刀时，长销 8 又分别被挡块压下，锁紧销 3 从活动销 5 的槽中退出，活动销 5 可以松开刀柄。

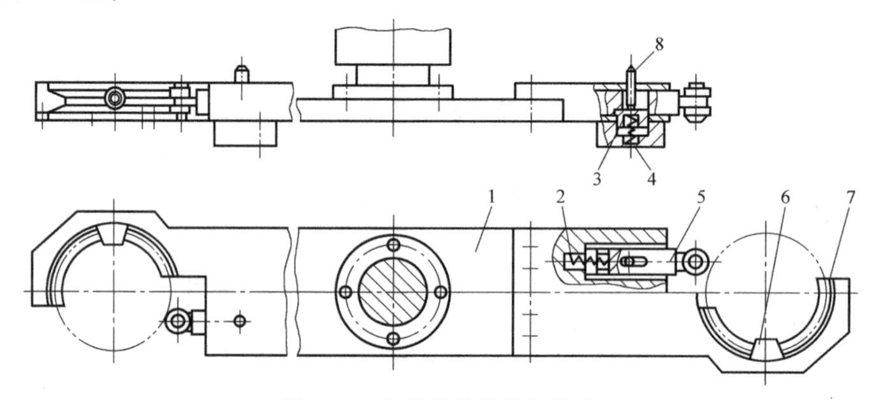

图 4-35　机械手的手臂和手爪
1—手臂　2、4—弹簧　3—锁紧销　5—活动销　6—锥销　7—手爪　8—长销

3. 换刀过程

如图 4-36 所示，接收到换刀指令后，刀库中的刀具逆时针方向下转 90°→机械手逆时针方向旋转 75°抓刀→手臂下降拔出刀具→机械手回转 180°将两把刀的位置交换→手臂上升插刀→刀库中的刀套顺时针方向上翻 90°→机械手顺时针方向旋转 75°。

任务实施

一、刀库及换刀机械手的维护要点

1）严禁把超重、超长的刀具装入刀库，防止在机械手换刀时掉刀或刀具与工件、夹具等发生碰撞。

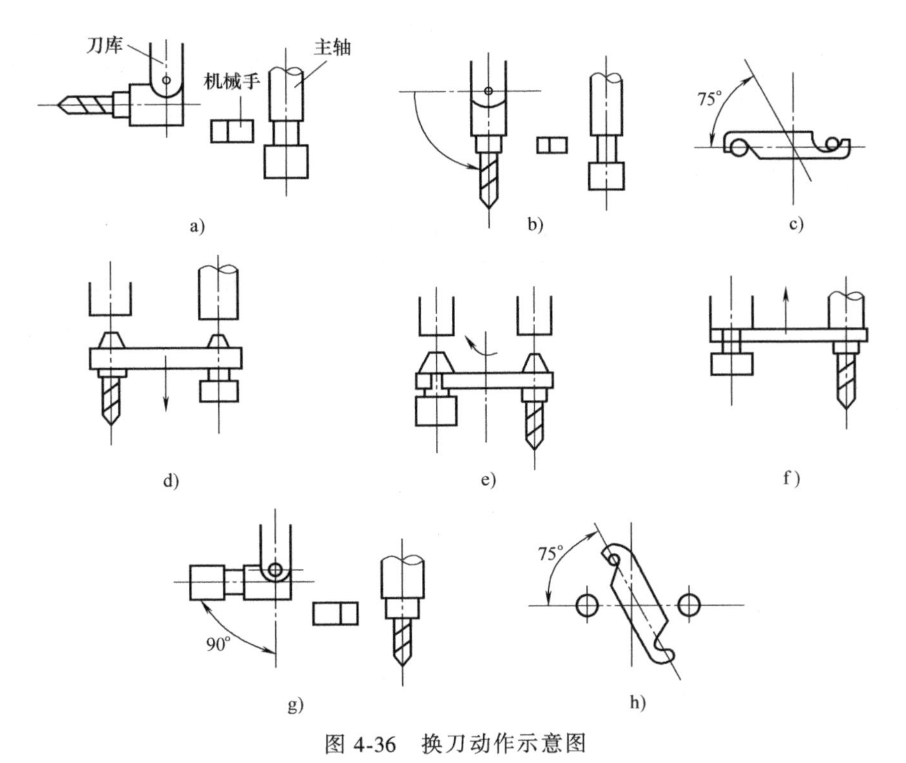

图 4-36　换刀动作示意图

2）顺序选刀方式必须注意刀具放置在刀库中的顺序要正确，其他选刀方式也要注意所换刀具是否与所需刀具一致，防止换错刀具导致事故发生。

3）用手动方式往刀库上装刀时，要确保装刀到位、牢靠，并检查刀座上的锁紧装置是否可靠。

4）经常检查刀库的回零位置是否正确，检查机床主轴回换刀点位置是否到位，发现问题要及时调整，否则不能完成换刀动作。

5）要注意保持刀具刀柄和刀套的清洁。

二、调整维护刀库及换刀机械手

1）检查和清洁刀具刀柄、刀库刀套、机械手的灰尘及油污。

2）开机后，使刀库和机械手空运行，检查各部分工作是否正常。

3）在刀库传动部分加注润滑油和润滑脂，保持刀套在刀库上能灵活转动。

操作步骤如下。

① 先拆除刀库外层塑胶护罩。

② 然后拆除里层金属护罩。

③ 在滑动轴承处涂上适量润滑油脂。

④ 将护罩按原样装好。

4）检查机械手液压系统的压力是否正常。

5）检查刀具在机械手上锁紧是否可靠，发现不正常时应及时处理。

6）刀库停止位置异常时，按复位键。

7）回零方式，轴选择第四轴，旋转钥匙开关（不松开）：按刀臂动作键，刀臂转动60°、240°或回位；按刀套动作键，使刀套保持水平或垂直；按刀库正转键，刀库正转；按刀库反转键，刀库反转。

考核评价（表 4-2）

表 4-2　任务完成评价表

姓名		班级		任务	任务二　加工中心自动换刀系统结构与维护		
项目	序号	内容	配分	评分标准	检查记录		得分
					互查	教师复查	
基础知识（40分）	1	刀库的类型和容量	5	根据掌握情况评分			
	2	刀具的选择方式	7	根据掌握情况评分			
	3	刀具识别装置的种类和特点	7	根据掌握情况评分			
	4	刀具交换方式	3	根据掌握情况评分			
	5	机械手的形式与种类	3	根据掌握情况评分			
	6	加工中心自动换刀系统的典型结构与工作原理	15	根据掌握情况评分			
技能训练（30分）	1	刀库和机械手的维护	20	根据完成情况和完成质量评分			
	2	操作流程正确、动作规范、时间合理	5	不规范每处扣0.5分 超时扣2分			
	3	安全文明生产	5	违反安全操作规程全扣			
综合能力（20分）	1	自主学习、分析并解决问题、有创新意识	7	根据个人表现评分			
	2	团队合作、协调沟通、语言表达、竞争意识	7	根据个人表现评分			
	3	作业完成	6	根据完成情况和完成质量评分			
其他（10分）		出勤方面、纪律方面、回答问题、知识掌握	10	根据个人表现评分			
合计							
综合评价							

课后测评

一、填空题

1. ________是加工中心上储存刀具和辅具的随机库房。

2. 无机械手交换刀具方式是利用______与________的相对运动来实现刀具交换。

3. 任意选择刀具方式必须对刀具编码。编码方式主要有______、______和______三种。

4. 常用的刀具识别装置有________和________两种。

5. 数控机床的自动换刀系统中，实现刀库与机床主轴之间传递和装卸刀具的装置称为________。

6. 双臂机械手中最常见的结构形式分别是________、________、伸缩手和______。

二、判断题

1. 顺序选择刀具方式的刀库中每一把刀具在不同的工序中不能重复使用，为了满足加工需要，只有增加刀具的数量和刀库的容量，这就降低了刀具和刀库的利用率。 ( )

2. 刀库中顺序选择刀具方式需要刀具识别装置。 ( )

3. 任意选择刀具方式的优点是刀库中刀具的排列顺序与工件加工顺序对应，相同的刀具可重复使用。 ( )

4. 刀具编码方式的刀库中刀具在不同的工序中可重复使用，用过的刀具不一定放回原刀座中，避免了因刀具存放在刀库中的顺序差错而造成的事故，同时也缩短了刀库的运转时间。 ( )

5. 自动换刀装置只要满足换刀时间短、刀具重复定位精度高的基本要求即可。 ( )

6. 钥匙编码是通过钥匙把刀具的代码转记到刀座上，给刀座编上永久性编码。 ( )

7. 无机械手换刀方式结构简单、换刀占机时间短。 ( )

8. 法兰盘式夹持方式，其换刀动作较少，不如柄式夹持方式应用广泛。 ( )

9. 柄式夹持也称为轴向夹持或 V 形槽夹持，刀柄前端有 V 形槽，供机械手夹持用，目前我国数控机床较多采用这种夹持方式。 ( )

三、选择题

1. ( ) 是对每把刀具进行编码，由于每把刀具都有自己的代码，因此，可以存放于刀库的任一刀座中。

A. 编码附件方式　　B. 刀座编码方式　　C. 刀具编码方式

2. 对刀具进行编码是 ( ) 的要求。

A. 顺序选刀　　B. 任意选刀　　C. 软件选刀

3. 在刀库中每把刀具在不同的工序中不能重复使用的选刀方式是 ( )。

A. 顺序选刀　　B. 任意选刀　　C. 软件选刀

4. ( ) 适用于刀库容量较少的情况。

A. 鼓式刀库　　B. 链式刀库　　C. 格子盒式刀库

5. 从使用角度出发，刀库的容量一般为 ( ) 把。

A. 5~10　　B. 15~60　　C. 10~40

6. ( ) 则是靠夹紧刀柄的两个端面来抓取刀具。

A. 双机械手　　B. 双臂回转式机械手　　C. 双臂端面夹紧式机械手

四、问答题

1. 加工中心上常用的刀库有哪些？各有什么特点？

2. 刀具编码方式有哪些？

3. 常用的刀具识别装置有哪几种？各有什么特点？

4. 简述 JCS-018A 型加工中心采用机械手的换刀过程。

项目五

数控机床液压与气动系统结构与维护

现代数控机床在实现整机的全自动化控制中，除数控系统外，还需要配备液压与气动系统来辅助实现整机的自动运行功能。所用的液压与气动系统应结构紧凑、工作可靠、易于控制和调节。

液压与气动系统在数控机床中具有如下辅助功能。

1）自动换刀所需的动作，如机械手的伸缩、回转和摆动及刀具的松开和夹紧动作。

2）机床运动部件的平衡，如机床主轴箱的重力平衡和刀库机械手的平衡等。

3）机床运动部件的运动、制动和离合器的控制、齿轮拨叉挂挡等。

4）机床运动部件的支承，如动、静压轴承和液压导轨等。

5）机床的润滑和冷却。

6）机床防护罩/板、门的自动开关。

7）工作台的夹紧、松开及其自动交换动作。

8）夹具的自动放松、夹紧。

9）工件、工具定位面和交换工作台的自动吹屑、清理和定位基准面等。

任务一　数控机床液压系统结构与维护

任务目标

知识目标：

1. 掌握数控机床液压系统的工作原理及组成。
2. 了解数控机床液压系统的构成及回路。
3. 掌握数控机床液压系统的维护要点。

能力目标：

1. 点检数控机床的液压系统。
2. 能对数控机床液压系统进行维护。

任务描述

在教师的带领下让学生们到工厂中参观数控机床液压系统的装调过程，让工厂中的技术工人介绍数控机床液压系统的组成，并找到图样上所标液压系统元件在数控机床上的位置，使学生们对于数控机床的液压系统有一个感性认识。

一、液压系统的工作原理及组成

1. 液压系统的工作原理

液压千斤顶是机械行业常用的工具，常用液压千斤顶顶起较重的物体。下面以液压千斤顶为例简述液压传动的工作原理。图 5-1 所示为液压千斤顶的工作原理，工作过程如下。

工作时，关闭截止阀 5，向上提起杠杆，小液压缸 1 的活塞向上运动，小液压缸 1 的下腔容积增大形成局部真空，排油单向阀 2 关闭，油箱 4 中的油液在大气压作用下经吸油管顶开吸油单向阀 3 进入小液压缸 1 的下腔，完成一次吸油动作。当向下压杠杆时，小液压缸 1 的活塞下移，小液压缸 1 下腔容积减少，油液受挤压，压力升高，关闭吸油单向阀 3，小液压缸 1 下腔的液压油顶开排油单向阀 2，油液经排油管进入大液压缸 6 的下腔，推动大活塞上移顶起重物。如此不断上下扳动杠杆，就可以使重物不断升起，达到起重的目的。完成任务后，打开截止阀 5，大油腔的油液流回油箱，重物在自重作用下回到原位。

从工作过程可以看出，液压传动的工作原理如下。

1）液压传动是以液体作为传递运动和动力的工作介质。

2）液压传动经过两次能量转换，先把机械能转换为便于输送的液体压力能，然后把液体压力能转换为机械能对外做功。

3）液压传动是依靠密封容积的变化来传递运动，通过油液内部的压力来传递动力。

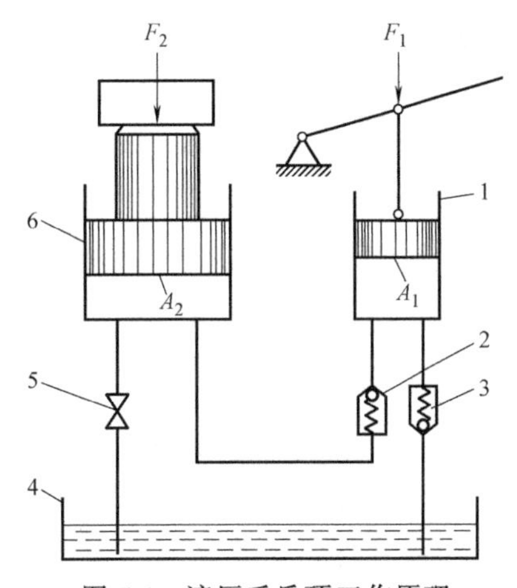

图 5-1　液压千斤顶工作原理

1—小液压缸　2—排油单向阀　3—吸油单向阀　4—油箱　5—截止阀　6—大液压缸

2. 液压系统的组成

（1）动力元件　将原动机的旋转机械能转换成传动介质的压力能装置。常见的动力元件有液压泵，为系统提供液压油。

（2）执行元件　用于连接工作部件，将工作介质的压力能转换成机械能。常见的执行元件有液压缸、液压马达。

（3）控制与调节元件　用于控制和调节系统中工作介质的压力、流量和流动方向，从而控制执行元件的作用力、运动速度和运动方向的装置，同时也可以用来卸载或实现过载保护等。常见的控制元件有溢流阀、换向阀等。

（4）辅助元件　保证系统正常工作所需的上述三种以外的装置，常见的辅助元件有过滤器、油箱和油管等。

（5）传动介质　用来传动动力和运动的介质，即液压油。

二、数控车床液压系统的构成及回路

MJ-50 型数控车床卡盘的夹紧与松开、卡盘夹紧力的高低压转换、回转刀架的松开与夹紧、刀架刀盘的正转反转、尾座套筒的伸出与退回都是由液压系统驱动的，液压系统中各电磁阀、电磁铁的动作是由数控系统的 PC 控制实现的。

图 5-2 所示为 MJ-50 型数控车床液压系统原理图。车床的液压系统采用单向变量液压泵，系统压力调整至 4MPa，由压力表 14 显示。泵出口的液压油经过单向阀进入控制油路，其工作原理分析如下。

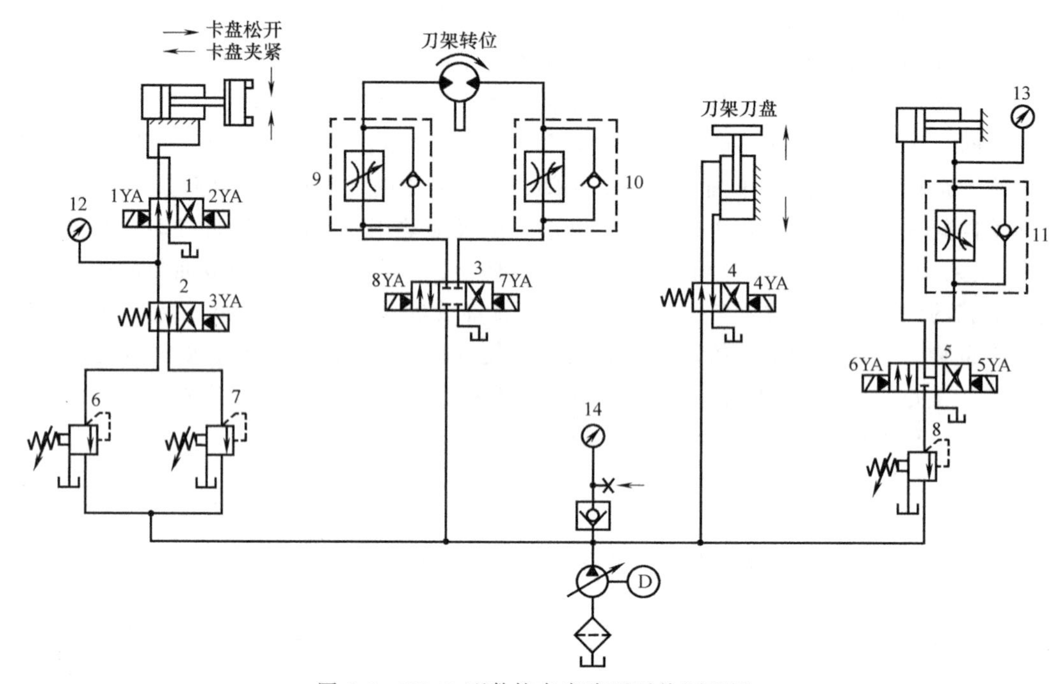

图 5-2　MJ-50 型数控车床液压系统原理图

1、2、3、4、5—电磁阀　6、7、8—减压阀　9、10、11—调速阀　12、13、14—压力表

1. 卡盘的夹紧与松开

主轴卡盘的夹紧与松开由二位四通电磁阀 1 控制。卡盘的高压夹紧与低压夹紧的转换由二位四通电磁阀 2 控制。

当卡盘处于正卡（外卡）且在高压夹紧状态下，夹紧力的大小由减压阀 6 来调整，由压力表 12 显示卡盘压力。当 3YA 断电、1YA 通电时，系统液压油经阀 6→阀 2（左位）→阀 1（左位）→液压缸右腔，液压缸左腔的油液经阀 1（左位）直接回油箱。活塞杆左移，卡盘夹紧。反之，当 2YA 通电时，系统液压油经阀 6→阀 2（左位）→阀 1（右位）→液压缸左腔，液压缸右腔的油液经阀 1（右位）直接回油箱，活塞杆右移，卡盘松开。

2. 回转刀架动作

回转刀架换刀时，首先是刀盘松开，然后刀盘就转位到达指定的刀位，最后刀盘复位夹紧。

刀盘的夹紧与松开由一个二位四通电磁阀 4 控制。刀盘的旋转有正转和反转两个方向，它由一个三位四通电磁阀 3 控制，其旋转速度分别由单向调速阀 9、10 控制。

当 4YA 通电时，阀 4 右位工作，刀盘松开。当 8YA 通电时，系统液压油经阀 3（左位）→调速阀 9→液压马达，刀架正转。当 7YA 通电时，系统液压油经阀 3（右位）→调速阀 10→液压马达，刀架反转。当 4YA 断电时，阀 4 左位工作，刀盘夹紧。

3. 尾座套筒伸缩动作

尾座套筒的伸出与退回由一个三位四通电磁阀 5 控制。

当6YA通电时，系统液压油经减压阀8→电磁阀5（左位）→液压缸左腔；液压缸右腔油液经调速阀11→电磁阀5（左位）回油箱，套筒伸出。套筒伸出工作时的预紧力大小通过减压阀8来调整，并由压力表13显示，伸出速度由调速阀11控制。反之，当5YA通电时，系统液压油经减压阀8→电磁阀5（右位）→调速阀11→液压缸右腔，套筒退回。这时液压缸左腔的油液经阀5（右位）直接回油箱。

三、加工中心液压系统的构成及回路

VP1050型加工中心为工业型龙门结构立式加工中心。它利用液压系统传动功率大、效率高、运行安全可靠的优点，主要实现链式刀库的刀链驱动、上下移动的主轴箱的配重、刀具的安装和主轴高低速的转换等辅助动作。图5-3所示为VP1050型加工中心液压系统原理图。整个液压系统采用变量叶片泵为系统提供液压油，并在泵后设置单向阀2用于减小系统断电或其他故障造成的液压泵压力突降而对系统的影响，避免机械部件的冲击损坏。压力开关YK1用以检测液压系统的状态，如压力达到预定值，则发出液压系统压力正常的信号，该信号作为数控系统开启后PLC高级报警程序自检的首要检测对象，如YK1无信号，PLC自检发出报警信号，整个数控系统的动作将全部停止。

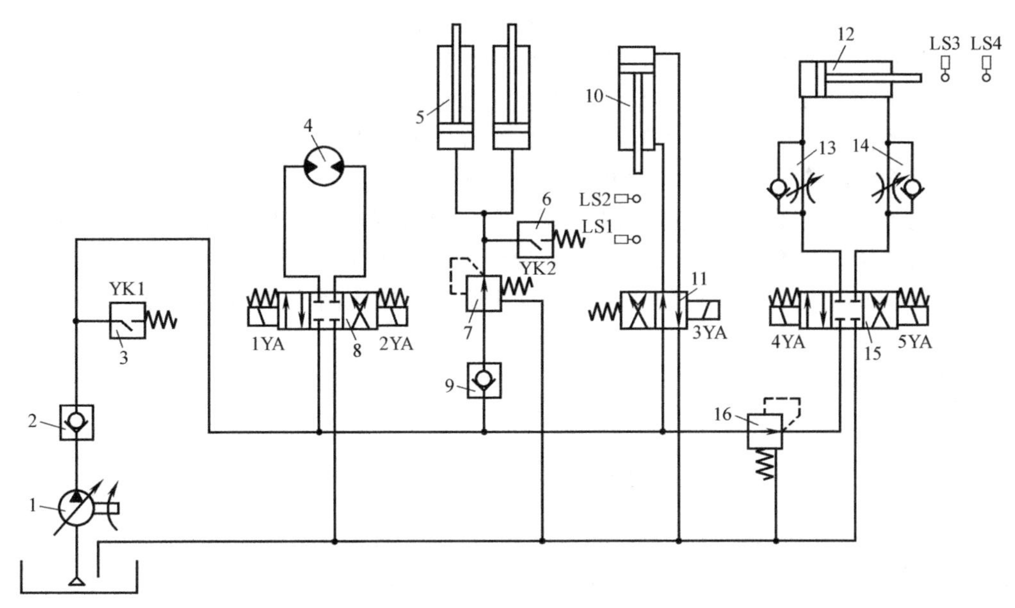

图5-3　VP1050型加工中心液压系统原理图

1—变量叶片泵　2、9—单向阀　3、6—压力开关　4—双向液压马达　5—配重液压缸　7、16—减压阀　8、11、15—电磁阀　10—松刀缸　12—变速液压缸　13、14—单向节流阀　LS1、LS2、LS3、LS4—行程开关

1. 刀链驱动支路

VP1050型加工中心配备24刀位的链式刀库，为节省换刀时间，选刀采用就近原则。在换刀时，由双向液压马达4拖动刀链使所选刀位移动到机械手抓刀位置。双向液压马达4的转向控制由双电控三位四通电磁阀8完成，具体转向由数控系统进行运算后，发信给PLC控制电磁8，用1YA、2YA不同得电方式进行对双向液压马达4的不同转向控制。刀链不需要驱动时，1YA、2YA失电，处于中位停止状态，双向液压马达4停止。刀链到位信号由行

程开关发出。

2. 主轴箱配重支路

VP1050型加工中心 Z 轴进给是由主轴箱做上下移动实现的，为消除主轴箱自重对 Z 轴伺服电动机驱动 Z 向移动的精度和控制的影响，机床采用两个液压缸进行配重。当主轴箱向上移动时，高压油通过单向阀9和直动型减压阀7向配重液压缸5下腔供油，产生向上的配重力；当主轴箱向下移动时，配重液压缸5下腔高压油通过减压阀7进行适当减压。压力开关YK2用于检测配重支路的工作状态。

3. 松刀缸支路

VP1050型加工中心采用BT40型刀柄使刀具与主轴连接。为了能够可靠夹紧与快速更换刀具，采用碟簧拉紧机构使刀柄与主轴连接为一体，采用液压缸使刀柄与主轴脱开。机床在不换刀时，3YA失电，控制高压油进入松刀缸10下腔，松刀缸10的活塞始终处于上位状态，行程开关LS2检测松刀缸上位信号；当主轴需要换刀时，通过手动或自动操作使3YA得电换位，松刀缸10上腔通入高压油，活塞下移，松开刀柄拉钉，刀柄脱离主轴，松刀缸10运动到位后行程开关LS1发出到位信号并提供给PLC使用，协调刀库、机械手等其他机构完成换刀操作。

4. 高低速转换支路

主轴传动链中通过一级双联滑移齿轮进行高低速转换。在由高速向低速转换时，主轴电动机接收到数控系统的调速信号后，降低电动机的转速到额定值，然后进行齿轮滑移，完成高低速转换。在液压系统中该支路采用双电控三位四通电磁阀15控制液压油的流向，变速液压缸12通过推动拨叉控制主轴变速箱的交换齿轮的位置，来实现主轴高低速自动转换。高速、低速齿轮位置信号分别由行程开关LS3、LS4向PLC发送。

当机床停机或控制系统出现故障时，液压系统通过双电控三位四通电磁阀15使变速齿轮处于原工作位置，避免高速运转的主轴传动系统产生硬件冲击损坏。单向节流阀13、14用以控制液压缸的速度，避免齿轮换位时的冲击振动。减压阀16用于调节变速液压缸12的工作压力。

任务实施

一、点检数控机床的液压系统

1）各液压阀、液压缸及管接头处是否有外漏。
2）液压泵或液压马达运转时是否有异常噪声等现象。
3）液压缸移动时工作是否正常平稳。
4）液压系统的各测压点压力是否在规定的范围内，压力是否稳定。
5）油液的温度是否在允许的范围内。
6）液压系统工作时有无高频振动。
7）电气控制或撞块（凸轮）控制的电磁阀工作是否灵敏可靠。
8）油箱内油量是否在油标尺范围内。
9）行程开关或限位挡块的位置是否有变动。

二、维护数控机床的液压系统

数控机床上液压系统的主要驱动对象有液压卡盘、静压导轨、拨叉变速液压缸、主轴箱的液压平衡、液压驱动机械手和主轴上的松刀液压缸等。

1. 液压系统的维护要点

1）保持油液清洁。

2）控制液压系统中油液的温升，油温变化范围大，其影响如下。

① 影响液压泵的吸油能力及容积效率。

② 系统工作不正常，压力、速度不稳定，动作不可靠。

③ 液压元件内外泄漏增加。

④ 加速油液的氧化变质。

3）控制液压系统泄漏极为重要。要控制泄漏，首先是提高液压元件的加工精度和元件的装配质量以及管道系统的安装质量；其次是提高密封件的质量，注意密封件的安装使用与定期更换；最后是加强日常维护。

4）防止液压系统振动与产生噪声。

5）严格执行日常点检制度。

6）严格执行定期紧固、清洗、过滤和更换制度。

2. 液压系统的维护

（1）液压站的维护　液压站结构如图 5-4 所示。

1）及时清洁液压泵。

2）检查压力调节装置是否锁紧。

3）检查液压表指示是否正常。

4）每季度检查液压站油量，不足时需及时加油，每年更换液压油一次。

（2）液压油冷却装置的维护　液压油冷却装置结构如图 5-5 所示。

1）及时清洁液压油冷却装置。

2）勿调节连接处螺钉。

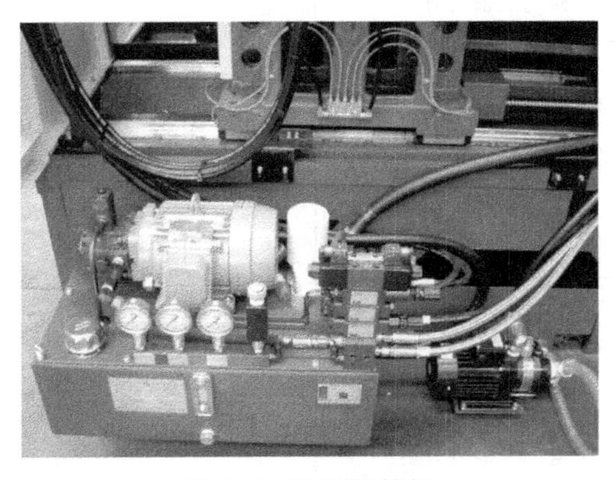

图 5-4　液压站结构

图 5-5　液压油冷却装置结构

（3）液压油箱的维护　液压油箱结构如图 5-6 所示。

1）油箱盖应及时清洁。

2）加油时勿拿下滤网。

3）液压油加满后将盖子盖好。

（4）油水分离器的维护　油水分离器结构如图 5-7 所示，禁止使用经油水分离器分离出的油品。

图 5-6　液压油箱结构

图 5-7　油水分离器结构

考核评价（表 5-1）

表 5-1　任务完成评价表

姓名		班级		任务	任务一　数控机床液压系统结构与维护		
项目	序号	技术要求	配分	评分标准	检查记录		得分
					互查	教师复查	
基础知识（40 分）	1	液压系统的工作原理及组成	10	根据掌握情况评分			
	2	数控机床液压系统的构成及回路	15	根据掌握情况评分			
	3	数控机床液压系统的维护要点	15	根据掌握情况评分			
技能训练（30 分）	1	点检数控机床的液压系统	10	根据完成情况评分			
	2	维护数控机床液压系统	10	根据完成情况评分			
	3	操作流程正确、动作规范、时间合理	5	不规范每处扣 0.5 分 超时扣 2 分			
	4	安全文明生产	5	违反安全操作规程全扣			
综合能力（20 分）	1	自主学习、分析并解决问题、有创新意识	7	根据个人表现评分			
	2	团队合作、协调沟通、语言表达、竞争意识	7	根据个人表现评分			
	3	作业完成	6	根据完成情况和完成质量评分			
其他（10 分）		出勤方面、纪律方面、回答问题、知识掌握	10	根据个人表现评分			
合计							
综合评价							

课后测评

一、填空题

1. 现代数控机床在实现整机的全自动化控制中，除数控系统外，还需要配备______和

______系统来辅助实现整机的自动运行。

2. VP1050 型加工中心实现链式刀库的刀链驱动、上下移动的主轴箱的配重、刀具的安装和主轴高低速的转换等辅助动作由________完成。

3. 数控车床回转刀盘分系统有两个执行元件，刀盘的松开与夹紧由________执行，而________则驱动刀盘回转。

4. 要控制泄漏，首先是提高液压元件的________和元件的________以及管道系统的________。

5. VP1050 型加工中心的高低速转换支路中，________用以控制液压缸的速度、避免齿轮换位时的冲击振动。

6. ________是液压系统中的动力部分，能将电动机输出的机械能转换为油液的压力能。

二、选择题

1.（　　）液压系统主要承担卡盘、回转刀架与刀盘及尾座套筒的驱动与控制。

A. 数控车床　　B. 数控铣床　　C. 加工中心

2. 数控车床的（　　）能实现卡盘的夹紧与放松及两种夹紧力（高与低）之间的转换。

A. 电气系统　　B. 气动系统　　C. 液压系统

3. 液压系统中所有电磁铁的通、断均由数控系统用（　　）来控制。

A. ATC　　B. APC　　C. PLC

4. 数控车床卡盘分系统的执行元件是（　　）。

A. 液压缸　　B. 电动机　　C. 液压泵

5. 卧式加工中心液压系统中液压泵采用双级压力控制变量（　　），低压调至 4MPa，高压调至 7MPa。

A. 柱塞泵　　B. 叶片泵　　C. 压力阀

6. 柱塞泵中的柱塞往复运动一次，完成一次（　　）。

A. 进油和压油　　B. 进油　　C. 压油　　D. 排油

7. 液压系统主要由动力元件、执行元件、（　　）、辅助元件和传动介质组成。

A. 换向　　B. 控制与调节元件　　C. 调压

8. 液压泵是液压系统中的动力部分，能将电动机输出的机械能转换为油液的（　　）。

A. 压力　　B. 流量　　C. 速度

9. 液压系统中压力的大小取决于（　　）。

A. 外力　　B. 调压阀　　C. 液压泵

10. MJ-50 型数控车床中，尾座套筒的伸出与退回由一个（　　）控制。

A. 两位两通电磁阀　　B. 两位三通电磁阀　　C. 三位四通电磁阀

11. 液压油的（　　）是选用的主要依据。

A. 黏度　　B. 润滑性　　C. 黏湿特性　　D. 化学积淀性

12. 液压系统中，油箱的主要作用是储存液压系统所需的足够油液，并且（　　）。

A. 补充系统泄漏，保持系统压力

B. 过滤油液中杂质，保持油液清洁

C. 散发油液中热量，分离油液中气体及沉淀污物

D. 维持油液正常工作温度，防止各种原因造成的油温过高或过低

三、判断题

1. 一个简单而完整的液压系统由动力元件、执行元件、控制元件和辅助元件四部分组成。（　）

2. 液压系统过载时比较安全，不易发生过载损坏机件等事故。（　）

3. 数控车床回转刀盘的正反转及刀盘的松开与夹紧由气动系统完成。（　）

4. 尾座套筒通过液压缸实现伸出与缩回。（　）

5. 压力阀的作用是当液压缸压力不足时，立即使主轴停转，以免卡盘松动、将旋转工件甩出，危及操作者的安全以及造成其他损失。（　）

6. 加工中心采用液压缸拉紧机构使刀柄与主轴连接为一体，采用碟簧使刀柄与主轴脱开。（　）

7. 液压系统的故障有100%是由于油液污染引发的，油液污染还加速液压元件的磨损。（　）

8. 造成卡盘无松夹动作的原因可能是电气故障或 液压部分故障。（　）

9. 造成液压卡盘失效故障的原因一般是液压系统故障。（　）

10. 尾座顶不紧的原因可能是密封圈损坏或液压系统压力不足。（　）

11. 液压缸的功能是将液压能转换为机械能。（　）

12. 保证数控机床各运动部件间的良好润滑就能提高机床寿命。（　）

13. 液压系统的输出功率就是液压缸等执行元件的工作功率。（　）

14. 液压系统的效率是由液阻和泄漏来确定的。（　）

15. MJ-50型数控车床中，当6YA通电时，套筒退回。（　）

16. 数控机床为了避免运动部件运动时出现爬行现象，可以通过减少运动部件的摩擦来实现。（　）

17. VP1050型主轴传动链中，通过一级双联滑移齿轮进行高低速转换。（　）

18. 数控机床液压系统工作压力低、运动部件爬行的原因是液压油泄露。（　）

任务二　数控机床气动系统结构与维护

知识目标：

1. 掌握数控机床气动系统的工作原理及组成。
2. 了解数控机床气动系统的构成及回路。
3. 掌握数控机床气动系统的维护要点。

能力目标：

1. 点检数控机床的气动系统。
2. 能对数控机床气动系统进行维护。

任务描述

在教师的带领下让学生们到工厂中参观数控机床气动系统的装调，让工厂中的技术工人介绍数控机床气动系统的组成，并找到图样上所标气动元件在数控机床上的位置，使学生们对于数控机床的气压传动有一个感性认识。

知识储备

一、气动系统的工作原理及组成

1. 气动系统的工作原理

下面以气动剪切机为例，介绍气压传动的工作原理。图 5-8 所示为气动剪切机的工作原理，图示位置为气动剪切机剪切前的情况。空气压缩机 1 产生的压缩空气经空气冷却器 2、分水排水器 3、储气罐 4、空气过滤器 5、减压阀 6、油雾器 7 到达换向阀 9，部分气体经节流通路 a 进入换向阀 9 的下腔，使上腔弹簧压缩，换向阀阀芯位于上端；大部分压缩空气经换向阀 9 后由 b 路进入气缸 10 的上腔，而气缸下腔经 c 路、换向阀 9 与大气相通，故气缸活塞处于最下端位置。当上料位置把工料 11 送入气动剪切机并到达规定位置时，工料 11 压下行程阀 8，此时换向阀 9 阀芯下腔压缩空气经 d 路、行程阀 8 排入大气，在弹簧的推动下，换向阀 9 阀芯向下运动至下端；压缩空气则经换向阀 9 后由 c 路进入气缸下腔，上腔经 b 路、换向阀 9 与大气相通，气缸活塞向上运动，剪刃随之上行剪断工料 11。工料 11 剪下后，即与行程阀 8 脱开，行程阀 8 阀芯在弹簧作用下复位，d 路堵死，换向阀 9 阀芯上移，气缸活塞向下运动，又恢复到剪切前的状态。

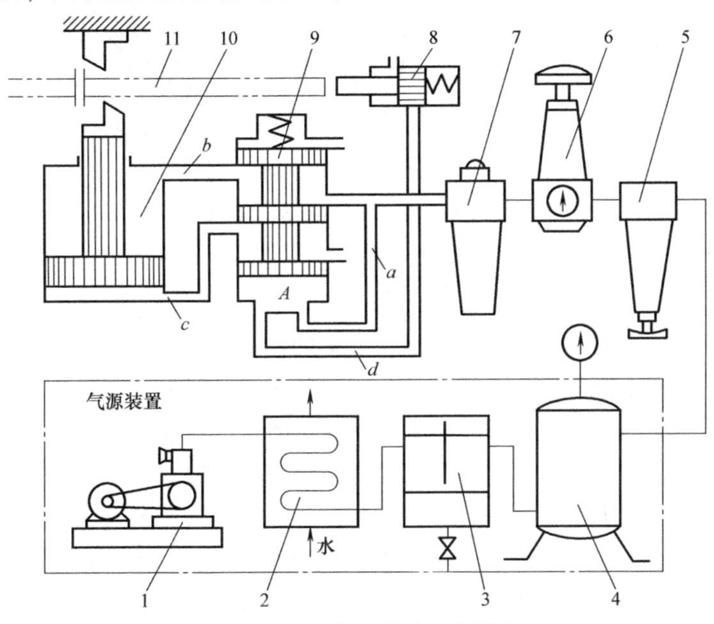

图 5-8 气动剪切机的工作原理

1—空气压缩机 2—空气冷却器 3—分水排水器 4—储气罐 5—空气过滤器 6—减压阀
7—油雾器 8—行程阀 9—换向阀 10—气缸 11—工料

2. 气动系统的组成

(1) 气源装置　气源装置即空气压缩机，是系统中的动力元件，它将电动机的机械能转变成气体的压力能，为各类气动设备提供动力。

(2) 执行元件　执行元件是系统的能量输出装置，它将空气压缩机提供的气体的压力能转变成机械能，输出力（转矩）和速度（转速），用以驱动工作部件，如气缸和气马达。

(3) 控制元件　控制元件是控制调节压缩空气的压力、流量、方向的元件，用来保证执行元件具有一定输出力（转矩）和速度（转速），如压力阀、流量阀、方向阀等。

(4) 辅助元件　系统中除上述三类元件外，其余的元件称为辅助元件，如过滤器、油雾器、储气罐、消声器等。它们对保证系统可靠、稳定的工作起重要作用。

(5) 传动介质　传动介质指系统中传递能量的流体，如压缩空气。

二、数控机床气动系统的构成及回路

1. 数控车床用真空卡盘

真空卡盘的结构简图如图 5-9 所示，下面简单介绍其工作原理。

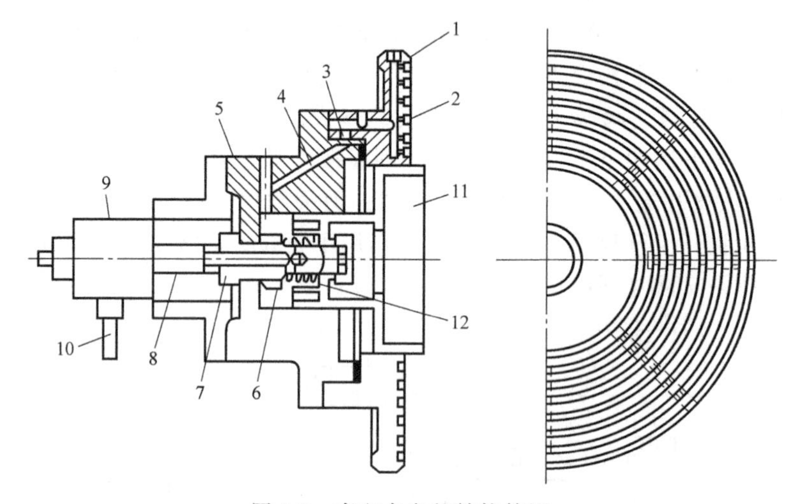

图 5-9　真空卡盘的结构简图

1—卡盘本体　2—沟槽　3—小孔　4—孔道　5—转接件　6—腔室　7—孔　8—连接管　9—转阀　10—软管　11—活塞　12—弹簧

在卡盘的前面装有吸盘，盘内形成真空，而薄的被加工工件就靠大气压力被压在吸盘上达到夹紧的目的。一般在卡盘本体 1 上开有数条圆形的沟槽 2，这些沟槽就是吸盘。这些吸盘是通过转接件 5 的孔道 4 与小孔 3 相通，然后与卡盘本体 1 内气缸的腔室 6 相连接。另外，腔室 6 通过气缸活塞杆后部的孔 7 通向连接管 8，然后与装在主轴后面的转阀 9 相通。通过软管 10 同真空泵系统相连接，按上述的气路造成卡盘本体沟槽内的真空来吸着工件。反之，要取下被加工的工件时，则向沟槽内通以空气。气缸腔室 6 内有时真空、有时充气，所以活塞 11 有时缩进、有时伸出。此活塞前端的凹窝在卡紧时起到吸着的作用，即工件被安装之前缸内腔室与大气相通，所以在弹簧 12 的作用下活塞伸出卡盘的外面。当工件被夹紧时缸内造成真空，则活塞头缩进。一般真空卡盘的吸引力与吸盘的有效面积和吸盘内的真空度成正比。在自动化应用时，有时要求夹紧速度要快，而夹紧速度则由真空卡盘的排气量来决定。

如图 5-10 所示，真空卡盘的夹紧与松夹是由电磁阀 1 的换向运动来进行的，即打开包括真空罐 3 在内的回路以造成吸盘内的真空，实现夹紧动作。松夹时，在关闭真空回路的同时，通过电磁阀 4 迅速地打开空气源回路，以实现真空下瞬间松夹的动作。电磁阀 5 用以开闭压力继电器 6 的回路。在夹紧的情况下此回路打开，当吸盘内真空度达到压力继电器的规定压力时，给出夹紧完成的信号。在松夹的情况下，回路已换成空气源的压力，为了不损坏检测真空的压力继电器，将此回路关闭。如上所述，夹紧与松夹时，通过上述的三个电磁阀自动地进行操作，而夹紧力的调节由真空调节阀 2 来执行，根据被加工工件的尺寸、形状可选择最合适的夹紧力。

2. 加工中心气动系统的构成及回路

加工中心气动系统的设计及布置与加工中心的类型、结构、要求完成的功能等有关，结合气压传动的特点，一般在要求力或力矩不太大的情况下采用气压传动。

H400 型卧式加工中心作为一种中小功率、中等精度的加工中心，为降低制造成本，提高安全性，减少污染，结合气压、液压传动的特点，该加工中心的辅助动作采用以气压驱动装置为主来完成。

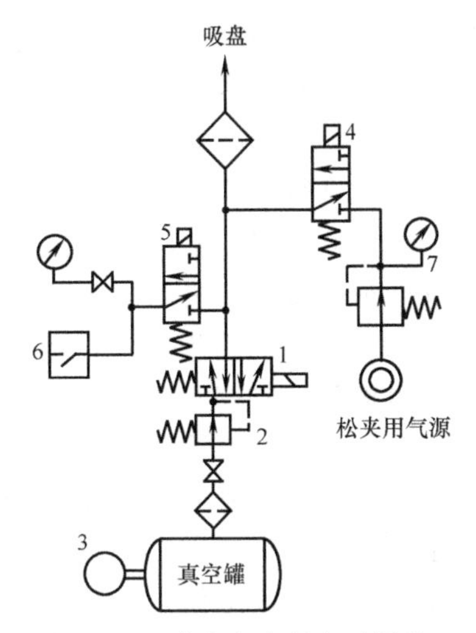

图 5-10　真空卡盘的气动回路

1、4、5—电磁阀　2—真空调节阀　3—真空罐　6—压力继电器　7—压力表

图 5-11 所示为 H400 型卧式加工中心气动系统原理图。

H400 型卧式加工中心气动系统要求提供额定压力为 0.7MPa 的压缩空气，压缩空气通过 ϕ8mm 的管道连接到气动系统调压、过滤、油雾气源处理装置 ST 后，得以干燥、洁净并加入适当润滑用油雾，然后提供给后面的执行机构使用，保证整个气动系统的稳定安全运行，避免或减少执行部件、控制部件的磨损而延长使用寿命。YK1 为压力开关，该元件在气动系统达到额定压力时发出电参量开关信号，通知机床气动系统正常工作。在该系统中为了减小载荷的变化对系统工作稳定性的影响，在气动系统设计时均采用单向出口节流的方法调节气缸的运行速度。

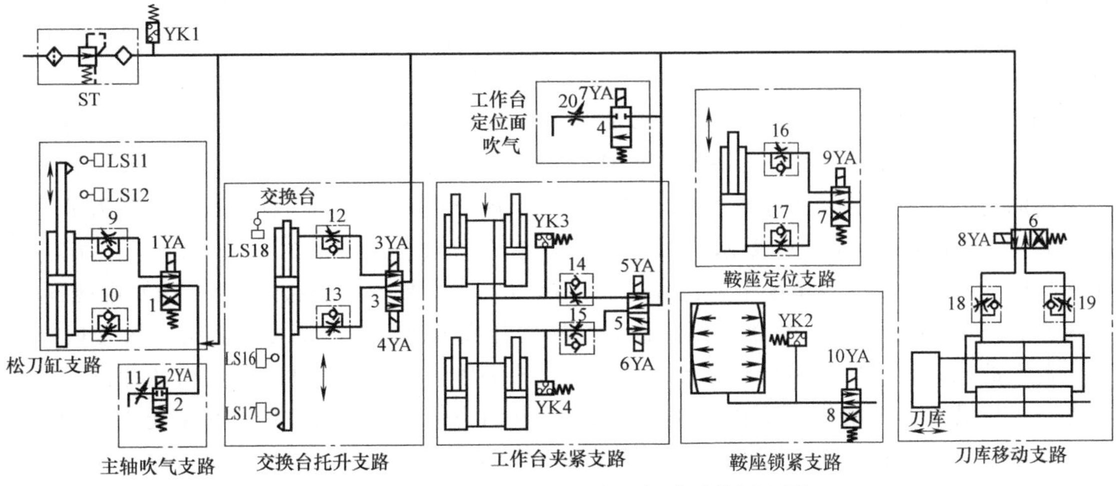

图 5-11　H400 型卧式加工中心气动系统原理图

1～8—电磁阀　9、10、12～19—单向节流阀　11、20—节流阀

(1) 松刀缸支路　松刀缸是完成刀具的拉紧和松开的执行机构。为保证机床切削加工过程的稳定、安全、可靠，刀具拉紧拉力应大于12000N，抓刀、松刀动作时间在2s以内。换刀时通过气动系统对刀柄与主轴间的7∶24定位锥孔进行清理，使用高速气流清除结合面上的杂物。为达到这些要求，并且尽可能地使其结构紧凑，减轻重量，结构上要求工作缸直径不能大于150mm，所以采用复合双作用气缸（额定压力0.5MPa）可达到设计要求。

在无换刀操作指令的状态下，松刀缸在电磁阀1（图5-11）的控制下始终处于上位状态，并由行程开关LS11检测该位置信号，以保证松刀缸活塞杆与拉刀杆脱离，避免主轴旋转时活塞杆与拉刀杆摩擦损坏。主轴对刀具的拉力由碟形弹簧受压产生的弹力提供。当进行自动或手动换刀时，二位四通电磁阀1线圈1YA得电，松刀缸上腔通入高压气体，活塞向下移动，活塞杆压住拉刀杆克服弹簧弹力向下移动，直到拉刀爪松开刀柄上的拉钉，刀柄与主轴脱离。行程开关LS12检测到位信号，通过变送扩展板传送到数控系统的PMC，作为对换刀机构进行协调控制的状态信号。9、10是调节气缸压力和松刀速度的单向节流阀，用于避免气流的冲击和振动的产生。电磁阀2是用来控制主轴和刀柄之间的定位锥面在换刀时的吹气清理气流的开关，主轴锥孔吹气的气体流量大小用节流阀11调节。

(2) 交换台托升支路　交换台是实现双工作台交换的关键部件，由于H400型加工中心交换台提升载荷较大（达12000N），工作过程中冲击较大，设计上升、下降动作时间为3s，且交换台位置空间较大，故采用大直径气缸（ϕ350mm）、内径6mm的气管，可满足设计载荷和交换时间的要求。机床无工作台交换时，在二位双电控电磁阀3的控制下交换台托升缸处于下位，行程开关LS17有信号，工作台与托叉分离，工作台可以进行自由运动。当进行自动或手动的双工作台交换时，数控系统通过PMC发出信号，使二位双电控电磁阀3的3YA得电。托升缸下腔通入高压气，活塞带动托叉连同工作台一起上升，当达到上下运动行程的上终点位置时，由行程开关LS16检测其位置信号，并通过变送扩展板传送到数控系统的PMC，控制交换台回转180°运动开始动作。行程开关LS18检测到回转到位的信号，并通过变送扩展板传送到数控系统的PMC，控制电磁阀3的4YA得电。托升缸上腔通入高压气体，活塞带动托叉连同工作台在重力和托升缸的共同作用下一起下降。当达到上下运动行程的下终点位置时，由行程开关LS17检测其位置信号，并通过变送扩展板传送到数控系统的PMC，双工作台交换过程结束，机床可以进行下一步的操作。在该支路中采用单向节流阀12、13调节交换台上升和下降的速度，避免较大载荷冲击及对机械部件的损伤。

(3) 工作台夹紧支路　由于H400型加工中心要进行双工作台的交换，为了节约交换时间，保证交换的可靠性，所以工作台与鞍座之间必须具有能够快速、可靠的定位、夹紧及迅速脱离的功能。可交换的工作台固定于鞍座上，由四个带定位锥的气缸夹紧，并且为了达到拉力大于12000N的可靠工作要求，以及受位置结构的限制，该气缸采用了弹簧增力结构，在气缸内径仅为63mm的情况下就达到了设计拉力要求。数控系统通过PMC控制电磁阀5，使线圈5YA或6YA得电，分别控制气缸活塞的上升或下降，通过钢珠拉套机构放松或拉紧工作台上的拉钉，完成鞍座与工作台之间的放松或夹紧。为了避免活塞运动时的冲击力，在该支路采用具有得电动作、失电不动作、双线圈同时得电不动作特点的二位双电控电磁阀5进行控制，可避免在动作进行过程中突然断电造成的机械部件冲击损伤，并采用单向节流阀14、15来调节夹紧的速度，避免较大的冲击载荷。该位置由于受结构限制，用行程开关检测放松与拉紧信号较为困难，故采用可调工作点的压力继电器YK3、YK4检测压力信号，并以此信号作为气缸到位信号。

（4）鞍座定位与锁紧支路　H400型卧式加工中心工作台具有回转分度功能。与工作台连接为一体的鞍座采用蜗轮-蜗杆机构，鞍座与床鞍之间具有相对回转运动，并分别采用插销和可以变形的薄壁气缸实现床鞍和鞍座之间的定位与锁紧。当数控系统发出鞍座回转指令并做好相应的准备后，二位单电控电磁阀7的9YA失电，插销缸活塞向下带动定位销从定位孔中拔出，到达下运动极限位置后，由行程开关检测到位信号，通知数控系统可以进行鞍座与床鞍的放松，此时二位单电控电磁阀8的10YA失电动作，锁紧薄壁缸中高压气体放出，锁紧活塞弹性变形恢复，使鞍座与床鞍分离。该位置由于受结构限制，检测放松与锁紧信号较困难，故采用可调工作点的压力继电器YK2检测压力信号，并以此信号作为位置检测信号。该信号送入数控系统，控制鞍座进行回转动作，鞍座在电动机、同步带、蜗杆-蜗轮机构的带动下进行回转运动，当达到预定位置时，由行程开关发出到位信号，停止转动，完成回转运动的初次定位；电磁阀7的9YA得电，插销缸下腔通入高压气体，活塞带动插销向上运动，插入定位孔，进行回转运动的精确定位。定位销到位后，行程开关发出信号通知锁紧缸锁紧，电磁阀8的10YA得电，锁紧缸充入高压气体，锁紧活塞变形，YK2检测到压力达到预定值后，即鞍座与床鞍夹紧完成。至此，整个鞍座回转动作完成。另外，在该定位支路中，单向节流阀16、17用于为避免插销冲击损坏而调节上升、下降速度。

（5）刀库移动支路　H400型加工中心采用盘式刀库，具有10个刀位。在加工中心进行自动换刀时，由气缸驱动刀盘前后移动，与主轴的上下左右方向的运动进行配合来实现刀具的装卸，并要求保证运行过程中稳定、无冲击。如图5-11所示，在换刀时，当主轴到达相应位置后，通过对电磁阀6的8YA得电和失电使刀盘前后移动，到达两端的极限位置，并由行程开关感应到位信号，与主轴运动、刀盘回转运动配合完成换刀动作。其中8YA断电时，刀库部件处于远离主轴的原位。单向节流阀18、19用于避免冲击。

该气动系统中，在交换台托升支路和工作台夹紧支路采用二位双电控电磁阀（3、5），以避免在动作进行过程中突然断电造成机械部件的冲击损伤，并且系统中所有的控制阀完全采用板式集装阀连接。这种安装方式结构紧凑，易于控制、维护，故障点检测方便。为避免气流放出时所产生的噪声，在各支路的放气口加装了消声器。

任务实施

一、点检数控机床的气动系统

点检数控机床的气动系统主要是对冷凝水和润滑油的管理。冷凝水的排放，一般应当在气动系统运行之前进行。但是当夜间温度低于0℃时，为防止冷凝水冻结，气动系统运行结束后，就应开启放水阀门将冷凝水排出。补充润滑油时，要检查油雾器中油的质量和滴油量是否符合要求。此外，点检还应包括检查供气压力是否正常、有无漏气现象等。

二、维护数控机床的气动系统

1）保证供给洁净的压缩空气。

2）保证空气中含有适量的润滑油。

3）保持气动系统的密封性。

4）保证气动元件中运动部件的灵敏性。

5）保证气动系统具有合适的工作压力和运动速度。

考核评价（表 5-2）

表 5-2　任务完成评价表

<table>
<tr><td>姓名</td><td></td><td>班级</td><td></td><td>任务</td><td colspan="4">任务二　数控机床气动系统结构与维护</td></tr>
<tr><td rowspan="2">项目</td><td rowspan="2">序号</td><td rowspan="2">内容</td><td rowspan="2">配分</td><td rowspan="2">评分标准</td><td colspan="2">检查记录</td><td rowspan="2">得分</td></tr>
<tr><td>互查</td><td>教师复查</td></tr>
<tr><td rowspan="3">基础知识（40 分）</td><td>1</td><td>气动系统的工作原理及组成</td><td>10</td><td>根据掌握情况评分</td><td rowspan="3"></td><td rowspan="3"></td><td rowspan="3"></td></tr>
<tr><td>2</td><td>数控机床气动系统的构成及回路</td><td>15</td><td>根据掌握情况评分</td></tr>
<tr><td>3</td><td>数控机床气动系统的维护要点</td><td>15</td><td>根据掌握情况评分</td></tr>
<tr><td rowspan="4">技能训练（30 分）</td><td>1</td><td>点检数控机床的气动系统</td><td>10</td><td>根据完成情况评分</td><td rowspan="4"></td><td rowspan="4"></td><td rowspan="4"></td></tr>
<tr><td>2</td><td>对数控机床气动系统进行维护</td><td>10</td><td>根据完成情况评分</td></tr>
<tr><td>3</td><td>操作流程正确、动作规范、时间合理</td><td>5</td><td>不规范每处扣 0.5 分
超时扣 2 分</td></tr>
<tr><td>4</td><td>安全文明生产</td><td>5</td><td>违反安全操作规程全扣</td></tr>
<tr><td rowspan="3">综合能力（20 分）</td><td>1</td><td>自主学习、分析并解决问题、有创新意识</td><td>7</td><td>根据个人表现评分</td><td rowspan="3"></td><td rowspan="3"></td><td rowspan="3"></td></tr>
<tr><td>2</td><td>团队合作、协调沟通、语言表达、竞争意识</td><td>7</td><td>根据个人表现评分</td></tr>
<tr><td>3</td><td>作业完成</td><td>6</td><td>根据完成情况和完成质量评分</td></tr>
<tr><td>其他（10 分）</td><td></td><td>出勤方面、纪律方面、回答问题、知识掌握</td><td>10</td><td>根据个人表现评分</td><td></td><td></td><td></td></tr>
<tr><td>合计</td><td colspan="7"></td></tr>
<tr><td>综合评价</td><td colspan="7"></td></tr>
</table>

课后测评

一、填空题

1. 维护数控机床的气动系统，保证气动系统具有合适的________和________。

2. 车削加工薄的工件时，其夹具一般为________。

3. 冷凝水的排放，一般应当在气动系统运行________进行。

二、选择题

1. 下列不属于气动系统控制元件的是（　　）。

A. 压力阀　　B. 流量阀　　C. 气缸　　D. 方向阀

2. H400 型卧式加工中心换刀时，通过（　　）对刀柄与主轴间的定位锥孔进行清理。

A. 液压系统　　　　　B. 气动系统

3. H400 型卧式加工中心的工作台托升支路中，（　　）调节交换台上升和下降的速度，避免较大的载荷冲击及对机械部件的损伤。

A. 单向节流阀 18、19　　B. 单向节流阀 12、13　　C. 节流阀 20

三、判断题

1. 一般在要求力或力矩不太大的情况下采用气压传动。（　　）

2. 真空卡盘夹紧力的调节是由真空调节阀来执行的。（　　）

3. 气动系统中，空气压缩机是系统中的动力元件。（　　）

项目六

数控机床辅助装置结构与维护

数控机床辅助装置是指数控机床一些必要的配套部件，用以保证数控机床正常运行，如夹持工件、排屑等，是数控机床上不可缺少的装置。

任务一　工作台结构与维护

知识目标：

1. 掌握定位销式分度工作台的结构与工作原理。
2. 掌握鼠牙盘式分度工作台的结构与工作原理。
3. 掌握数控回转工作台的结构与工作原理。

能力目标：

能对数控机床的工作台进行调整与维护。

任务描述

工作台是数控铣床/加工中心的基础部件。请同学们检查数控铣床工作台的工作间隙、润滑状态，视情况对工作间隙进行调整，并按要求对工作台进行维护。

知识储备

一、定位销式分度工作台的结构与工作原理

为了提高数控机床的生产率，扩大其工艺范围，对于数控机床的进给运动除了沿 X、Y、Z 三个坐标轴方向的直线进给运动之外，常常还需要有绕 X、Y、Z 轴的圆周进给运动。通常数控机床的圆周进给运动可以实现精确自动分度以改变工件相对于主轴的位置，以便分别加工各个表面，对于自动换刀的多工序数控机床，分度工作台和回转工作台已成为不可缺少的部件。

1. 分度工作台的功能

分度工作台只能完成分度运动而不能实现圆周进给，通常分度工作台的分度运动只限于某些规定的角度（如90°、60°或45°等）。机床上的分度传动机构本身很难保证工作台分度

的高精度要求，因此常需要定位机构和分度传动机构结合，并由夹紧装置保证机床工作时的安全可靠性。

2. 定位销式分度工作台

图 6-1 所示为自动换刀数控卧式镗铣床的定位销式分度工作台，分度工作台位于长方形工作台的中间，在不单独使用分度工作台时，两个工作台可以作为一个整体工作台来使用。这种工作台的定位分度主要靠定位销和定位孔来实现。定位销之间的分布角度为 45°，因此工作台只能做二、四、八等分的分度运动。这种分度方式的分度精度主要由定位销和定位孔的尺寸精度及位置精度决定，最高可达±5″。定位销和定位孔衬套的制造精度和装配精度都要求很高，且均需具有很高的硬度，以提高耐磨性，保证足够的使用寿命。

图 6-1　自动换刀数控卧式镗铣床的定位销式分度工作台

定位销式分度工作台的结构如图 6-2 所示，分度工作台 1 的底部均匀分布着 8 个削边圆柱定位销，在底座 19 上有一个定位孔衬套 6 及供定位销移动的环形槽。其中只能有一个圆柱定位销 7 进入定位孔衬套 6 中，其他 7 个定位销在环形槽中。圆柱定位销之间的分布角度为 45°，故只能实现 45°等分的分度运动。

定位销式分度工作台做分度运动时，其工作过程分为三个步骤。

（1）松开锁紧机构并拔出定位销　分度时机床的数控系统发出指令，由电磁阀控制底座 19 上的六个均匀分布的锁紧液压缸 8 中的液压油经环形油槽流回油箱，锁紧液压缸活塞 10 被弹簧 11 顶起，分度工作台 1 处于松开状态。同时消隙液压缸 5 卸荷。油管 16 中的液压油进入中央液压缸 15 中，使活塞 14 上升，并通过螺栓 13、支座 4 把推力轴承 18 向上抬起 15mm，使支座 4 上移，通过锥套 2 使分度工作台 1 抬高 15mm，工作台面上的圆柱定位销 7 从定位孔衬套 6 中拔出，做好分度前的准备工作。

（2）工作台回转分度　工作台抬起后发出信号，数控系统再发出指令使液压马达转动，驱动两对减速齿轮，带动固定在工作台下面的大齿轮 9 转动，进行分度运动。工作台的回转速度由液压马达和液压系统中的单向节流阀调节，分度工作台做快速转动，将要到达规定位置前减速，减速信号由固定在大齿轮 9 上的挡块碰撞限位开关发出。挡块碰撞第一个限位开关时，发出信号使工作台降速，碰撞第二个限位开关时，工作台停止转动。此时，相应的圆柱定位销 7 正好对准定位孔衬套 6。

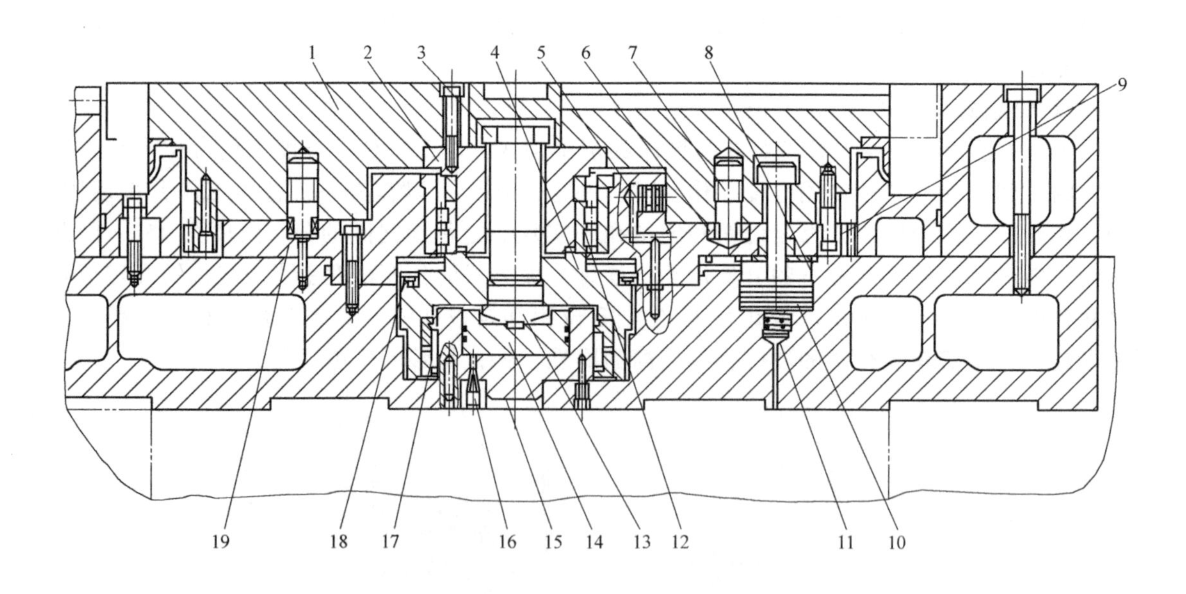

图 6-2 定位销式分度工作台的结构

1—分度工作台 2—锥套 3—六角螺钉 4—支座 5—消隙液压缸 6—定位孔衬套 7—圆柱定位销 8—锁紧液压缸 9—大齿轮 10—锁紧液压缸活塞 11—弹簧 12、17、18—轴承 13—螺栓 14—活塞 15—中央液压缸 16—油管 19—底座

(3) 工作台下降并锁紧 分度完毕后，数控系统发出信号使中央液压缸 15 卸荷，油液经油管 16 流回油箱，分度工作台 1 靠自重下降，相应圆柱定位销 7 插入定位孔衬套 6 中，完成定位工作。定位完毕后消隙液压缸 5 通入液压油，活塞向上顶住分度工作台 1 以消除径向间隙。然后使环形油槽的液压油进入锁紧液压缸 8 的上腔，推动锁紧液压缸活塞 10 下降，通过锁紧液压缸活塞 10 上的 T 形头将工作台锁紧。分度工作全部完成，机床可以进行下一工位的工作。

工作台的回转轴支承是滚针轴承 17 和径向有 1：12 锥度的加长型圆锥孔双列圆柱滚子轴承 12。轴承 17 装在支座 4 内，能随支座做上升或下降移动。当工作台抬起时，支座 4 所受推力的一部分由推力轴承 18 承担，这就有效地减少了分度工作台回转时的摩擦力矩，使转动更加灵活。轴承 12 内环由六角螺钉 3 固定在支座 4 上，并带着滚柱在加长的外环内轴向移动 15mm，当工作台回转时它就是回转中心。

二、鼠牙盘式分度工作台的结构与工作原理

鼠牙盘式分度工作台是数控机床和其他加工设备中应用很广的一种分度装置。它既可以作为机床的标准附件，用 T 形螺钉紧固在机床工作台上使用，也可以和数控机床的工作台设计成一个整体。鼠牙盘分度机构的向心多齿啮合应用了误差平均原理，因而能够获得较高的分度精度和定心精度（分度精度为±0.5″~±3″）。

如图 6-3 所示，鼠牙盘式分度工作台主要由分度工作台、夹紧液压缸、分度液压缸和一对鼠牙盘等零件组成。鼠牙盘是保证分度精度的关键零件，每个鼠牙盘的端面均加工有数目相同的三角形齿（$z=120$ 或 180），两个齿盘啮合时，能自动确定轴向和径向的相对位置。

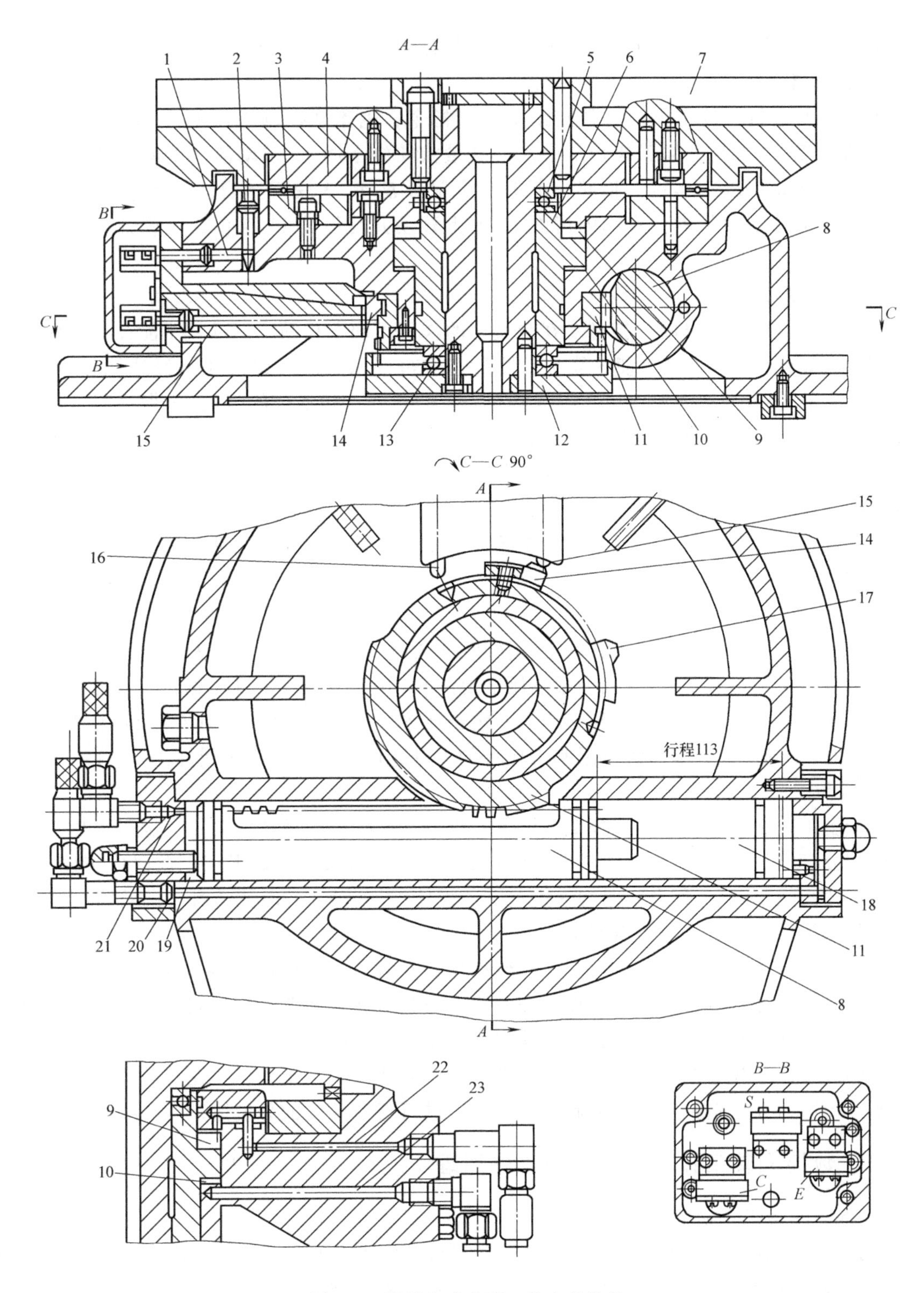

图 6-3　鼠牙盘式分度工作台的结构

1、2、15、16—推杆　3—下鼠牙盘　4—上鼠牙盘　5、13—推力轴承　6—活塞　7—分度工作台　8—齿条活塞　9—夹紧液压缸上腔　10—夹紧液压缸下腔　11—齿轮　12—内齿圈　14、17—挡块　18—分度液压缸右腔　19—分度液压缸左腔　20、21、22、23—油孔

鼠牙盘式分度工作台做分度运动时，其工作过程分为四个步骤。

1. 分度准备

机床需要进行分度工作时，数控系统发出指令，电磁铁控制液压阀（未示出），使液压油经油孔 23 进入到分度工作台 7 中央的夹紧液压缸下腔 10 推动活塞 6 向上移动，经推力轴承 5、13 将分度工作台 7 抬起，上下两个鼠牙盘 4、3 脱离啮合。与此同时，在分度工作台 7 向上移动过程中，带动内齿圈 12 向上移动并与齿轮 11 啮合，完成分度前的准备工作。

2. 分度转动

当分度工作台 7 上升时，推杆 2 在弹簧力的作用下向上移动，使推杆 1 能在弹簧作用下向右移动，离开微动开关 *S*，使 *S* 复位，控制电磁阀（未示出）使液压油经油孔 21 进入分度液压缸左腔 19，推动齿条活塞 8 向右移动，带动与齿条相啮合的齿轮 11 做逆时针方向转动。由于齿轮 11 已经与内齿圈 12 相啮合，分度工作台也会随着转过相应的角度。齿条活塞 8 移动 113mm 时，齿轮转过 90°，因内齿圈 12 与齿轮 11 啮合，故工作台也转过 90°。回转角度的近似值由微动开关和挡块 17 控制。开始回转时，挡块 14 离开推杆 15 使微动开关 *S* 复位，通过电路互锁，保持分度工作台 7 始终处于上升位置。分度运动速度由节流阀控制齿条活塞的运动速度实现。

3. 定位夹紧

当分度工作台 7 转到预定位置附近，挡块 17 压推杆 16 使微动开关 *E* 工作，控制电磁阀开启，使液压油经油孔 22 进入到夹紧液压缸上腔 9，活塞 6 带动分度工作台 7 下降，上鼠牙盘 4 与下鼠牙盘 3 在新的位置重新啮合，并定位压紧。同时内齿圈 12 与齿轮 11 脱开，夹紧液压缸下腔 10 的回油经节流阀可限制工作台的下降速度，保护齿面不受冲击。

4. 复位

当分度工作台 7 下降时，推杆 2 被压下，推杆 1 左移起动微动开关 *S*，通过电磁铁控制液压阀使分度液压缸右腔 18 通过油孔 20 进入液压油，齿条活塞 8 退回。此时内齿圈 12 已与齿轮 11 脱开，分度工作台 7 保持静止状态。齿轮 11 顺时针方向转动时，带动挡块 17、14 回到原处，为下一次分度工作做好准备。

鼠牙盘式分度工作台和其他分度工作台相比，具有重复定位精度高、定位刚性好和结构简单等优点。鼠牙盘接触面大、磨损小和使用寿命长，而且随着使用时间的延续，定位精度还有进一步提高的趋势。因此，目前它除广泛用于数控机床外，还用在各种加工和测量装置中。它的缺点是鼠牙盘的制造精度要求很高，需要某些专用加工设备，尤其是两鼠牙盘的齿面对研工序通常要花费数十小时。此外，它不能进行任意角度的分度运动。

三、数控回转工作台的结构与工作原理

1. 数控回转工作台的功能

数控回转工作台如图 6-4 所示，从外形看它与通用机床的分度工作台没有多大差别，但它是由伺服系统驱动，可以与其他伺服进给轴联动。数控回转工作台的主要作用是根据数控系统发出的指令脉冲信号，完成圆周进给运动，进行圆弧加工和曲面加工，它也可以进行分度运动。数控回转工作台是由传动系统、间隙消除装置及蜗轮夹紧装置等组成。当接收到数控系统的回转指令后，首先要把蜗轮松开，然后起动电液脉冲电动机，按照指令脉冲来确定

工作台回转的方向、速度、角度以及回转过程中速度的变化等参数。当工作台回转完毕后，再把蜗轮夹紧。

数控回转工作台的定位精度完全由数控系统决定。

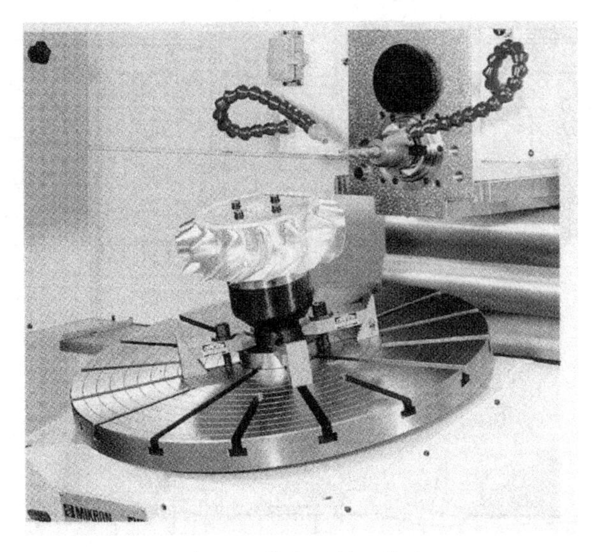

图 6-4　数控回转工作台

2. 数控回转工作台的结构

数控回转工作台由传动系统、间隙消除装置及蜗轮夹紧装置等组成。由电液脉冲电动机1驱动，经齿轮2、4带动蜗轮10，通过蜗杆9使工作台回转，如图6-5所示。

为了尽量消除反向间隙和传动间隙，通过调整偏心环3来消除齿轮2、4啮合侧隙。

齿轮4与蜗杆9是靠楔形拉紧圆柱销5（*A—A*剖视图）来连接。这种连接方式能消除轴与套的配合间隙。蜗杆9是双导程渐厚蜗杆，蜗杆的左右两侧具有不同的螺距，因此蜗杆齿厚从头到尾逐渐增厚。由于同一侧的螺距是相同的，所以仍能保持正确啮合。通过移动蜗杆的轴向位置可消除蜗杆副的传动间隙。

调整时松开螺母7和锁紧螺钉8，使压块6与调整套11松开，同时将楔形拉紧圆柱销5松开，然后转动调整套11带动蜗杆9做轴向移动。蜗杆9有10mm的轴向移动量，蜗杆副的侧隙可调整为0.2mm，调整后锁紧调整套11和楔形拉紧圆柱销5。

蜗杆的左右两端都有双列滚针轴承支承，左端为自由端可以伸缩以消除温度变化的影响，右端装有两个推力轴承作为轴向定位用。

3. 工作原理

（1）工作台松开　工作台需要回转时，数控系统发出指令，使夹紧液压缸14上腔的油液流回油箱。在弹簧16的作用下，钢球17抬起，夹紧瓦12、13就松开蜗轮10。

（2）工作台回转　活塞15运动到上腔发出信号，数控回转工作台接收到数控系统的指令后，起动电液脉冲电动机1，经齿轮2、4带动蜗杆9，通过蜗轮10使工作台回转。当回转工作台做分度运动时，先分度回转，再夹紧蜗轮，以保证定位可靠，并提高承受负载的能力。

（3）工作台夹紧　当工作台静止时必须处于锁紧状态。当工作台不回转时，夹紧液压

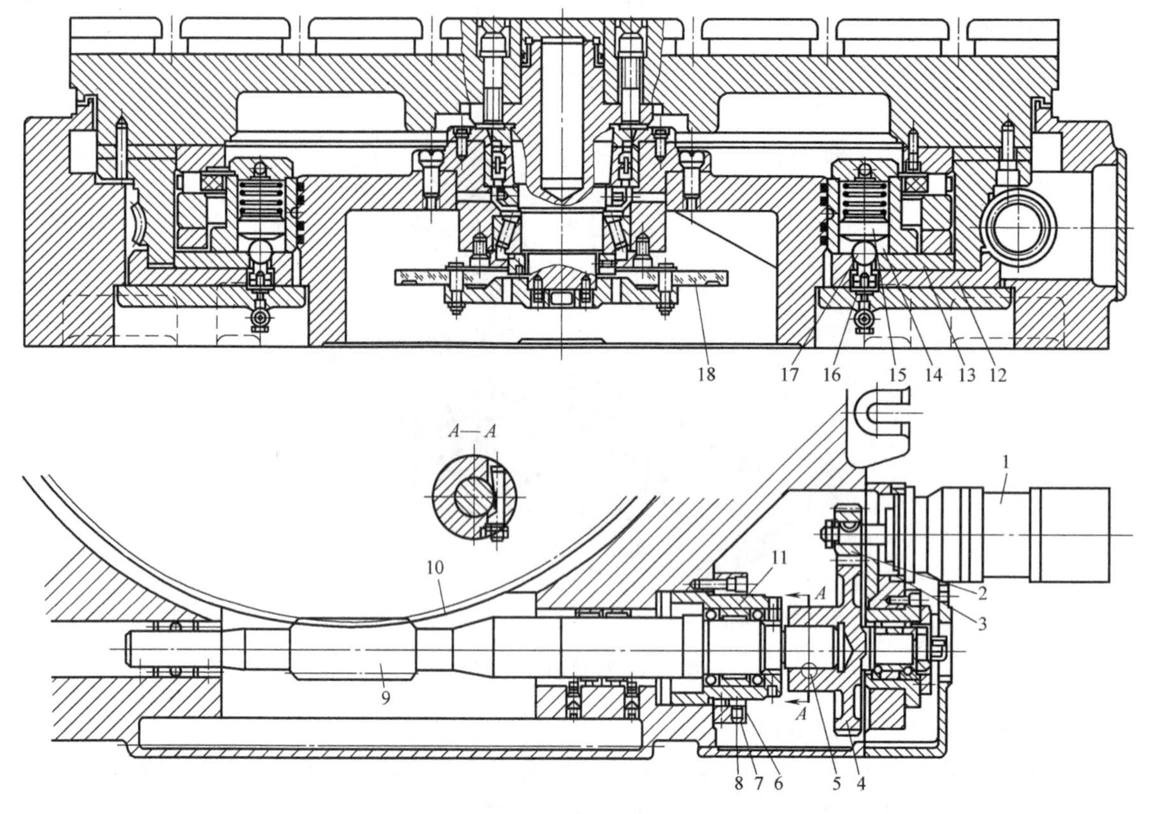

图 6-5　数控回转工作台的结构

1—电液脉冲电动机　2、4—齿轮　3—偏心环　5—楔形拉紧圆柱销　6—压块　7—螺母　8—锁紧螺钉　9—蜗杆　10—蜗轮　11—调整套　12、13—夹紧瓦　14—夹紧液压缸　15—活塞　16—弹簧　17—钢球　18—光栅

缸 14 的上腔通入液压油，使活塞 15 向下运动，通过钢球 17、夹紧瓦 13、12 将蜗轮 10 夹紧。

（4）零点设置　数控回转工作台设有零点，当进行回零操作时，首先由安装在蜗轮上的撞块碰撞限位开关，使工作台减速；再通过感应块和无触点开关，使工作台准确地停在零点位置。

该数控回转工作台可做任意角度的回转和分度，由光栅 18 进行读数控制。光栅 18 在圆周上有 21600 条刻线，通过 6 倍频电路，使刻度分辨能力为 10″，工作台的分度精度可达 ±10″。

任务实施

一、数控铣床工作台维护保养

1）每班及时清理工作台切屑灰尘。

2）每班工作结束，应在工作台表面涂上润滑油。

3）矩形工作台传动部分按丝杠、导轨副等的防护保养方法进行维护。

4）定期调整数控回转工作台的回转间隙。

5）维护好数控回转工作台的液压装置。

6）定期检查油箱是否充足；油液的温度是否在允许的范围内；液压马达运动时是否有异常噪声等现象；限位开关与撞块是否工作可靠、位置是否有变动；夹紧液压缸移动时是否正常；液压阀、液压缸及管接头处是否有外漏；液压转台的转位液压缸是否磨损；工作台抬起液压阀、夹紧液压阀有没有被切屑卡住等；对液压件及油箱等定期清洗和维修，对油液、密封件执行定期更换。

7）定期检查与工作台相连接的部位是否有机械磨损，定期检查工作台支承面回转轴及轴承等机械部分是否磨损。

二、数控回转工作台回转间隙调整

数控回转工作台的回转间隙主要是由蜗轮磨损产生的。当工作台大约工作 5000h 时，就应该检查回转间隙。检查时可用正反转回转法，用百分表测定回转间隙的大小。测量时用百分表测头触及工作台 T 形槽，用扳手正向回转工作台，将百分表清零，再用扳手反向回转工作台，读出百分表的数值，此数值即是工作台的反向回转间隙，当数值超过一定值时，就需要进行调整。

（表 6-1）

表 6-1　任务完成评价表

姓名		班级		任务	任务一　工作台结构与维护		
项目	序号	内容	配分	评分标准	检查记录		得分
					互查	教师复查	
基础知识（30 分）	1	定位销式分度工作台的结构与工作原理	10	根据掌握情况评分			
	2	鼠牙盘式分度工作台的结构与工作原理	10	根据掌握情况评分			
	3	数控回转工作台的结构与工作原理	10	根据掌握情况评分			
技能训练（40 分）	1	检查维护数控机床工作台	30	根据完成情况和完成质量评分			
	2	操作流程正确、动作规范、时间合理	5	不规范每处扣 0.5 分 超时扣 2 分			
	3	安全文明生产	5	违反安全操作规程全扣			
综合能力（20 分）	1	自主学习、分析并解决问题、有创新意识	7	根据个人表现评分			
	2	团队合作、协调沟通、语言表达、竞争意识	7	根据个人表现评分			
	3	作业完成	6	根据完成情况和完成质量评分			
其他（10 分）		出勤方面、纪律方面、回答问题、知识掌握	10	根据个人表现评分			
合计							
综合评价							

一、填空题

1. 定位销式分度工作台的定位分度主要靠________和定位孔来实现。________之间的分布角度为45°，因此工作台只能做________等分的分度运动。

2. 定位销式分度工作台做分度运动时，其工作过程分为________、________、________三个步骤。

3. 鼠牙盘式分度工作台分度运动时，其工作过程分为______、______、______和______四个步骤。

4. 数控回转工作台的功用有两个：一是使工作台进行________运动，二是使工作台进行________运动。

5. 数控回转工作台的定位精度完全由________决定。

6. 数控回转工作台可做任意角度的回转和分度，由________进行读数控制。

二、选择题

1. 分度工作台的夹紧、松开由（　　）系统完成。

A. 气动　　B. 液压　　C. 电动机

2. 鼠牙盘是保证分度精度的关键零件，两个鼠牙盘啮合时，能自动确定周向和（　　）的相对位置。

A. 轴向　　B. 径向

3. 工作台的分度精度可达（　　）。

A. ±2″　　B. ±3″　　C. ±10″

4. 为了尽量消除反向间隙和传动间隙，通过调整（　　）来消除齿轮啮合侧隙。

A. 垫片　　B. 偏心环　　C. 弹簧

三、判断题

1. 分度工作台可实现任意角度的定位。（　　）

2. 分度工作台的夹紧、松开由气动系统完成。（　　）

3. 由于鼠牙盘啮合脱开相当于两鼠牙盘对研过程，因此，随着鼠牙盘使用时间的延续，其定位精度还有不断降低的趋势。（　　）

4. 数控分度工作台可以作为数控回转工作台应用。（　　）

5. 鼠牙盘式分度工作台和其他分度工作台相比，具有重复定位精度高、定位刚性好和结构简单等优点。（　　）

6. 数控回转工作台的分度定位和分度工作台相同，它是按控制系统所指定的脉冲数来决定转位角度，没有其他的定位元件。（　　）

7. 数控回转工作台不需要设置零点。（　　）

四、简答题

1. 简述定位销式分度工作台的工作原理。

2. 简述鼠牙盘式分度工作台的工作原理。
3. 简述数控回转工作台的工作原理。

任务二　卡盘结构与维护

任务目标

知识目标：

1. 掌握自定心卡盘的结构及工作原理。
2. 掌握单动卡盘的结构及工作原理。
3. 掌握高速动力卡盘的结构及工作原理。

能力目标：

1. 能对自定心卡盘进行拆装维护。
2. 能对液压卡盘进行维护。

任务描述

卡盘是利用均布在卡盘体上的活动卡爪的径向移动，把工件夹紧和定位的夹具，是数控车床必不可少的附件，请同学们拆解卡盘进行彻底维修和保养，清理卡盘内的杂物，充分进行润滑。

知识储备

卡盘是机床上用来夹紧工件的机械装置。从卡盘爪数分，可分为两爪卡盘、自定心卡盘、单动卡盘、六爪卡盘和特殊卡盘。从使用动力分，可分为手动卡盘、气动卡盘、液压卡盘、电卡盘。从结构分，可分为中空型和中实型。为了减少工件装夹辅助时间和减轻劳动强度，适应自动化或半自动化加工的需要，数控车床多采用动力卡盘装夹工件，动力卡盘又分为气动卡盘和液压卡盘两种。

一、自定心卡盘的结构及工作原理

1. 结构及工作原理

自定心卡盘如图 6-6 所示，利用三个螺钉通过卡盘体止口端面上的螺孔，将卡盘紧固在机床法兰上。如图 6-7 所示，自定心卡盘是由一个大锥齿轮、三个小锥齿轮和三个卡爪组成。三个小锥齿轮和大锥齿轮啮合，大锥齿轮的背面有平面螺纹结构，三个卡爪等分安装在平面螺纹上。当用扳手扳动小锥齿轮时，大锥齿轮便转动，其背面的平面螺纹就使三个卡爪同时向中心靠近或退出，以夹紧或松开工件。因为平面螺纹的螺距相

图 6-6　自定心卡盘

等，所以三爪运动距离相等，具有自动定心的作用。

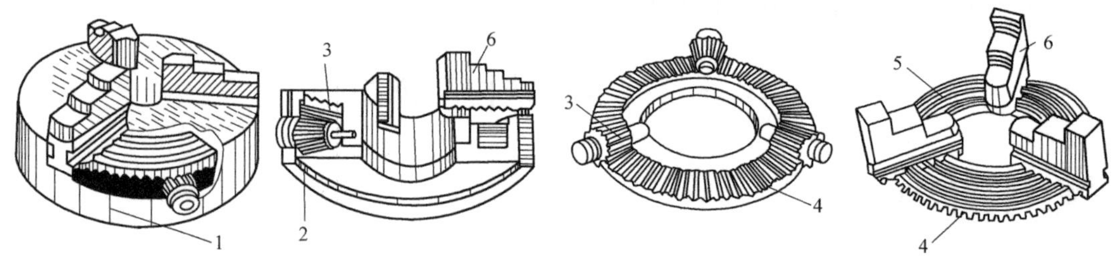

图 6-7　自定心卡盘的结构

1—卡盘体　2—防尘盖　3—小锥齿轮　4—大锥齿轮　5—平面螺纹　6—卡爪

在数控车床上使用的自定心卡盘，常因细小切屑进入锥齿轮副和平面螺纹内，致使卡爪松紧不一甚至卡死，同时也加剧零件的磨损，影响正常工作。为此，应将卡盘卸下进行清洗，但又十分麻烦。针对这一情况，将卡盘体的内孔车成外大里小、斜度为 1°的顺锥，使切屑碰到卡盘内孔时，得到一个向外飞溅的分力而甩出去，从而就大大减少了切屑进入卡盘内部的机会，使卡盘顺利正常工作。

2. 特点

它的特点是对中性好，自动定心精度可达到 0.05~0.15mm，可以装夹直径较小的工件，卡爪伸出卡盘圆周一般不应超过卡爪长度的 1/3，否则卡爪与平面螺纹只有 1~2 个牙啮合，受力时容易使卡爪的齿碎裂，因此，当装夹直径较大的工件时应用三个反爪装夹。但自定心卡盘由于夹紧力不大，所以一般只适宜于重量较轻的工件，当装夹重量较重的工件时，宜用单动卡盘或其他专用夹具。

二、单动卡盘的结构及工作原理

1. 结构及工作原理

如图 6-8 所示，单动卡盘是由一个卡盘体、四个丝杠、四个卡爪组成的。单动卡盘有四个各自独立运动的卡爪，四个卡爪的背面都有半圆弧形螺纹与丝杠啮合，每个丝杠顶端都有方孔，把卡盘钥匙插入方孔，转动卡盘钥匙，便可通过丝杠带动卡爪单独移动。单动卡盘没有自动定心的作用，但可以通过调整四爪位置装夹各种矩形的、不规则的工件，每个卡爪都可单独运动。

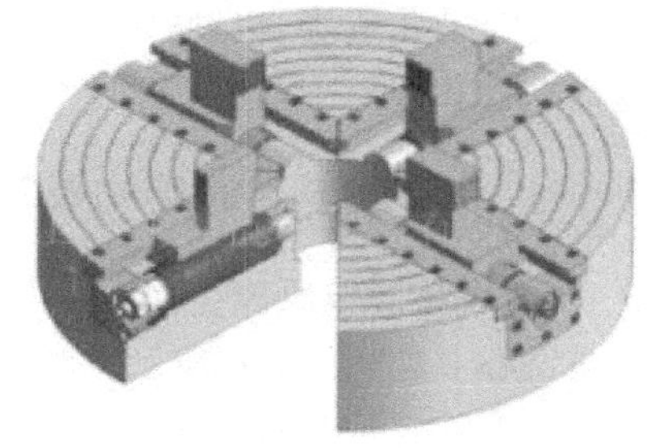

图 6-8　单动卡盘

2. 特点

(1) 优点　夹紧力大，装夹精度高，可以调整工件夹持部位在主轴上的位置。

(2) 缺点　单动卡盘找正比较费时，对工人的技术水平要求高。

三、高速动力卡盘的结构及工作原理

高速动力卡盘一般只用于数控车床，如图 6-9 所示。在金属切削加工中，为了提高数控车床的生产率，对主轴转速提出更高的要求，以实现高速甚至超高速切削。现在数控车床的最高转速已由1000~2000r/min提高到每分钟数千转，有的甚至达到10000r/min。对于这样高的转速一般卡盘已不适用，必须采用高速动力卡盘才能保证安全可靠地进行加工。

图6-9　高速动力卡盘

随卡盘转速增高，卡爪、滑座和紧固螺钉组成的卡爪组件的离心力急剧增大，卡爪对工件的夹紧力下降。实验表明：手动楔式动力卡盘在转速达到2000r/min时，动态夹紧力只有静态夹紧力的1/4。增加动态夹紧力有如下几种途径：一是加大静态夹紧力，但这会增加能源消耗，同时因夹紧力过大造成工件变形；二是减轻卡爪组件质量以减小离心力，常采用斜齿条式结构；三是增加离心力补偿装置，以抵消卡爪组件离心力造成的夹紧力损失。

1. 结构

图6-10所示为中空式高速动力卡盘的结构图。右边为卡盘，左边为液压缸。基体卡座上对应配有不淬火的卡爪1，其径向夹紧所需位置通过卡爪上的端齿和螺钉单独进行粗调整（错齿移动），或通过差动螺杆单独进行细调整。为了便于对较特殊的、批量大的盘类零件进行准确定位及装夹，还可按实际需要，通过简单的加工程序或数控系统的手动功能，用车刀将不淬火的卡爪的夹持面车至所需的尺寸。

2. 工作原理

这种卡盘的工作原理是：当液压缸21的右腔进入液压油使活塞22向左移动时，通过与连接螺母5相连接的中空拉杆26，使滑动体6随连接螺母5一起向左移动，滑动体6上有三组斜槽分别与三个卡爪座10相啮合，借助10°的斜槽，卡爪座10带着卡爪1向内移动夹紧工件。反之，液压缸21的左腔进油使活塞22向右移动时，卡爪座10带着卡爪1向外移动，松开工件。当卡盘高速回转时，卡爪组件产生的离心力使夹紧力减小，同时平衡块3产生的离心力通过杠杆4（力臂比2∶1）变成压向卡爪座10的夹紧力，平衡块3越重补偿作用越大。为了实现卡爪的快速调整和更换，卡爪1和卡爪座10采用端面梳形齿的活爪连接，只要拧松卡爪1上的螺钉，即可迅速调整卡爪位置或更换卡爪。

任务实施

一、拆装维护自定心卡盘

1）依次卸下三个卡爪，并按顺序摆放好。

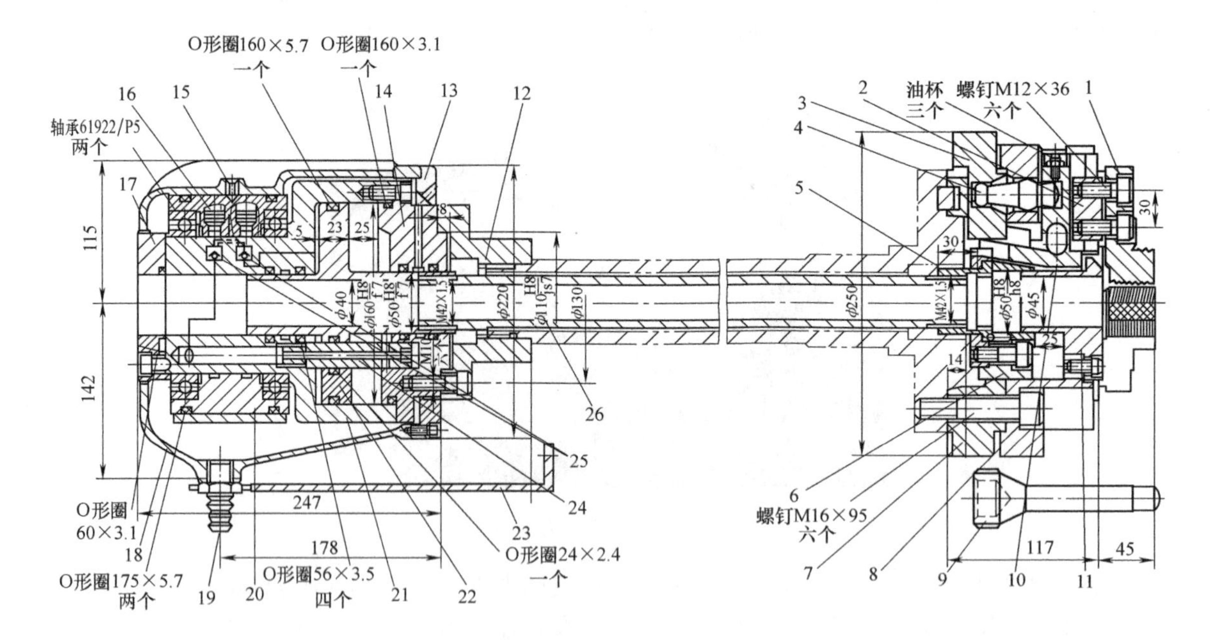

图 6-10　中空式高速动力卡盘的结构图

1—卡爪　2—T形块　3—平衡块　4—杠杆　5—连接螺母　6—滑动体　7—法兰盘　8—六盘体　9—扳手　10—卡爪座　11—防护罩　12—法兰盘　13—前盖　14—液压缸盖　15—紧定螺钉　16—压力管接头　17—后盖　18—罩壳　19—漏油管接头　20—导油套　21—液压缸　22—活塞　23—防转支架　24—导向杆　25—溢流阀　26—中空拉杆

2）卸下六个定位柱。

3）拧下紧固螺钉，卸下防尘盖。

4）拧下紧固螺钉，卸下三个小锥齿轮。

5）取出大锥齿轮，如图 6-11 所示。

6）对卡盘各部件进行清洁和维护。

7）安装大锥齿轮，并用铜棒轻轻敲击，保证齿轮准确复位。

8）安装三个小锥齿轮。

9）安装防尘盖，并用铜棒轻轻敲击，以减小连接缝隙。

10）安装紧固螺钉。

11）安装定位柱及紧固螺钉。

12）安装三个卡爪，并检查三个卡爪是否定心。

注意：

1）装三个卡爪时，应按顺时针方向进行，在一圈之内将三个卡爪全部装上，防止平面螺纹的螺扣转过头。

2）装卡爪时，不准起动机床，以防危险。

3）装拆卡爪时，要注意安全，以防砸脚。

4）卡爪顺序的区分。如是新卡爪，上面标注有 1、2、3 号。如果卡爪的编号标记不清楚，可将三个卡爪并列在一起，夹持面向下，比较卡爪上最下扣端面螺纹距底面的距离，距离最小的为 1 号，距离最大的为 3 号，如图 6-12 所示。

图 6-11 拆卸卡盘

图 6-12 区分卡爪顺序

二、维护液压卡盘

1）每班工作结束时，及时清扫液压卡盘上的切屑。

2）液压卡盘长期工作，内部会积有一些细屑，易引起故障，应每 6 个月拆下分解，清理一次。如果切削铸铁工件，每 2 个月至少一次或多次来彻底清洁卡盘。检查卡盘组件有无破裂及磨损的情形，严重者立刻更换新品。

3）每周一次用润滑油润滑卡爪周围。

4）定期检查主轴上卡盘的夹紧情况，防止卡盘松动。采用液压卡盘时，要经常观察液压夹紧力是否正常，否则因液压力不足易导致卡盘夹紧力不足和卡盘失压。工作中禁止触碰卡盘液压夹紧开关。

5）及时更换夹紧液压缸密封元件，及时检查卡盘各摩擦副的滑动情况，及时检查电磁阀芯的工作可靠性。

6）装卸液压卡盘时，床面要垫木板，不准机床运行时装卸卡盘。装卸卡盘要在停机后进行，不可借助于电动机的力量拆取卡盘。

7）及时更换液压油，如油液黏度太高会导致机床开机时液压站响声异常。

8）注意液压电动机的轴承保持完好。

9）注意液压站输出油管不要堵塞，否则会产生液压冲击，发出异常噪声。

10）液压卡盘运转时，应让卡盘夹一个工件，负载运转。禁止卡爪张开过大和空载运行。空载运行时容易使卡盘松懈，卡爪飞出伤人。

11）液压卡盘液压缸的使用压力必须在许用范围内，不得任意提高。

12）及时紧固液压泵与液压电动机连接处，及时紧固液压缸与卡盘间连接拉杆的调整螺母。

考核评价（表 6-2）

表 6-2 任务完成评价表

姓名		班级		任务	任务二　卡盘结构与维护		
项目	序号	内容	配分	评分标准	检查记录		得分
					互查	教师复查	
基础知识（40 分）	1	自定心卡盘	15	根据掌握情况评分			
	2	单动卡盘	10	根据掌握情况评分			
	3	高速动力卡盘	15	根据掌握情况评分			
技能训练（30 分）	1	维护液压卡盘	10	根据完成情况和完成质量评分			
	2	维护自定心卡盘拆装	10				
	3	操作流程正确、动作规范、时间合理	5	不规范每处扣 0.5 分 超时扣 2 分			
	4	安全文明生产	5	违反安全操作规程全扣			
综合能力（20 分）	1	自主学习、分析并解决问题、有创新意识	7	根据个人表现评分			
	2	团队合作、协调沟通、语言表达、竞争意识	7	根据个人表现评分			
	3	作业完成	6	根据完成情况和完成质量评分			
其他（10 分）		出勤方面、纪律方面、回答问题、知识掌握	10	根据个人表现评分			
合计							
综合评价							

课后测评

一、填空题

1. 卡盘是利用均布在卡盘体上的活动卡爪的径向移动，把工件________和________的夹具。

2. 当自定心卡盘装夹直径较大的外圆工件时可用________进行。

3. 单动卡盘是由________、________和________组成的。

4. 单动卡盘通过调整四爪位置，装夹各种______、______的工件，每个卡爪都可单独运动。

5. 高速动力卡盘一般只用于________。

6. 定期保养清理液压卡盘时，建议________个月完全拆下分解清理一次。

7. 自定心卡盘是由________、________和________组成。

二、判断题

1. 自定心卡盘没有自动定心的作用。（　　）

2. 自定心卡盘由于夹紧力不大，所以一般只适用于重量较重的工件。（　　）

3. 当对重量较重的工件进行装夹时，宜用单动卡盘或其他专用夹具。（　　）

4. 单动卡盘每个卡爪都不可单独运动。（　　）

5. 单动卡盘的优点是夹紧力大，装夹精度高，可以调整工件夹持部位在主轴上的位置。（　　）

6. 高速动力卡盘一般只用于数控车床。（　　）

7. 为了保持机床卡盘长时间使用后仍然有良好精度，润滑工作很重要。（　　）

8. 作业终了时务必用风枪或类似工具来清洁卡盘本体及滑道面。（　　）

9. 至少每年拆下卡盘分解清洗，保持卡爪滑动面干净并给予润滑，延长卡盘使用寿命。（　　）

10. 使用具有防锈效果切削液，可以预防卡盘内部生锈，因为卡盘生锈会降低夹持力，而无法将工件夹紧。（　　）

三、选择题

1. 从卡盘爪数分，可分为（　　）和特殊卡盘。

A. 两爪卡盘　　B. 自定心卡盘　　C. 单动卡盘　　D. 六爪卡盘

2. 从使用动力分，可分为（　　）。

A. 手动卡盘　　B. 气动卡盘　　C. 液压卡盘　　D. 电卡盘

3. 从结构分，可分为（　　）和（　　）。

A. 中空型　　B. 中实型　　C. 单动卡盘　　D. 电卡盘

4. 动力卡盘又分为（　　）和（　　）两种。

A. 气动卡盘　　B. 液压卡盘　　C. 六爪卡盘

5. 液压卡盘重新组装后，需要给卡盘打上专用（　　）。

A. 防锈油　　B. 润滑脂　　C. 防冻液　　D. 润滑油

6. 至少每（　　）个月拆下卡盘分解清洗，保持卡爪滑动面干净并给予润滑，延长卡盘使用寿命。

A. 8　　B. 4　　C. 6　　D. 2

7. 采用研磨方法，对自定心卡盘卡爪的（　　）进行修复。

A. 内口　　B. 外口　　C. 大锥齿轮　　D. 小锥齿轮

四、简答题

1. 如何对液压卡盘进行维护？

2. 简述自定心卡盘的拆装和维护过程。

任务三　分度头结构与维护

任务目标

知识目标：

1. 了解分度头的功能。
2. 掌握分度头的结构与工作原理。

能力目标：

能对分度头进行维护保养。

任务描述

在铣削加工中，常会遇到铣四方、六方、齿轮、花键、刻线、加工螺旋槽及球面等工作。这时就需要利用分度头分度。因此，分度头是万能铣床上的重要附件。请同学们对分度头进行清洁、保养，充分进行润滑。

知识储备

分度头是将工件夹持在卡盘上或两顶尖间，并使其旋转、分度和定位的机床附件，如图 6-13 所示。分度头主要用于铣床，也常用于钻床和平面磨床，还可放置在平台上供钳工划线用。按其传动、分度形式可分为蜗杆副分度头、度盘分度头、孔盘分度头、槽盘分度头、端齿盘分度头和其他分度头（包括电感分度头和光栅分度头）。按其功能可分为万能分度头、半万能分度头、等分分度头。按其结构形式又有立卧分度头、可倾分度头、悬梁分度头之分。分度头作为通用型机床附件，其结构主要由夹持部分、分度定位部分、传动部分组成。我们通常说的分度头是指万能分度头。

图 6-13　分度头

一、分度头的功能

1）能使工件实现绕自身轴线周期性地转动一定的角度（即进行分度）。

2）利用分度头主轴上的卡盘夹持工件，使工件的轴线相对于铣床工作台在向上90°和向下10°的范围内倾斜成需要的角度，以加工各种位置的沟槽、平面等（如铣锥齿轮）。

3）与工作台纵向进给运动配合，通过配换交换齿轮使工件连续转动，以加工螺旋沟槽、斜齿轮等。

二、分度头的结构与工作原理

1. 结构（图6-14）

（1）主轴　主轴前端可安装自定心卡盘（或顶尖）及其他装卡附件，用以夹持工件。主轴后端可安装锥柄交换齿轮轴用作差动分度。

（2）本体　本体内安装主轴及蜗轮、蜗杆。本体在支座内可使主轴在垂直平面内由水平位置向上转动≤95°，向下转动≤5°。

（3）支座　支座支承本体部件，通过底面的定位键与铣床工作台中间T形槽连接，用T形螺栓紧固在铣床工作台上。

（4）端盖　端盖内装有两对啮合齿轮及交换齿轮输入轴，可以使动力输入本体内。

（5）分度盘　分度盘两面都有多行沿圆周均布的小孔，用于满足不同的分度要求。随分度头带有两块分度盘。

（6）蜗杆副间隙调整及蜗杆脱落机构　拧松蜗杆偏心套筒压紧螺母（图6-15），操纵脱落蜗杆手柄使蜗轮与蜗杆脱开。可直接转动主轴，利用调整间隙螺母，可对蜗杆副间隙进行微调。

（7）主轴锁紧机构　用分度头对工件进行切削时，为防止振动，在每次分度后可通过主轴锁紧机构对主轴进行锁紧。

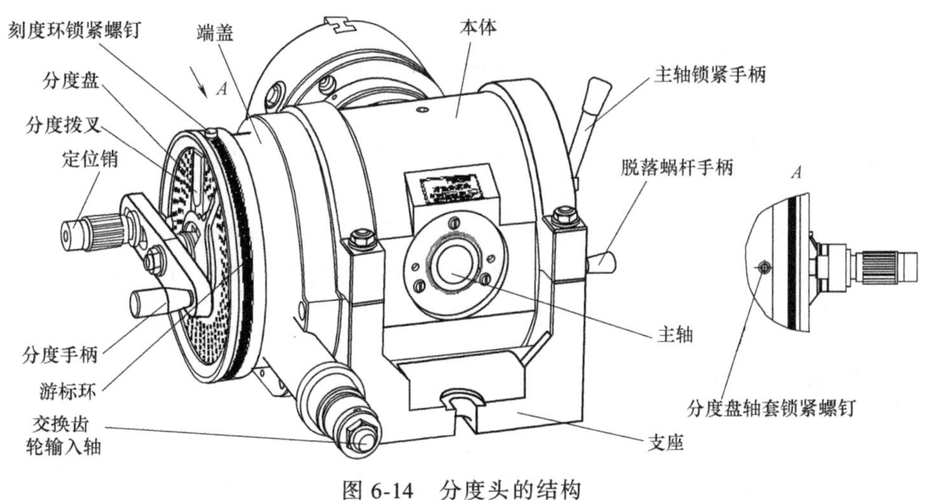

图6-14　分度头的结构

2. 传动系统

分度头的传动系统如图6-15所示，分度头中蜗杆和蜗轮的传动比 i=蜗杆的头数/蜗轮的齿数=1/40，即当手柄通过一对直齿轮（传动比为1∶1）带动蜗杆转动一周时，蜗轮只能带动主轴转过1/40周。若已知工件在整个圆周上的分度数目 z，则每一个等分要求分度头主轴转过 $1/z$ 周。这时，分度手柄所需转的圈数 n 可由下列比例关系推得，即

$$1:40=1/z:n \tag{6-1}$$

$$n=40/z$$

式中，n 是手柄转数；z 是工件的等分数；40是分度头定数。

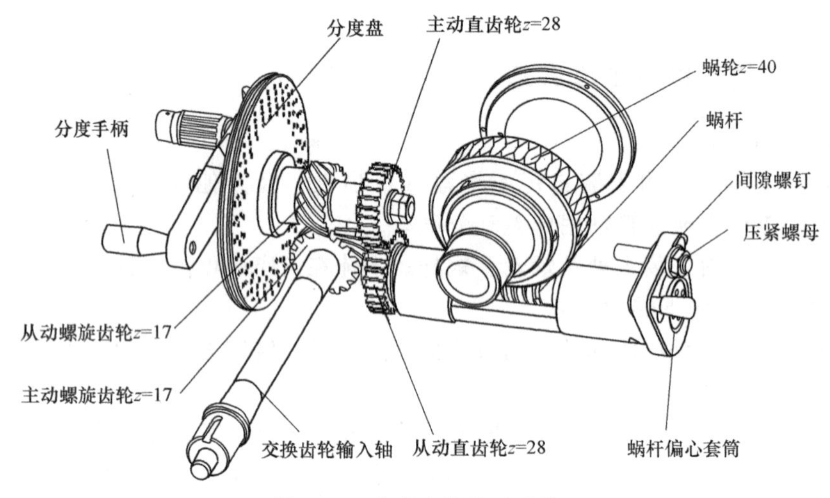

图6-15　分度头的传动系统

3. 工作原理

分度头的主轴是空心的，两端均为莫氏4号锥孔，前锥孔用来安装带有拨盘的顶尖，后锥孔可装入心轴，作为差动分度或作为直线移距分度加工小导程螺旋面时安装交换齿轮用，把主轴的运动传给侧轴可带动分度盘旋转。主轴前端部有一定位锥体用来与自定心卡盘的法兰盘连接进行定位。

松开支座上部的两个螺钉，主轴可以随回转体在支座的环形导轨内转动，因此主轴除安装成水平外，还能调整为倾斜位置。当主轴调整到所需位置后，应拧紧螺钉。主轴倾斜的角度从刻度上看出。

在支座下面，固定有两个定位块，以便与铣床工作台面的T形槽相配合，用来保证主轴轴线准确平行于工作台的纵向进给方向。

手柄用于紧固或松开主轴，分度时松开，分度后紧固，以防在铣削时主轴发生松动。另一手柄是控制蜗杆的手柄，它可以使蜗杆和蜗轮连接或脱开（即分度头内部的传动切断或结合），在切断传动时，可用手转动分度的主轴。

三、分度头的分度方法

1. 直接分度

当分度精度要求较低时，摆动分度手柄，根据本体上的刻度和主轴刻度环直接读数进行分度。分度前须锁紧分度盘轴套锁紧螺钉。切削时必须锁紧主轴锁紧手柄后方可进行切削。

2. 角度分度

当分度精度要求较低时，可利用分度手柄上可转动的分度刻度环和分度游标环来实现分

度。分度刻度环每旋转一周分度值为 9°，刻度环每一小格读数为 1′，分度游标环每一小格读数为 10″。分度前须锁紧分度盘轴套锁紧螺钉。

3. 简单分度

简单分度是最常用的分度方法。它利用分度盘上不同的孔数和定位销，通过计算来实现工件所需的等分数。操作方法：先将分度盘轴套锁紧螺钉锁紧，再将定位销调整到 54 孔数的孔圈上，调整分度拨叉含有 6 个孔距，此时转动手柄使定位销旋转一圈再转过 6 个孔距。若分母不能在所配分度盘中找到整数倍的孔数，则可采用差动分度进行分度。

例如：铣削 $z=9$ 的齿轮，$n=40/9$，即每铣一齿，手柄需要转过 40/9 圈。分度手柄的准确转数是借助分度盘来确定的。分度盘正、反两面有许多孔数不同的孔圈。例如："环球"牌 F11125 型分度头备有的分度盘，其各圈孔数如下：

第一面：24、25、28、30、34、37、38、39、41、42、43

第二面：46、47、49、51、53、54、57、58、59、62、66

当 $n=40/9$ 圈时，先将分度盘固定，再将分度手柄的定位销调整到孔数为 9 的倍数的孔圈上，若在孔数为 54 的孔圈上，此时手柄转过 4 圈后，再沿孔数为 54 的孔圈上转过 24 个孔距即可。

$$n=40/9=4+4/9=4+24/54\ (\text{圈})$$

4. 差动分度

使用差动分度时必须将分度盘轴套锁紧螺钉松开，在主轴后锥孔插入锥柄交换齿轮轴。如图 6-16 所示，按计算值配置交换齿轮 a、b、c、d 或介轮，传至交换齿轮输入轴，带动分度盘产生正（或反）方向微动，来补偿计算中设定等分角度与工件等分角度的差值。

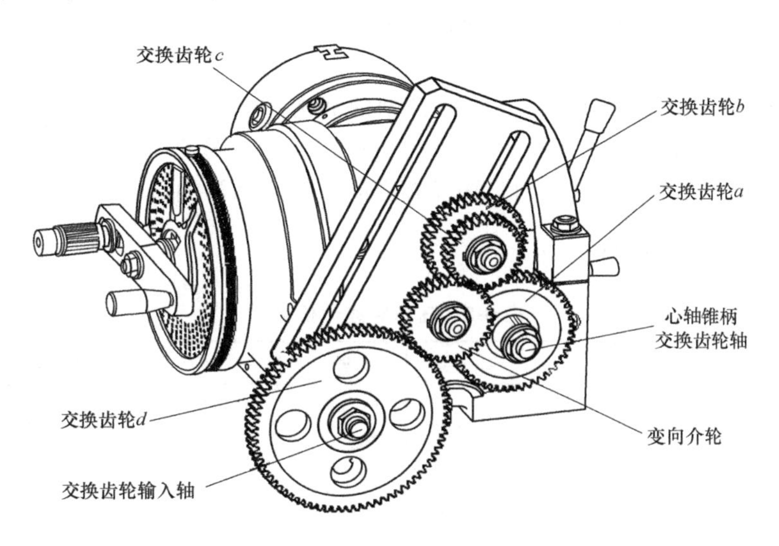

图 6-16　差动分度

一、分度头的使用

分度头安装工件一般用在等分工作中。既可以将分度头卡盘（或顶尖）与尾座顶尖一起使用安装轴类零件，如图 6-17 所示，也可以只使用分度头卡盘安装工件。由于分度头的主轴可以在垂直平面内转动，因此可以利用分度头在水平、垂直及倾斜位置安装工件，如图 6-18 所示。

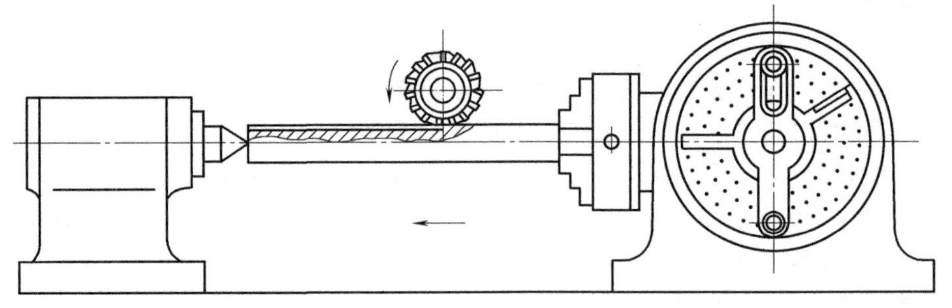

图 6-17　加工开式键槽

二、维护保养分度头

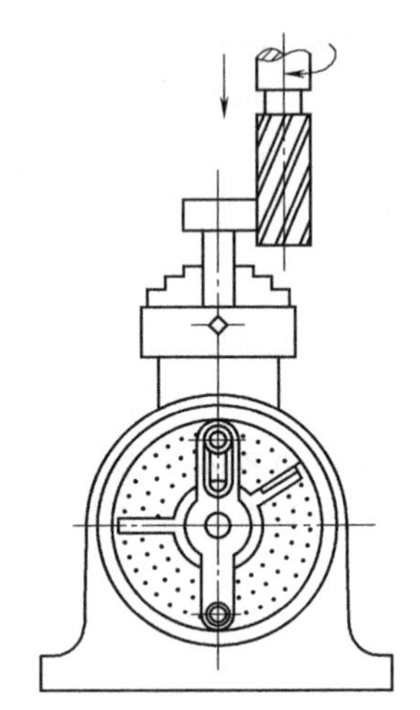

图 6-18　分度头卡盘在垂直位置安装工件

正确、精心地维护保养分度头是保持分度头精度和延长使用期限的重要保证，分度头正确维护保养应做到以下几点：

1）对新购置的分度头，使用前必须将防锈油和一切污垢用干净的擦布浸以煤油擦洗干净。尤其是与机床的结合面更应仔细擦拭。擦拭时不要使煤油浸湿喷漆表面，以免损坏漆面。

2）在使用、安装和搬运过程中，注意避免碰撞，严禁敲击。尤其注意对定位键块的保护。

3）分度头出厂时各有关精度均已调整合适，使用中切勿随意调整，以免破坏原有精度。

4）分度头的润滑点装有外露油杯。蜗杆副的润滑靠松开分度头顶部丝堵后注入润滑油。每班工作前各润滑点可注入 20 号全损耗系统用油。在使用交换齿轮时，对齿面及轴套间应注入润滑油。

（表 6-3）

表 6-3　任务完成评价表

姓名		班级		任务	任务三　分度头结构与维护		
项目	序号	内容	配分	评分标准	检查记录		得分
					互查	教师复查	
基础知识（40 分）	1	分度头的功能	10	根据掌握情况评分			
	2	分度头的结构与工作原理	15	根据掌握情况评分			
	3	分度头的分度方法	15	根据掌握情况评分			
技能训练（30 分）	1	分度头的使用	10	根据完成情况和完成质量评分			
	2	分度头的维护	10				
	3	操作流程正确、动作规范、时间合理	5	不规范每处扣 0.5 分 超时扣 2 分			
	4	安全文明生产	5	违反安全操作规程全扣			

（续）

<table>
<tr><td>姓名</td><td colspan="2"></td><td>班级</td><td></td><td>任务</td><td colspan="4">任务三　分度头结构与维护</td></tr>
<tr><td rowspan="2">项目</td><td rowspan="2">序号</td><td colspan="2" rowspan="2">内容</td><td rowspan="2">配分</td><td colspan="2" rowspan="2">评分标准</td><td colspan="2">检查记录</td><td rowspan="2">得分</td></tr>
<tr><td>互查</td><td>教师复查</td></tr>
<tr><td rowspan="3">综合能力（20分）</td><td>1</td><td colspan="2">自主学习、分析并解决问题、有创新意识</td><td>7</td><td colspan="2">根据个人表现评分</td><td rowspan="3"></td><td rowspan="3"></td><td rowspan="3"></td></tr>
<tr><td>2</td><td colspan="2">团队合作、协调沟通、语言表达、竞争意识</td><td>7</td><td colspan="2">根据个人表现评分</td></tr>
<tr><td>3</td><td colspan="2">作业完成</td><td>6</td><td colspan="2">根据完成情况和完成质量评分</td></tr>
<tr><td>其他（10分）</td><td></td><td colspan="2">出勤方面、纪律方面、回答问题、知识掌握</td><td>10</td><td colspan="2">根据个人表现评分</td><td></td><td></td><td></td></tr>
<tr><td>合计</td><td colspan="9"></td></tr>
<tr><td>综合评价</td><td colspan="9"></td></tr>
</table>

一、填空题

1. 分度头是将工件______在卡盘上或两顶尖间，并使其旋转、______和______的机床附件。

2. 分度头的分度方法有________、________、简单分度和________。

二、判断题

1. 分度头能使工件实现绕自身的轴线周期性地转动一定的角度。（　　）

2. 当分度精度要求较高时，可以摆动分度手柄，根据本体上的刻度和主轴刻度环直接读数进行分度。（　　）

三、选择题

1. 分度头的主轴是空心的，两端均为（　　）锥孔，前锥孔用来安装带有拨盘的顶尖，后锥孔可装入心轴。

A. 7∶24　　B. 莫氏4号

2.（　　）是利用分度盘上不同的孔数和定位销，通过计算来实现工件所需的等分数。

A. 直接分度　B. 角度分度　C. 简单分度　D. 差动分度

四、简答题

1. 分度头有哪些功能？

2. 如何对分度头进行维护保养？

任务四　尾座结构与维护

任务目标

知识目标：

1. 熟悉尾座的作用。
2. 掌握尾座的结构及工作原理。

能力目标：

能对尾座进行调整维护。

任务描述

尾座可沿车床导轨纵向调整位置，尾座上可装顶尖支承长工件的后端以加工长圆柱体，也可以安装孔加工刀具以加工孔。尾座可以横向做少量调整，用于加工小锥度的外锥面，是数控车床必不可少的辅助部件。请同学们对尾座进行清洁，更换损坏的零部件，充分进行润滑，并调整校准尾座的偏移量。

知识储备

一、尾座的作用

尾座如图 6-19 所示，尾座具有如下作用。

1）安装机床时利用尾座调整机床精度。

2）在尾座套筒的内孔里插上顶尖，可以支承较长工件的一端；还可以换上钻头、铰刀等刀具实现孔的钻削和铰削加工。

3）利用尾座可以加工偏心轴。

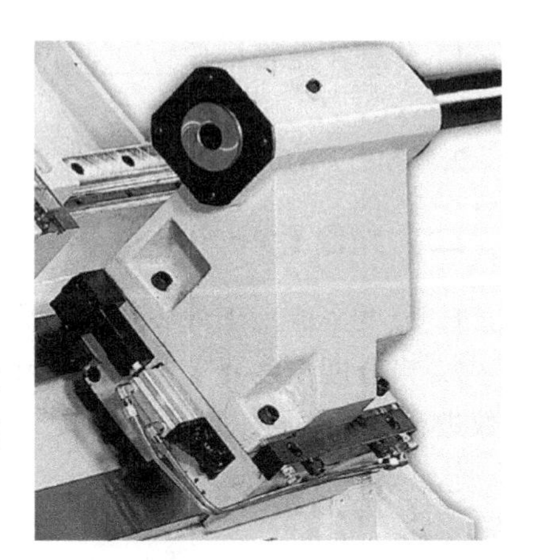

图 6-19　尾座

二、尾座的结构及工作原理

尾座的结构如图 6-20 所示，当手动移动尾座到所需位置后，先用螺钉 16 进行预定位，拧紧螺钉 16 时使两楔块 15 上的斜面顶出销轴 14，使尾座紧贴在矩形导轨的两内侧面，然后用螺母 3、螺栓 4 和压板 5 将尾座紧固，这样可保证尾座的定位精度。

套筒内轴 9 上装有顶尖，能在尾座套筒内的轴承上转动，故顶尖是回转顶尖。前轴承采用 NN3000K 双列短圆柱滚子轴承，轴承径向间隙用螺母 8、6 调整；后轴承为三个角接触球轴承，由螺母 10 来固定。

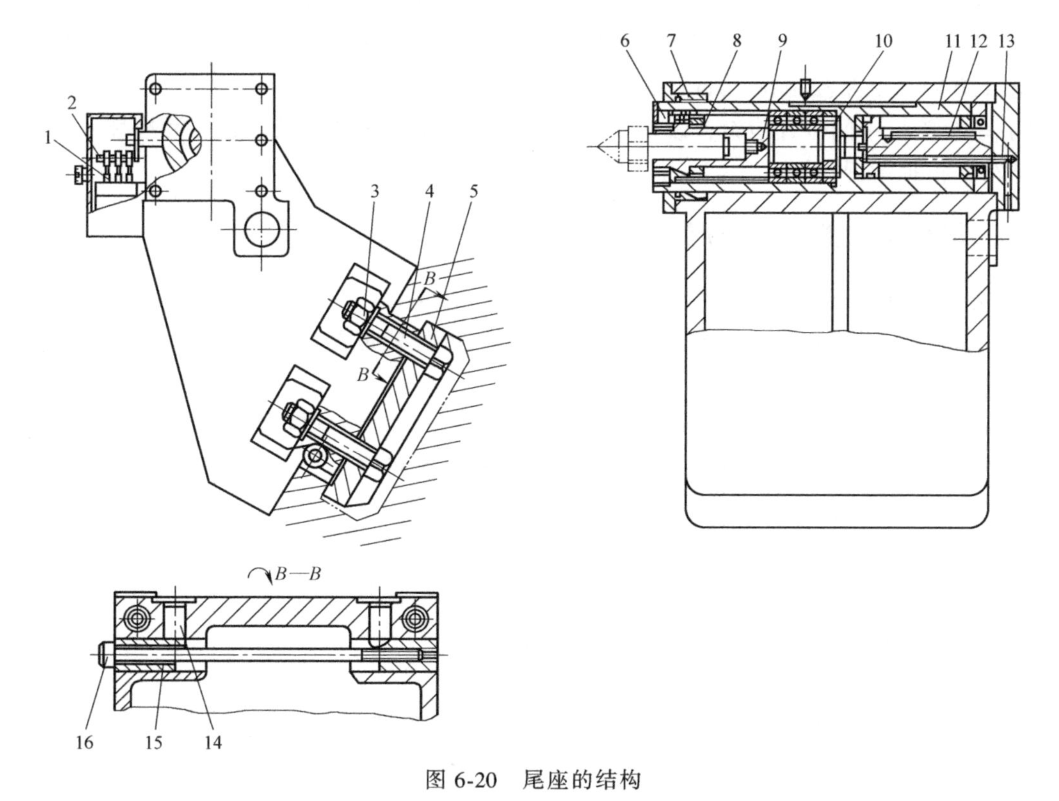

图 6-20　尾座的结构

1—行程开关　2—挡铁　3、6、8、10—螺母　4—螺栓　5—压板　7—内外锥套　9—套筒内轴　11—尾座套筒　12、13—油孔　14—销轴　15—楔块　16—螺钉

尾座套筒与尾座孔为间隙配合，配合间隙由内外锥套 7 做微量调整。当向内压外锥套时，可使内锥套内孔缩小，配合间隙减小；反之配合间隙变大，压紧力用端盖来调整。尾座套筒由液压油驱动：若油孔 13 通入液压油，则尾座套筒向前运动，若油孔 12 通入液压油，尾座套筒向后运动。移动的最大行程为 90mm，预紧力的大小由液压系统的压力来调整。在系统压力为 5×10^5 ~ 15×10^5 Pa 时，液压缸的推力为 1500~5000N。

尾座套筒行程的大小可以由安装在尾座套筒上的挡铁 2 通过行程开关 1 控制，尾座套筒的进退由操作面板上的按钮控制。在电路上尾座套筒的动作与主轴互锁，即在主轴转动时，按下尾座套筒退出按钮，尾座套筒并无动作，只有在主轴停止状态下，尾座套筒才能退出，以保证安全。当主轴转速达到 5000r/min 时，尾座不能用最大顶紧力。

任务实施

一、调整数控车床尾座偏移量

1）将两顶尖顶住校验棒。

2）分别在主轴端和尾座端（以下简称为两端）测量跳动量。

3）把专用拖板靠在导轨面上，千分表吸在拖板上，测量校验棒两端与导轨面在 *X*、*Y* 两个方向上的平行度。误差超出标准时，以主轴端为准，调整尾座端，使其达标。

4）在校验棒中间位置检查，改变尾座套筒伸出长度，进行复校。

5）把千分表吸在刀架上，测量校验棒两端在 Y 方向最高值，误差控制在 5μm 以内；然后测量 X 方向，误差控制在 2μm 以内。

6）在校验棒中间位置检查，改变尾座套筒伸出长度，进行复校，达标后换装一个棒料，进行试车，根据情况微调。

二、保养维护数控车床尾座

1）定期润滑尾座本身。

2）及时检查尾座套筒上的限位挡铁或行程开关的位置是否有变动。

3）定期检查更换密封元件。

4）定期检查和紧固其上的螺母、螺钉等，以确保尾座的定位精度。

5）定期检查尾座液压油路控制阀，查看其工作是否可靠。

6）检查尾座套筒是否出现机械磨损。

7）定期检查尾座液压缸移动时工作是否平稳。

8）尾座液压缸的使用压力必须在许用范围内，不得任意提高。

9）主轴起动前，要仔细检查尾座是否顶紧。

10）定期检查尾座液压系统测压点压力是否在规定范围内。

11）注意检查尾座及尾座套筒与所在导轨的清洁和润滑工作。

（表 6-4）

表 6-4　任务完成评价表

姓名		班级		任务	任务四　尾座结构与维护		
项目	序号	内容	配分	评分标准	检查记录		得分
					互查	教师复查	
基础知识(30 分)	1	尾座的结构及工作原理	30	根据掌握情况评分			
技能训练（40 分）	1	尾座的维护	15	根据完成情况和完成质量评分			
	2	尾座的调整	15				
	3	操作流程正确、动作规范、时间合理	5	不规范每处扣 0.5 分 超时扣 2 分			
	4	安全文明生产	5	违反安全操作规程全扣			
综合能力（20 分）	1	自主学习、分析并解决问题、有创新意识	7	根据个人表现评分			
	2	团队合作、协调沟通、语言表达、竞争意识	7	根据个人表现评分			
	3	作业完成	6	根据完成情况和完成质量评分			
其他（10 分）		出勤方面、纪律方面、回答问题、知识掌握	10	根据个人表现评分			
合计							
综合评价							

课后测评

一、填空题

尾座移动的最大行程为________ mm，预紧力的大小由________的压力来调整。

二、判断题

1. 尾座套筒由液压油驱动，套筒的进退由操作面板上的按钮控制。　　（　　）
2. 尾座套筒与尾座孔为间隙配合。　　（　　）

三、选择题

1. 数控车床尾座中顶尖是（　　）顶尖。

A. 回转　　B. 固定

2. 当主轴转速达到（　　）时，尾座不能用最大顶紧力。

A. 5000r/min　　B. 500r/min　　C. 1000r/min

四、简答题

1. 简述调整数控车床尾座偏移量的步骤。
2. 简述数控车床尾座的工作原理。

任务五　数控机床自动排屑装置结构与维护

任务目标

知识目标：

1. 熟悉自动排屑装置的作用。
2. 掌握平板链式自动排屑装置的工作原理。
3. 掌握刮板式自动排屑装置的工作原理。
4. 掌握螺旋式自动排屑装置的工作原理。

能力目标：

能对自动排屑装置进行调整维护。

任务描述

自动排屑装置的作用是将切屑及时排出到机床以外，现代数控机床大都配有自动排屑装置。请同学们检查、调整自动排屑装置链条的松紧度，检查轴承和减速机的工作状态，并对自动排屑装置进行充分润滑。

知识储备

一、自动排屑装置的作用

排屑功能的实现要解决好两大问题，首先要将切屑从切削区分离出来，进入自动排屑装置；然后利用自动排屑装置将切屑排出加工区。在数控车床的切屑中有时还混有切削液，自动排屑装置还应将切屑从中分离出来，并将其送入切屑收集箱中，而切削液则被回收到切削液箱中。自动排屑装置的安装位置一般尽可能靠近刀具切削区域。例如：数控车床的自动排屑装置装在回转工件下方；数控铣床和加工中心的自动排屑装置装在床身的回水槽上或工作台边侧位置，以利于简化机床或自动排屑装置结构，减小机床占地面积，提高排屑效率。

自动排屑装置是具有独立功能的附件，它的工作可靠性和自动化程度随着数控机床技术的发展而不断提高。现已研究开发了各种类型的自动排屑装置，并广泛应用在各类数控机床上。这些装置已逐步标准化和系列化，并有专业工厂生产。数控机床自动排屑装置的结构和工作形式应根据机床的种类、规格、加工工艺特点，工件的材质和使用的切削液种类等来选择。自动排屑装置种类繁多，下面介绍三种常见的自动排屑装置。

二、平板链式自动排屑装置的工作原理

如图 6-21 所示，该装置以滚动链轮牵引钢质平板链条在封闭箱中运转，加工中的切屑落到链条上，经过提升将切屑中的切削液分离出来，然后切屑被带出机床。这种装置能排除各种形状的切屑，电动机有过载保护装置，运转平稳可靠。链板输送的速度范围较大，输送效率高，噪声小，适应性强，各类机床上都能采用。在数控车床上使用时多与机床切削液箱合为一体，以简化车床结构。

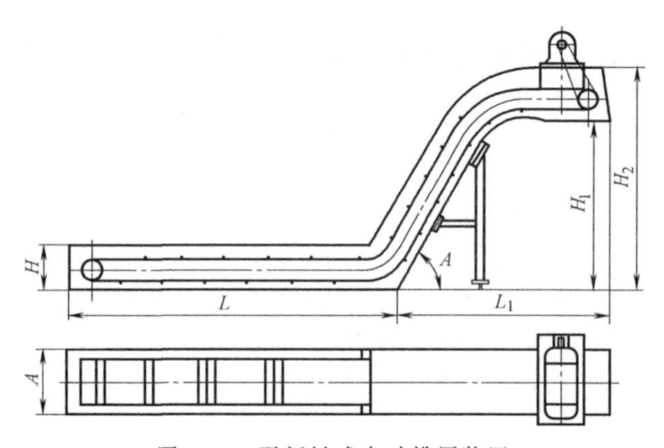

图 6-21　平板链式自动排屑装置

三、刮板式自动排屑装置的工作原理

如图 6-22 所示，该装置传动原理与平板链式基本相同，只是带有刮板链板。这种装置常用于输送各种材料的短小切屑，不受切屑种类限制，对金属、非金属切屑均可适用，有过载保护装置，运转平稳可靠，运动机构为敞开式，保养维修方便，排屑能力较强，因为负载大需采用较大功率的驱动电动机。

四、螺旋式自动排屑装置的工作原理

如图 6-23 所示，该装置是采用电动机经减速装置驱动安装在沟槽中的一个长螺旋杆进行排屑。螺旋杆转动时，沟槽中的切屑由螺旋杆推动连续向前运动，最终排入切屑收集箱。螺旋杆有两种形式，一种是用扁型钢条卷成螺旋弹簧状，另一种是在轴上焊接螺旋形钢板。

其特点：螺旋式自动排屑装置结构简单，排屑性能良好，但只适用于沿水平或小角度倾斜直线方向排运切屑，不能大角度倾斜、提升或转向排屑。这种装置占据空间小，适于安装在机床与立柱间空间狭小的位置上。

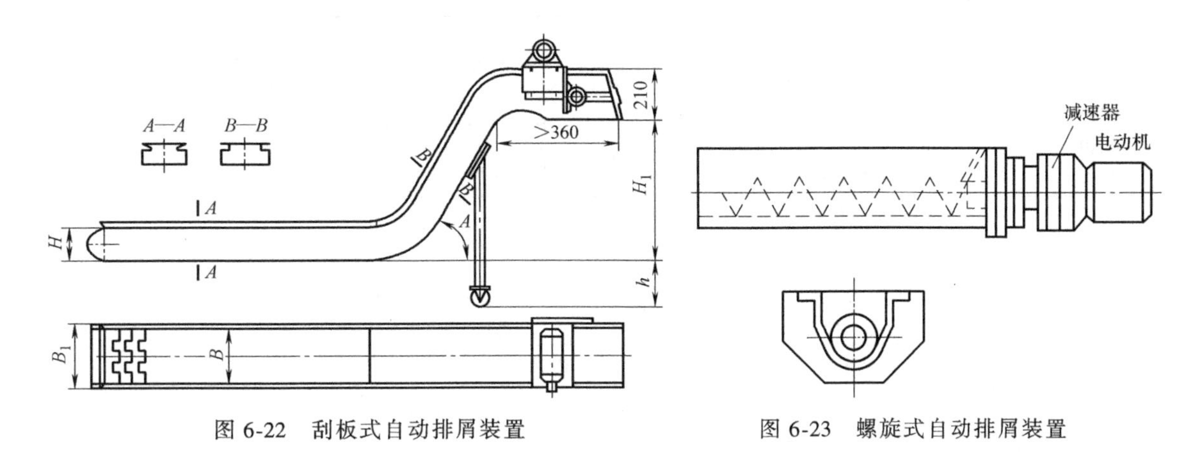

图 6-22　刮板式自动排屑装置

图 6-23　螺旋式自动排屑装置

任务实施

一、自动排屑装置使用注意事项

1）自动排屑装置接通电源之前，应先检查减速器润滑油是否低于油面线，如果不足，应加入 40 号全损耗系统用油至油面线。

2）机床开始工作时，自动排屑装置必须同时工作，不应将切屑堆积过多时再起动，避免出现故障或卡滞。

3）电动机起动后，应立即检查链轮的旋转方向是否与箭头所指方向相符，如不符合应立即改正。

4）自动排屑装置工作时，不得将自动排屑装置反转；禁止将手伸入机体或者齿轮部位，防止夹伤。

5）自动排屑装置不宜停放时间过长，若连续超过一个月不使用，起动后令其空载转动 1h，防止机体内部的连接小轴锈蚀，导致链板出现死节。

二、调整维护自动排屑装置

1）如果过载链轮出现打滑，应立即停车检查卡滞原因。

2）自动排屑装置配有电器过载保护装置，出现跳闸也可按上述操作处理，然后按下电气箱中的过载保护按钮，继续工作。

3）自动排屑装置链条的松紧度在出厂前已经调试好，在使用一段时间后会造成链条的伸长。可在自动排屑装置的尾部调整螺栓，主传动轴向后移动，直至松紧度合适为止。

4）轴承、链条、减速机每三个月应检修一次，并注入润滑油。

5）自动排屑装置停放时间过长，再使用时需加油润滑。

考核评价（表 6-5）

表 6-5 任务完成评价表

姓名		班级		任务	任务五 数控机床自动排屑装置结构与维护		
项目	序号	内容	配分	评分标准	自动检查记录		得分
					互查	教师复查	
基础知识（30 分）	1	自动排屑装置的作用	10	根据掌握情况评分			
	2	自动排屑装置的类型、特点	20	根据掌握情况评分			
技能训练（40 分）	1	自动排屑装置的维护	15	根据完成情况和完成质量评分			
	2	自动排屑装置的调整	15				
	3	操作流程正确、动作规范、时间合理	5	不规范每处扣 0.5 分 超时扣 2 分			
	4	安全文明生产	5	违反安全操作规程全扣			
综合能力（20 分）	1	自主学习、分析并解决问题、有创新意识	7	根据个人表现评分			
	2	团队合作、协调沟通、语言表达、竞争意识	7	根据个人表现评分			
	3	作业完成	6	根据完成情况和完成质量评分			
其他（10 分）		出勤方面、纪律方面、回答问题、知识掌握	10	根据个人表现评分			
合计							
综合评价							

课后测评

一、填空题

1. 常用的自动排屑装置有________自动排屑装置、________自动排屑装置和________自动排屑装置三种。其中________自动排屑装置常用于输送各种材料的短小切屑。

2. 数控机床自动排屑装置的结构和工作形式应根据____________、____________、加工工艺特点，____________和使用的____________等来选择。

3. 排屑功能首先要将切屑从________分离出来，进入________；然后利用________将切屑排出加工区。

4. 自动排屑装置工作时，禁止将手伸入机体或者齿轮部位，防止________。

5. 自动排屑装置不宜停放时间过长，若连续超过________不使用，则应起动自动排屑装置，令其空载转动________，防止机体内部的连接小轴锈蚀，导致链板出现死节。

6. 平板链式自动排屑装置中电动机有____________装置，运转平稳可靠。

二、判断题

1. 刮板式自动排屑装置不能输送各种材料的短小切屑。（ ）

2. 螺旋式自动排屑装置能大角度倾斜、提升或转向排屑。（ ）

3. 链板输送的速度范围较大，输送效率高，噪声小，适应性强，各类机床都能采用。（　　）

4. 刮板式自动排屑装置因负载大需采用较大功率的驱动电动机。（　　）

5. 螺旋式自动排屑装置的工作原理为：螺旋杆转动时，沟槽中的切屑由螺旋杆推动连续向前运动，最终排入切屑收集箱。（　　）

6. 机床开始工作时，自动排屑装置必须同时工作，不应将切屑堆积过多时再起动，避免出现故障或卡滞。（　　）

7. 如果自动排屑装置过载链轮出现打滑，应立即停车检查卡滞原因。（　　）

三、选择题

1.（　　）自动排屑装置能排出各种形状的切屑，适用性强。

A. 平板链式　　B. 刮板式　　C. 螺旋式

2.（　　）适于安装在机床与立柱间空间狭小的位置上。

A. 平板链式　　B. 刮板式　　C. 螺旋式

3. 自动排屑装置链条在使用一段时间后，会造成链条的伸长。在自动排屑装置的尾部调整螺栓，主传动轴向（　　）移动，直至松紧度合适为止。

A. 前　　B. 后　　C. 上

4. 自动排屑装置中轴承、链条、减速机每（　　）应检修一次，并注入润滑油。

A. 两个月　　B. 三个月　　C. 四个月

5. 自动排屑装置停放时间过长，再使用时，需加（　　）。

A. 润滑脂　　B. 润滑油　　C. 防锈油

6. 自动排屑装置工作时，不得将自动排屑装置（　　）。

A. 正转　　B. 反转　　C. 停止

7. 刮板式自动排屑装置运动机构为（　　），保养维修方便，排屑能力较强。

A. 封闭式　　B. 敞开式　　C. 半封闭式

四、简答题

1. 数控机床常用的自动排屑装置有哪几种？各有何特点？

2. 如何对自动排屑装置进行维护？

附　录

数控加工设备常用术语中英文对照表

序号	中文	英文	序号	中文	英文
1	主轴	Spindle	33	贴塑导轨	Plastics guide rail
2	刀架	Tower	34	导轨	Slide way
3	拉钉	Pull stud	35	轴	Axis
4	低速区	Low speed range	36	直线导轨	Linear guide
5	高速区	High speed range	37	导轨	Guidways
6	主轴箱	Spindle head	38	摩擦	Friction
7	齿轮	Gear	39	静压导轨	Hydrostatic ways
8	松开	Unclamping	40	切削力	Cutting forces
9	夹紧	Clamping	41	预紧力	Pre loaded
10	拉	Pull	42	精密的	Fine
11	推	Push	43	润滑	Lubrication
12	编码器	Encoder	44	油膜	Film of oil
13	限位开关	Limit	45	切削进给	Cutting feed
14	定位精度	Position accuracy	46	工作台	Table
15	联轴器	Coupling	47	卡盘	Chuck
16	力矩传递	Torque transmission	48	工件	Work piece
17	抑制，阻尼	Damping	49	移动 *X* 轴	Move *X* axis
18	补偿	Compensation	50	蜗杆	Worm
19	反向间隙	Backlash	51	蜗轮	Worm wheel
20	无反向间隙	Backlash-free	52	刀塔	Turret
21	法兰连接	Flange connect	53	刀库	Tool Magazine
22	滚珠丝杠	Ball screw	54	手臂	Arm
23	螺母	Nut	55	机械手移向主轴侧	Arm spindle side
24	丝杠支承	Ball screw support	56	机械手移向刀库侧	Arm magazine side
25	螺距	Pitch	57	手臂向右	Arm moving rightward
26	轴承	Bearing	58	手臂向左	Arm moving leftward
27	角接触	Contact angle	59	刀具夹紧	Tool clamp
28	60°角接触轴承	Bearing with 60 degree contact angle	60	可承受载荷	Allowable load capacity
29	背对背	Back to bac k	61	刀具松开	Tool unclamp
30	面对面	Face to face	62	手臂退回	Arm retreat
31	高级润滑脂	High grade grease	63	尾座	Tailstock
32	滑台、滑动	Slide	64	密封圈	Gasket

参考文献

[1] 韩鸿鸾，董先．数控机床机械系统装调与维修一体化教程［M］．北京：机械工业出版社，2014.
[2] 吴毅．数控机床故障维修情境式教程［M］．北京：高等教育出版社，2013.
[3] 李国斌．机械设计基础［M］．北京：机械工业出版社，2010.
[4] 晏初宏．数控机床与机械结构［M］．北京：机械工业出版社，2016.
[5] 郭辉．数控机床故障诊断与维修［M］．北京：北京邮电大学出版社，2013.
[6] 孙慧平．数控机床装配、调试与故障诊断［M］．北京：机械工业出版社，2011.
[7] 龚仲华．数控机床故障诊断与维修［M］．北京：高等教育出版社，2012.
[8] 孙汉卿．数控机床维修技术［M］．北京：高等教育出版社，2005.
[9] 周兰，陈少艾．数控机床故障诊断与维修［M］．北京：人民邮电出版社，2007.
[10] 曹智军．数控机床与维修［M］．北京：机械工业出版社，2011.
[11] 韩鸿鸾．数控机床装调维修工，中、高级［M］．北京：化学工业出版社，2011.
[12] 韩鸿鸾．数控机床装调维修工，技师/高级技师［M］．北京：化学工业出版社，2011.